权威·前沿·原创

皮书系列为
"十二五""十三五"国家重点图书出版规划项目

BLUE BOOK

智库成果出版与传播平台

环境管理蓝皮书

BLUE BOOK OF ENVIRONMENTAL MANAGEMENT

中国环境管理发展报告（2020~2021）

ANNUAL REPORT ON DEVELOPMENT OF ENVIRONMENTAL
MANAGEMENT IN CHINA (2020-2021)

中国管理科学学会环境管理专业委员会

主　编 / 李金惠

社会科学文献出版社
SOCIAL SCIENCES ACADEMIC PRESS (CHINA)

图书在版编目（CIP）数据

中国环境管理发展报告. 2020—2021 / 李金惠主编
. -- 北京：社会科学文献出版社，2021.12
（环境管理蓝皮书）
ISBN 978 - 7 - 5201 - 9555 - 3

Ⅰ.①中…　Ⅱ.①李…　Ⅲ.①环境管理 – 研究报告 –
中国 – 2020 – 2021　Ⅳ.①X321.2

中国版本图书馆 CIP 数据核字（2021）第 270763 号

环境管理蓝皮书
中国环境管理发展报告（2020~2021）

主　　　编／李金惠

出 版 人／王利民
组稿编辑／祝得彬
责任编辑／仇　扬　吕　剑　聂　瑶
责任印制／王京美

出　　　版／社会科学文献出版社·当代世界出版分社（010）59367004
　　　　　　地址：北京市北三环中路甲29号院华龙大厦　邮编：100029
　　　　　　网址：www.ssap.com.cn
发　　　行／市场营销中心（010）59367081　59367083
印　　　装／天津千鹤文化传播有限公司

规　　　格／开本：787mm×1092mm　1/16
　　　　　　印张：19.25　字数：285千字
版　　　次／2021年12月第1版　2021年12月第1次印刷
书　　　号／ISBN 978 - 7 - 5201 - 9555 - 3
定　　　价／168.00元

本书如有印装质量问题，请与读者服务中心（010 – 59367028）联系

环境管理蓝皮书
编 委 会

主要编撰者简介

李金惠 博士，清华大学长聘教授、博士生导师，清华大学循环经济与城市矿产研究团队首席科学家，中国管理科学学会环境管理专业委员会主任，联合国环境规划署巴塞尔公约亚太区域中心/斯德哥尔摩公约亚太地区能力建设与技术转让中心执行主任。主要研究方向为循环经济、国际环境治理、化学品和废物管理与政策等。承担和完成国家科技支撑计划、国家重点研发计划、高技术研究发展计划（"863"计划）、国家社会科学基金重大项目，以及其他国际合作和省部级项目共计200余项；参与起草《中华人民共和国循环经济促进法》《中华人民共和国固体废物污染环境防治法》，主持或参与《电子废物污染环境防治管理办法》《危险废物污染防治技术政策》等政策和标准制（修）订，支持构建了国家环保法制政策体系及其技术政策标准支撑体系。自2017年开始，作为主编编写"环境管理蓝皮书"，至今已成功出版三本。

摘　要

　　《中国环境管理发展报告（2020～2021）》由中国管理科学学会环境管理专业委员会主持编撰，是定位于我国环境管理领域的权威性研究报告。在加快构建生态文明体系、全面推动绿色发展、提高环境治理水平的背景下，报告立足于我国环境管理的问题与实践，致力于分享先进环境管理理念与经验，为中国各界环保人士提供环境管理范例。

　　全书包括总报告、污染防治篇、循环利用篇、实践案例篇、创新探索篇及附录六个部分。第一部分是总报告，总结了我国当前的环境管理形势，回顾了2020～2021年中国环境的现状及管理情况，重点归纳并分析了我国环境管理的政策进展及重要行动。第二部分是污染防治篇，重点围绕中国农村人居环境整治、外卖包装废物管理、入海塑料垃圾研究、水环境健康风险规制的法律研究、磷石膏库环境问题等，根据具体实践情况，分析相关环境管理存在的问题与对策，研究探索我国环境污染防治的思路。第三部分是循环利用篇，根据我国目前相关的政策法规制度，提出固体废物循环利用的思路，研究城市环境空间精细化管理、城市资源代谢优化与"无废城市"建设、典型生物质、建筑废物综合利用等，从而不断探索资源循环利用的新出路，推动绿色发展。第四部分是实践案例篇，结合对农村生活垃圾分类处理、资源型地区转型升级、生态环境损害赔偿、土壤环境质量监测等实践案例进行分析，研究资源利用、污染防治的典型模式。第五部分是创新探索篇，围绕环保管家服务模式、以垃圾分类为载

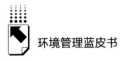
体的高校"三全育人"管理模式、环境影响评价中的健康影响评价等，探索研究适合我国生态文明建设的新发展模式。

关键词： 环境管理　污染防治　垃圾分类　"无废城市"

目 录 ↖〉✖✖✖✖✖✖

Ⅰ 总报告

Ⅱ 污染防治篇

III 循环利用篇

IV 实践案例篇

V 创新探索篇

Ⅵ　附录

皮书数据库阅读 **使用指南**

总 报 告

General Report

B.1

中国环境管理现状及进展概述
（2020～2021）

段立哲　郭月莎　李金惠*

摘　要：　2020～2021年，中国环境治理更严格，在此期间，中国环境
治理也取得不少阶段性的成就。本报告的数据主要来源于中
华人民共和国生态环境部（简称生态环境部），本报告详细
描述了2020～2021年中国对水、大气、土壤、固体废物、化
学品、重金属、噪声、海洋、气候变化以及生物多样性等的
治理情况。此外，报告还阐述了碳达峰、碳中和、生产者责
任延伸制度、"三线一单"、环境保护督察、排污许可、环
保科技专项等环境管理进展。最后，本报告总结了2020～
2021年中国环境管理的重要行动。

---

*　段立哲，巴塞尔公约亚太区域中心工程师；郭月莎，巴塞尔公约亚太区域中心工程师；李
金惠，青海大学教授，主要研究方向为循环经济、国际环境治理、化学品和废物管理与政
策等。

关键词： 环境管理 气候变化 塑料废物 无废城市

一 中国环境管理形势

2019年9月，习近平总书记在河南省郑州市主持召开了黄河流域生态保护和高质量发展座谈会并在会上强调"要坚持绿水青山就是金山银山的理念，坚持生态优先、绿色发展，以水而定、量水而行，因地制宜、分类施策，上下游、干支流、左右岸统筹谋划，共同抓好大保护，协同推进大治理，着力加强生态保护治理、保障黄河长治久安、促进全流域高质量发展、改善人民群众生活、保护传承弘扬黄河文化，让黄河成为造福人民的幸福河"[①]。

2020年4月，习近平总书记主持召开中央全面深化改革委员会第十三次会议并在会上强调"推进生态保护和修复工作，要坚持新发展理念，统筹山水林田湖草一体化保护和修复，科学布局全国重要生态系统保护和修复重大工程，从自然生态系统演替规律和内在机理出发，统筹兼顾、整体实施，着力提高生态系统自我修复能力，增强生态系统稳定性，促进自然生态系统质量的整体改善和生态产品供给能力的全面增强"[②]。

2020年4月29日，十三届全国人大常委会第十七次会议通过对《中华人民共和国固体废物污染环境防治法》（以下简称新《固废法》）的修订，自2020年9月1日起施行。全面修订新《固废法》是贯彻落实习近平生态文明思想和党中央关于生态文明建设决策部署的重大任务，是推动打赢污染防治攻坚战、坚持依法治污的迫切需要，是健全最严格生态环境保护法律制

---

① 《习近平在河南主持召开黄河流域生态保护和高质量发展座谈会》，中华人民共和国中央人民政府网站，2019年9月19日，http://www.gov.cn/xinwen/2019-09/19/content_5431299.htm。

② 《习近平主持召开中央全面深化改革委员会第十三次会议》，中华人民共和国中央人民政府网站，2020年4月27日，http://www.gov.cn/xinwen/2020-04/27/content_5506777.htm。

度和最严密生态环境法治保障的重要举措。①

2020 年 9 月，中华人民共和国生态环境部、中华人民共和国司法部（简称司法部）、中华人民共和国财政部（简称财政部）等 11 部门联合印发了《关于推进生态环境损害赔偿制度改革若干具体问题的意见》，针对当前生态环境损害赔偿制度改革在实践中遇到的十八个重点问题形成共识。

2020 年 10 月，十九届四中全会审议并通过《中共中央关于坚持和完善中国特色社会主义制度、推进国家治理体系和治理能力现代化若干重大问题的决定》，该文件提出，生态文明建设是关系中华民族永续发展的千年大计，坚持和完善生态文明制度体系，促进人与自然和谐共生；要实行最严格的生态环境保护制度，全面建立资源高效利用制度，健全生态保护和修复制度，严明生态环境保护责任制度。②

2021 年 2 月，习近平总书记主持召开中央全面深化改革委员会第十八次会议，会议强调"要围绕推动全面绿色转型深化改革，深入推进生态文明体制改革，健全自然资源资产产权制度和法律法规，完善资源价格形成机制，建立健全绿色低碳循环发展的经济体系，统筹制定 2030 年前碳排放达峰行动方案，使发展建立在高效利用资源、严格保护生态环境、有效控制温室气体排放的基础上，推动我国绿色发展迈上新台阶"③。同月，生态环境部、中共中央宣传部、中央精神文明建设指导委员会办公室（简称中央文明办）等 6 部门联合编制《"美丽中国，我是行动者"提升公民生态文明意识行动计划（2021~2025 年）》，该文件明确"十四五"期间我国生态文明宣传教育工作的指导思想、总体目标、重点任务和具体行动，提出要着力推

---

① 《关于宣传贯彻〈中华人民共和国固体废物污染环境防治法〉的通知》（环法规〔2020〕25 号），中华人民共和国生态环境部网站，2020 年 5 月 18 日，https://www.mee.gov.cn/xxgk2018/xxgk/xxgk03/202005/t20200520_779936.html。

② 《中共中央关于坚持和完善中国特色社会主义制度、推进国家治理体系和治理能力现代化若干重大问题的决定》，新华网，2019 年 11 月 5 日，http://www.xinhuanet.com/politics/2019-11/05/c_1125195786.htm。

③ 《习近平主持召开中央全面深化改革委员会第十八次会议并发表重要讲话》，中华人民共和国中央人民政府网站，2021 年 2 月 19 日，http://www.gov.cn/xinwen/2021-02/19/content_5587802.htm。

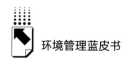

动构建生态环境治理的全民行动体系，更广泛地动员全社会共同参与生态文明建设，推动形成人人关心、人人支持、人人参与生态环境保护工作的社会氛围，为持续改善我国的生态环境质量、建设美丽中国夯实社会基础。①

2021年3月，十三届全国人大四次会议通过《中华人民共和国国民经济和社会发展第十四个五年规划和2035年远景目标纲要》（简称《目标纲要》）。该纲要第十一篇"推动绿色发展 促进人与自然和谐共生"，提出提升生态系统质量和稳定性、持续改善环境质量、加快发展方式绿色转型，构建集处理处置设施和监测监管能力为一体的环境基础设施体系以便集中处理污水、垃圾、固体废弃物、危险废物和医疗废物，并形成以城市为中心向建制镇和乡村延伸覆盖的环境基础设施网络。② 同月，由国务院发布的《排污许可管理条例》开始实施，强调要加强事中、事后监管，并且加大对相关违法行为的处罚力度，通过采取按日连续处罚以及停产整治、停业、关闭等一系列措施从严处理，提高排污违法行为的成本。

2021年4月30日，习近平总书记主持中央政治局第二十九次集体学习发表重要讲话时指出，要站在人与自然和谐共生的高度来谋划经济社会发展，坚持节约资源和保护环境的基本国策，坚持节约优先、保护优先、自然恢复为主的方针，形成节约资源和保护环境的空间格局、产业结构、生产方式、生活方式，统筹污染治理、生态保护、应对气候变化，促进生态环境持续改善，努力建设人与自然和谐共生的现代化。③

2021年5月，中央全面深化改革委员会第十九次会议指出，在党中央统一领导和部署下，各个相关部门和地区大力推进生态补偿制度建设，在包

---

① 《生态环境部有关负责人就〈"美丽中国，我是行动者"提升公民生态文明意识行动计划（2021～2025年）〉答记者问》，中华人民共和国生态环境部网站，2021年2月28日，http://www.mee.gov.cn/xxgk2018/xxgk/xxgk15/202102/t20210228_822674.html。

② 《中华人民共和国国民经济和社会发展第十四个五年规划和2035年远景目标纲要》，中华人民共和国中央人民政府网站，2021年3月13日，http://www.gov.cn/xinwen/2021-03/13/content_5592681.htm。

③ 《习近平主持中央政治局第二十九次集体学习并讲话》，中华人民共和国中央人民政府网站，2021年5月1日，http://www.gov.cn/xinwen/2021-05/01/content_5604364.htm。

括森林、耕地、水流、草原、湿地、荒漠、海洋在内的7个领域建立了生态补偿机制，虽然相关工作取得了积极的成效，但仍然存在生态补偿覆盖范围有限、相关政策的重点不够突出、奖惩力度较弱、相关主体协调难度大等问题；要围绕加快推动绿色循环低碳发展、促进我国经济社会发展进行全面绿色转型，完善分类补偿机制，加强补偿政策的相关协同联动作用，统筹各渠道来源的补偿资金，实施综合性补偿政策，促进对生态环境的整体保护；要统筹运用好相关法律、行政、市场等手段，有机结合生态保护补偿机制、生态损害赔偿机制、生态产品市场交易机制，协同发力。①

二 中国环境现状

（一）水环境现状

2020～2021年，全国地表水质量整体上较2019年有所提升。根据生态环境部2021年5月发布的《2020中国生态环境状况公报》②的数据，2020年，全国地表水监测的1937个水质断面（点位）中，Ⅰ～Ⅲ类水质断面（点位）占比为83.5%，与2019年相比，提高了8.5个百分点；劣Ⅴ类水质断面（点位）占比为0.6%，与2019年相比，下降2.8个百分点（如图1所示）。

2020年在重点江河及流域，即包括长江流域、黄河流域、珠江流域、松花江流域、淮河流域、海河流域、辽河流域在内的七大流域和浙闽片河流、西南诸河以及西北诸河主要江河监测的1614个水质断面中，87.4%的水质断面为Ⅰ～Ⅲ类水质，0.2%的水质断面为劣Ⅴ类水质，分别比2019年上升8.3个百分点和下降2.8个百分点。其中，长江流域、西南诸河、珠江

---

① 《习近平主持召开中央全面深化改革委员会第十九次会议》，新华网，2021年5月21日，http://www.xinhuanet.com/politics/leaders/2021-05/21/c_1127476498.htm。

② 《2020中国生态环境状况公报》，中华人民共和国生态环境部网站，2021年5月26日，https://www.mee.gov.cn/hjzl/sthjzk/zghjzkgb/202105/P020210526572756184785.pdf。

流域、西北诸河、浙闽片河流水质为优，黄河流域、松花江流域和淮河流域水质良好，辽河流域、海河流域为轻度污染（如图2所示）。

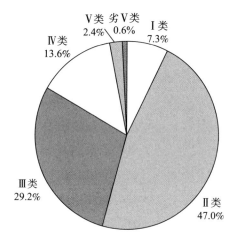

图1　2020年全国地表水总体水质状况

资料来源：《2020中国生态环境状况公报》，中华人民共和国生态环境部网站，2021年5月26日，http：//www.mee.gov.cn/hjzl/sthjzk/zghjzkgb/202105/P020210526572756184785.pdf。

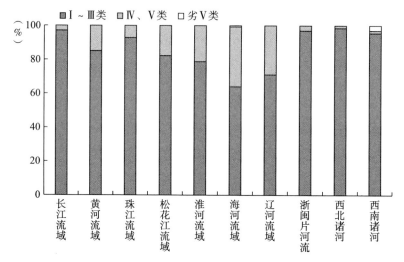

图2　2020年七大流域和浙闽片河流、西北诸河、西南诸河水质状况

资料来源：《2020中国生态环境状况公报》，中华人民共和国生态环境部网站，2021年5月26日，http：//www.mee.gov.cn/hjzl/sthjzk/zghjzkgb/202105/P020210526572756184785.pdf。

重要湖泊（水库）水质总体状况有所改善，在开展水质监测的 112 个重要湖泊（水库）中，Ⅰ~Ⅲ类湖泊（水库）数量占 76.8%，较 2019 年上升 7.7 个百分点；劣Ⅴ类湖泊（水库）数量占 5.4%，较 2019 年下降 1.9个百分点。总磷、化学需氧量和高锰酸盐指数为主要污染指标。在开展营养状态监测的 110 个重要湖泊（水库）中，中营养状态湖泊（水库）占比最高，为 61.8%；贫营养状态、轻度富营养状态、中度富营养状态、重度富营养状态湖泊（水库）分别占 9.1%、23.6%、4.5%、0.9%。其中，丹江口水库、洱海水质为优，太湖、巢湖、滇池、白洋淀水质为轻度污染。

《生态环境部通报 8 月和 1~8 月全国地表水、环境空气质量状况》① 数据显示，2021 年 1 至 8 月，Ⅰ~Ⅲ类水质断面的数量在 3641 个国家地表考核断面中占比 81.5%，同比上升 0.9 个百分点；劣Ⅴ类水质断面占比1.4%，同比下降 0.9 个百分点。2021 年 1 至 8 月，主要监测江河及流域中，83.4% 的水质断面为Ⅰ~Ⅲ类水质，同比上升 0.9 个百分点；1.2% 的水质断面为劣Ⅴ类水质，同比下降 1.1 个百分点。长江流域、西南诸河、西北诸河、浙闽片河流水质为优，珠江流域、黄河流域、辽河流域水质良好，海河流域、淮河流域和松花江流域为轻度污染。

2021 年 1 至 8 月，在监测的 210 个重点湖泊（水库）中，Ⅰ~Ⅲ类水质湖泊（水库）数量占 72.4%，同比上升 0.2 个百分点；劣Ⅴ类水质湖泊（水库）数量占 5.7%，同比上升 0.4 个百分点。在 209 个监测营养状态的湖泊（水库）中，中度富营养与轻度富营养状态的湖泊（水库）分别占比4.8% 与 23.4%。其中，丹江口水库、洱海水质为优，白洋淀、太湖、巢湖、滇池水质为轻度污染。

（二）大气环境现状

2020 年全国地级及以上城市空气质量整体上有所提高。根据生态环境

---

① 《生态环境部通报 8 月和 1~8 月全国地表水、环境空气质量状况》，中华人民共和国生态环境部网站，2021 年 9 月 27 日，https://www.mee.gov.cn/ywdt/xwfb/202109/t20210927_954131.shtml。

部发布的《2020 中国生态环境状况公报》数据，全国范围内的 337 个地级及以上城市中，空气质量达标的城市数量与 2019 年相比上升 13.3%，至 202 个，占全部城市数量的 59.9%；空气质量超标城市较 2019 年下降 13.3%，至 135 个。全国 337 个地级及以上城市的空气质量平均优良天数比例为 87%，平均超标天数比例为 13%。累计发生严重污染与重度污染的天数分别为 345 天与 1152 天，相较于 2019 年分别减少 107 天与 514 天。$PM_{2.5}$、PM_{10}、O_3、SO_2、NO_2 和 CO 六项污染物浓度与 2019 年相比均有所下降（如图 3 所示）。

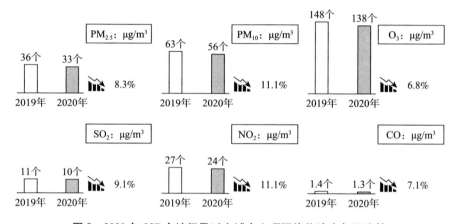

图 3　2020 年 337 个地级及以上城市六项污染物浓度年际比较

资料来源：《2020 中国生态环境状况公报》，中华人民共和国生态环境部网站，2021 年 5 月 26 日，http://www.mee.gov.cn/hjzl/sthjzk/zghjzkgb/202105/P020210526572756184785.pdf。

在重点区域，2020 年京津冀及周边地区的"2 + 26"城市空气质量优良天数比例范围为 49.5% ~ 75.4%，平均为 63.5%，与 2019 年度数据相比上升了 10.4 个百分点；长三角地区范围内的 41 个城市空气质量监测到的优良天数比例范围为 70.2% ~ 99.7%，平均为 85.2%，相较于 2019 年上升 8.7 个百分点；汾渭平原 11 个城市空气质量优良天数比例范围为 61.5% ~ 82.8%，平均为 70.6%，与 2019 年相比上升 8.9 个百分点。$PM_{2.5}$、O_3、PM_{10}、NO_2 是三个重点区域的首要污染物，且均未出现以 CO 与 SO_2 为首要污染物的超标天。

2021 年《生态环境部通报 8 月和 1 ~ 8 月全国地表水、环境空气质量状况》数据显示，2021 年 1 至 8 月，全国 337 个地级及以上城市空气质量的平均优良天数比例为 86.3%，同比下降 0.4 个百分点。其中重点区域，京津冀及周边地区的"2+26"城市空气质量平均优良天数占比 62.4%，同比上升 1.8 个百分点；长三角地区范围内的 41 个城市空气质量监测到的平均优良天数占比 86.6%，同比上升 0.6 个百分点；汾渭平原 11 个城市空气质量平均优良天数占比 65.6%，同比下降 3.1 个百分点。

（三）土壤环境现状

根据生态环境部发布的《2020 中国生态环境状况公报》，土壤污染状况详查结果显示，全国农用地土壤状况总体稳定，主要污染物是重金属，其中以镉为首要污染物。完成《土壤污染防治行动计划》确定目标，即受污染耕地安全利用率达到 90% 左右，污染地块安全利用率达到 90% 以上。截至 2019 年底，全国范围内耕地质量平均等级为 4.76 等，其中，一至三等耕地面积占全国耕地总面积的 31.24%，四至六等耕地面积占全国耕地总面积的 46.81%，七至十等耕地面积占全国耕地总面积的 21.95%。2019 年，全国范围内水土流失面积为 271.08 万平方千米，与 2018 年相比减少 2.61 万平方千米。其中水力侵蚀面积与风力侵蚀面积分别为 113.47 万平方千米、157.61 万平方千米。根据第五次全国荒漠化和沙化的监测数据，全国共有 261.16 万平方千米荒漠化土地和 172.12 万平方千米沙化土地。

"十三五"时期，我国荒漠生态系统治理保护成效显著，累计完成 1097.8 万公顷防沙治沙任务，治理 160 万公顷石漠化面积，建成沙化土地封禁保护区 46 个，新增封禁面积 50 万公顷，建成 50 个国家沙漠（石漠）公园，落实禁牧面积 0.8 亿公顷、草畜平衡面积 1.73 亿公顷。[①]

（四）固体废物现状

综合考虑《中华人民共和国固体废物污染环境防治法》及我国固体废

---

① 《我国荒漠化、沙化、石漠化面积持续缩减》，中华人民共和国中央人民政府网站，2021 年 6 月 18 日，http://www.gov.cn/xinwen/2021-06/18/content_5618914.htm。

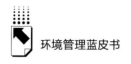

物的来源，本报告从工业固体废物、危险废物、生活垃圾、再生资源四方面介绍当前我国固体废物的现状。

1. 工业固体废物

根据《2016～2019 年全国生态环境统计公报》的数据，2019 年一般工业固体废物产生量为 44.1 亿吨，综合利用量为 23.2 吨，处置量为 11.0 亿吨；工业危险废物产生量为 8126.0 万吨，综合利用量和处置量共为 7539.3 万吨。[①]

2. 危险废物

生态环境部发布《2020 年全国大、中城市固体废物污染环境防治年报》数据显示，截至 2019 年底，全国各省（区、市）共颁发 4195 份危险废物（含医疗废物）许可证；全国危险废物（含医疗废物）许可证持证单位的核准收集与利用处置能力每年达 12896 万吨，其中单独收集能力每年 1826 万吨。2019 年度持证单位实际收集和利用处置量为 3558 万吨，其中单独收集 81 万吨，利用危险废物 2468 万吨；采用填埋方式处置 213 万吨危险废物，采用焚烧方式处置 247 万吨危险废物，采用水泥窑协同方式处置 179 万吨危险废物，采用其他方式处置 252 万吨危险废物；处置医疗废物 118 万吨。[②]

3. 生活垃圾

《中国统计年鉴 2020》数据显示，2019 年，我国城市生活垃圾清运量为 24206.2 万吨，无害化处理量为 24012.8 万吨，无害化处理率约为 99.2%。2019 年，全国 196 个大、中城市产生生活垃圾为 23560.2 万吨，处理量为 23487.2 万吨，处理率约达到 99.7%。上海、北京、广州、重庆、深圳产生的城市生活垃圾位列前 5，分别是 1076.8 万吨、1011.2 万吨、808.8 万吨、738.1 万吨和 712.4 万吨。

---

① 《2016～2019 年全国生态环境统计公报》，中华人民共和国生态环境部网站，2020 年 12 月 14 日，http://www. mee. gov. cn/hjzl/sthjzk/sthjtjnb/202012/P020201214580320276493. pdf。

② 《2020 年全国大、中城市固体废物污染环境防治年报》，中华人民共和国生态环境部网站，2020 年 12 月，https://www. mee. gov. cn/ywgz/gtfwyhxpgl/gtfw/202012/P020201228557295103367. pdf。

根据中华人民共和国住房和城乡建设部（简称住房和城乡建设部）《2020年城乡建设统计年鉴》数据，2020年全国县城生活垃圾清运量为6809.76万吨，处理量为6762.64万吨，无害化处理量为6691.32万吨，无害化处理能力为358319吨/日。

4. 再生资源

根据中华人民共和国商务部（简称《商务部》）发布的《中国再生资源回收行业发展报告（2020）》，截至2019年底，十大品种的回收总量约为3.54亿吨，同比增长10.2%，该十大品种分别为废钢铁、废有色金属、废塑料、废轮胎、废纸、废弃电器电子产品、报废机动车、废旧纺织品、废玻璃、废电池（铅酸电池除外）。2019年我国主要品种再生资源回收量及占比情况如图4所示。

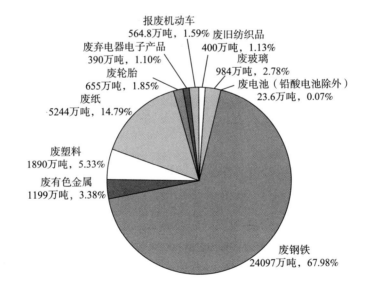

图4　2019年我国主要品种再生资源回收量及占比情况

资料来源：商务部流通业发展司、中国物质再生协会：《中国再生资源回收行业发展报告（2020）》。

（五）声环境现状

根据《2020中国生态环境状况公报》数据，全国324个地级及以上城市开展了昼间区域声环境监测，区域声环境平均等效声级为54分贝，其中一级区域声环境质量城市数量为14个（约占4.3%），二级区域声环境质量城市数量为215个（约占66.4%），三级区域声环境质量城市数量为93个（约占28.7%），四级区域声环境质量城市数量为2个（约0.6%），没有五级区域声环境质量城市。324个地级及以上城市进行了昼间道路交通声环境质量监测，监测结果显示，平均等效声级为66.6分贝，其中一级道路交通声环境质量城市数量为227个（约占70.1%），二级道路交通声环境质量城市数量为83个（约占25.6%），三级道路交通声环境质量城市数量为13个（约占4.0%），四级道路交通声环境质量城市数量为1个（约占0.3%），没有五级道路交通声环境质量城市。2019～2020年全国城市昼间区域声环境质量、道路交通声环境质量各级别城市比例年际比较分别如图5和图6所示。

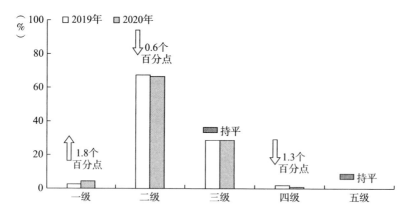

图5 2019～2020年全国城市昼间区域声环境质量各级别城市比例年际比较

资料来源：中华人民共和国生态环境部：《2020中国生态环境状况公报》，2021年5月26日。

生态环境部2021年6月发布《2021年中国环境噪声污染防治报告》，该报告数据显示，2020年全国共有311个地级及以上城市报送了功能区声环境质量监测数据，各类功能区共监测23546点次，昼间点次达标率为94.6%，夜间点次达标率为80.1%。总体来看，2020年度全国城市功能区声环境质量昼间点次达标率高于夜间点次达标率，3类功能区（工业区、仓

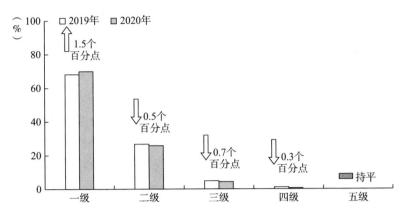

图 6　2019～2020 年全国城市昼间道路交通声环境质量各级别城市比例年际比较

资料来源：中华人民共和国生态环境部：《2020 中国生态环境状况公报》。

储物流区）昼间点次达标率在各类功能区中最高，0 类功能区（康复疗养区）、4a 类功能区（道路交通干线两侧区域）和 1 类功能区（居住文教区）夜间点次达标率较低。[①]

（六）海洋环境现状

"十三五"期间，海洋环境整体稳定，各项指标呈现好转趋势：我国管辖海域水质得到改善，一类水质海域面积增加，劣四类水质海域面积减少；近岸海域优良水质总体呈改善趋势；海域富营养化面积总体呈减少趋势。

根据生态环境部发布的《2020 年中国海洋生态环境状况公报》数据，2020 年夏季，符合第一类海水水质标准的海域面积占管辖海域的 96.8%，同比基本持平；劣四类水质海域面积为 30070 千米^2，主要超标指标是活性磷酸盐与无机氮。渤海、黄海未达到第一类海水水质标准的海域面积分别是 13490 千米^2 与 25360 千米^2，同比分别增加 750 千米^2 与 13810 千米^2；渤海、黄海的劣四类水质海域面积分别是 1000 千米^2 与 5080 千米^2。南海与东海未达到第一类海水水质标准的海域面积分别是 48000 千米^2 与 8080 千米^2，同

---

① 《2021 年中国环境噪声污染防治报告》，中华人民共和国生态环境部网站，2021 年 6 月 17 日，http://www.mee.gov.cn/hjzl/sthjzk/hjzywr/202106/W020210617595008906212.pdf。

比均减少约 4600 千米^2；南海、东海的劣四类水质海域面积分别是 21480 千米^{2}与 2510 千米^2，同比分别减少 760 千米^{2}与 1820 千米^2。2020 年春季、夏季和秋季三期监测的全国进岸海域水质，优良（一、二类）水质比例平均为 77.4%，同比上升 0.8 个百分点；劣四类水质比例平均为 9.4%，同比下降 2.3 个百分点。在面积大于 100 千米^{2}的 44 个海湾中，杭州湾、三门湾、诏安湾、三沙湾大面积出现劣四类水质海域，象山港、温州湾、湛江湾、辽东湾小面积出现劣四类水质海域，共 8 个海湾出现劣四类水质海域，总量同比减少 5 个。2020 年夏季，共有 45330 千米^{2}海域呈富营养化状态，同比增加 2620 千米^2，其中，轻度富营养化海域面积接近半数，为 20770 千米^2，其次是重度、中度富营养化海域，面积分别是 15110 千米^{2}与 9450 千米^2。重度富营养化海域集中在辽东湾、黄河口、江苏沿岸、长江口等近岸海域。

海洋垃圾和微塑料是全国主要入海污染源的一部分。2020 年全国 49 个区域开展了海洋垃圾监测，监测内容包括海面漂浮垃圾、海滩垃圾和海底垃圾的种类的数量。目测海面漂浮垃圾平均数量为 27 个/千米^2；表层水体拖网漂浮垃圾平均数量为 5363 个/千米^2，平均密度为 9.6 千克/千米^2，其中，塑料类垃圾数量最多，占 85.7%；其次为木制品类，占 10.6%。塑料类垃圾主要为泡沫、塑料瓶和塑料碎片等。海滩垃圾平均数量为 216689 个/千米^2，平均密度为 1244 千克/千米^2，其中，塑料类垃圾数量最多，占 84.6%；其次为木制品类和纸制品类，均占 4.1%。塑料类垃圾主要为香烟过滤嘴、泡沫、塑料碎片、塑料袋、塑料绳和瓶盖等。海底垃圾平均数量为 7348 个/千米^2，平均密度为 12.6 千克/千米^2，其中，塑料类垃圾数量最多，占 83.1%，主要为塑料绳、塑料碎片和塑料袋等；其次为木制品类，占 6.8%。"十三五"期间，近岸海域海洋垃圾密度呈波动变化趋势。2020 年在位于黄海、东海和南海北部海域开展了 5 个断面的海面漂浮微塑料监测工作。数据显示，监测断面海面漂浮微塑料平均密度为 0.27 个/米^3，最高密度为 1.41 个/米^3。黄海、东海和南海海面漂浮微塑料密度分别为 0.44 个/米^3、0.32 个/米^{3}和 0.15 个/米^3。纤维、碎片、颗粒和线是主要的海面漂浮微塑料，成分主要是聚对苯二甲酸乙二醇酯、聚丙烯和聚乙烯。[①]

（七）气候变化现状

中国气象局 2021 年 4 月发布《2020 年中国气候公报》。该公报数据显示，2020 年，全国平均气温为 10.25℃，高于往年气温平均值，略低于2019 年。除 2020 年 12 月外，全年其他各月气温均偏高。2020 年全国平均降水量为 694.8 毫米，高于常年降水量 10.3%，高于 2019 年 7.66%，1~3月与 6~9 月降水量均偏多。

《2020 中国生态环境状况公报》数据显示，中国沿海海平面总体呈波动上升趋势，2010~2020 年的海平面均处于近 40 年来高位。2020 年，中国沿海海平面较往年高 73 毫米，近 40 年海平面上升速率为 3.4 毫米/年。2020年单位国内生产总值二氧化碳排放（简称碳排放强度）较 2019 年有所下降，比 2015 年减少 18.8%，超额完成"十三五"设定的下降 18% 的目标。2020 年，全国气象灾害总体偏轻。旱情、气温冷冻害和雪灾、沙尘天气影响偏轻；台风生成和登陆较少；暴雨洪涝灾害偏重；高温日数多，南方存在较强的高温极端性。强对流天气呈现时空分布相对集中的特点，北方强对流天气集中出现在 5~6 月，以大风、冰雹为主；南方强对流天气集中出现在7~8 月，以雷暴、短时强降雨等为主。

（八）生物多样性现状

《2020 中国生态环境状况公报》从生态系统多样性、物种多样性、遗传多样性等方面对生物多样性的现状进行介绍。

1. 生态系统多样性

中国幅员辽阔，具有地球陆地生态系统的各种类型，包括 212 类森林、36 类竹类、113 类灌丛、77 类草甸、55 类草原、52 类荒漠、30 类自然湿

---

① 《2020 年中国海洋生态环境状况公报》，中华人民共和国生态环境部网站，2021 年 5 月 24日，http://www.mee.gov.cn/hjzl/sthjzk/jagb/202105/P020210526318015796036.pdf。

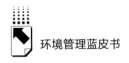

地；海洋生态系统有红树林、珊瑚礁、海草床、海岛、海湾、河口和上升流等多种类型；人工生态系统有农田、人工林、人工湿地、人工草地和城市等。全国森林覆盖率为 23.04%。森林蓄积量为 175.6 亿立方米，其中天然林蓄积 141.08 亿立方米、人工林蓄积 34.52 亿立方米。森林植被总生物量为 188.02 亿吨，总碳储量为 91.86 亿吨。全国范围内草原综合植被盖度为56.1%，天然草原鲜草产量稳定在 11 亿吨左右。

2. 物种多样性

中国共有 122280 种已知物种及种下单元数，其中，有 54359 种动物界，37793 种植物界，463 种细菌界，1970 种色素界，12506 种真菌界，2485 种原生动物界，655 种病毒。406 种珍稀濒危陆生野生动物被列入国家重点保护野生动物名录，其中数百种动物为中国所特有，包括大熊猫、金丝猴、藏羚羊、褐马鸡等；302 种（类）珍稀濒危水生野生动物被列入国家重点保护野生动物名录，其中长江江豚、扬子鳄等为中国所特有；8 类 246 种珍贵濒危植物被列入国家重点保护野生植物名录；已查明大型真菌种类 9302 种。

3. 遗传多样性

中国有栽培作物 528 类 1339 个栽培种，经济树种达 1000 种以上，原产观赏植物种类达 7000 种，家养动物 948 种。

三 中国环境管理现状

（一）水治理现状

2020 年 5 月，生态环境部启动了黄河流域入河排污口排查整治试点工作，这项工作的主要目的是全面摸清黄河流域入河排污口底数，推动建立"权责清晰、管理规范、监管到位"的入河排污口的长效管理工作机制，对入河污染物排放进行有效管控，为改善黄河流域生态环境质量、推动高质量发展夯实基础。试点范围包括汾河、湟水河和黄河干流甘肃段等河流（段），分别作为黄河中、上游流域试点地区，涉及山西省、甘肃省、青海省 3 省

12 地市（州），并且力争用 2~3 年，完成黄河流域入河排污口"查、测、溯、治"四项任务。①。

2021 年 3 月，生态环境部全面启动黄河流域入河排污口排查整治专项行动。专项行动涉及沿黄河流域 9 省（自治区），包括青海省、四川省、甘肃省、宁夏回族自治区、内蒙古自治区、山西省、陕西省、河南省、山东省。按照"站在水里看岸上"原则，将所有向水里排污的"口子"都纳入排查整治，包括工业排污口、农业排污口、城镇生活污水排污口、雨污混排口以及存在污水排放的沟渠、排干等。在试点排查的基础上，用约 2 年完成全流域排查任务，并持续推进整治工作，2025 年底前基本完成排污口整治，形成管理规范、监管到位的长效机制。②

为规范和指导流域水污染物排放标准制定工作，生态环境部于 2020 年 5 月发布国家环境保护标准《流域水污染物排放标准制订技术导则》，并自 2020 年 7 月 1 日起实施。该标准明确规定地方流域水污染物排放标准工作的基本原则和技术路线，对确定主要技术内容、分析标准实施的成本效益以及标准文本结构与标准编制说明等提出了具体要求。此外，生态环境部还发布了一系列工业水污染排放标准与修改单，包括《电子工业水污染物排放标准》、《铅、锌工业污染物排放标准》修改单、《锡、锑、汞工业污染物排放标准》修改单、《硫酸工业污染物排放标准》修改单、《磷肥工业水污染物排放标准》修改单等 8 项，并且依据相关的法律规定，以上所提标准（含标准修改单）具有强制执行效力。③

2021 年 8 月，生态环境部、国家卫生健康委员会等五部门联合发布

---

① 《生态环境部启动黄河流域入河排污口排查整治试点工作》，中华人民共和国生态环境部网站，2020 年 5 月 26 日，http://www.mee.gov.cn/xxgk2018/xxgk/xxgk15/202005/t20200526_781075.html。

② 《一图读懂黄河流域入河排污口排查整治专项行动》，中华人民共和国生态环境部网站，2021 年 4 月 2 日，https://www.mee.gov.cn/ywgz/ssthjbh/zdlybhxf/202104/t20210402_827341.shtml。

③ 《关于发布〈电子工业水污染物排放标准〉等 8 项标准（含标准修改单）的公告》，2020 年 12 月 21 日，https://www.mee.gov.cn/xxgk2018/xxgk/xxgk01/202012/t20201223_814469.html。

《关于加快补齐医疗机构污水处理设施短板 提高污染治理能力的通知》（环办水体〔2021〕19号，简称《通知》），加快补齐设施建设短板，提高污染治理能力，提出完善医疗机构污水处理设施、加强日常运维管理、认真落实各方责任。《通知》要求各省级卫生健康部门要会同生态环境部门、军队有关单位，于2022年6月底前，向国家卫生健康委员会、生态环境部、中央军委后勤保障部报送本地传染病医疗机构、二级及以上医疗机构的污水处理问题清单及限期整改工作方案；自2022年起，于每年12月底前报送本年度相关工作进展情况。①

（二）大气治理现状

2020年6月，为确保完成"十三五"规定的环境空气质量改善目标，有效降低臭氧污染，生态环境部印发实施《2020年挥发性有机物治理攻坚方案》。该方案的工作目标是通过攻坚行动，挥发性有机物治理能力显著提升，挥发性有机物排放量明显下降，夏季臭氧污染得到一定程度的遏制，重点区域、苏皖鲁豫交界地区及其他臭氧污染防治任务重的地区城市6～9月空气质量优良天数平均同比增加11天左右，推动"十三五"规划确定的各省（区、市）优良天数比例约束性指标全面完成。②

2020年10月，为确保在规定时间内完成打赢蓝天保卫战的目标任务，生态环境部联合相关部门和地方政府印发《长三角地区2020～2021年秋冬季大气污染综合治理攻坚行动方案》和《京津冀及周边地区、汾渭平原2020～2021年秋冬季大气污染综合治理攻坚行动方案》文件。两个行动方案的主要目标基本相同，即全面完成《打赢蓝天保卫战三年行动计划》确定的2020年空气质量改善目标，协同控制温室气体排放；按照巩固成果、

① 《关于加快补齐医疗机构污水处理设施短板 提高污染治理能力的通知》（环办水体〔2021〕19号），中华人民共和国生态环境部网站，2021年8月25日，https://www.mee.gov.cn/xxgk2018/xxgk/xxgk05/202108/t20210827_861038.html。
② 《关于印发〈2020年挥发性有机物治理攻坚方案〉的通知》（环大气〔2020〕33号），中华人民共和国生态环境部，2020年6月24日，http://www.mee.gov.cn/xxgk2018/xxgk/xxgk03/202006/t20200624_785827.html。

稳中求进的原则，充分考虑 2020 年第一季度空气质量受疫情影响，将 2020～2021 年秋冬季目标设置为两个阶段，根据 2019 年第一季度和第四季度污染水平，分类确定各城市的 $PM_{2.5}$ 浓度控制目标，按照污染程度分为 6 档，$PM_{2.5}$ 浓度每档相差 1 个百分点，对"十三五"目标完成进度滞后的城市进一步提高要求。①

为规范甲醇汽车环境监督管理工作，生态环境部 2020 年 11 月批准《甲醇燃料汽车非常规污染物排放测量方法》为国家环境保护标准，该标准规定了燃用甲醇燃料的轻型汽车、重型发动机和汽车（含柴油/甲醇双燃料发动机和汽车）排气中甲醛和甲醇的测量方法。②

2020 年 12 月，生态环境部批准多项大气污染物排放标准及修改单，包括《铸造工业大气污染物排放标准》（GB 39726—2020）、《农药制造工业大气污染物排放标准》（GB 39727—2020）、《陆上石油天然气开采工业大气污染物排放标准》（GB 39728—2020）、《储油库大气污染物排放标准》（GB 20950—2020）、《油品运输大气污染物排放标准》（GB 20951—2020）、《加油站大气污染物排放标准》（GB 20952—2020）、《无机化学工业污染物排放标准》（GB 31573—2015）修改单、《砖瓦工业大气污染物排放标准》（GB 29620—2013）修改单、《钢铁烧结、球团工业大气污染物排放标准》（GB 28662—2012）修改单、《轧钢工业大气污染物排放标准》（GB 28665—2012）修改单、《非道路移动机械用柴油机排气污染物排放限值及测量方法（中国第三、四阶段)》（GB 20891—2014）修改单。

2021 年 4 月，为落实中央精准、科学、依法治污的要求，生态环境部发布《关于开展细颗粒物和臭氧污染协同防控"一市一策"驻点跟踪研究

---

① 《关于印发〈长三角地区 2020～2021 年秋冬季大气污染综合治理攻坚行动方案〉的通知》（环大气〔2020〕62 号），中华人民共和国生态环境部网站，2020 年 10 月 30 日，https://www.mee.gov.cn/xxgk2018/xxgk/xxgk03/202011/t20201103_806151.html。
② 《甲醇燃料汽车非常规污染物排放测量方法》，中华人民共和国生态环境部网站，2020 年 11 月 10 日，https://www.mee.gov.cn/ywgz/fgbz/bz/bzwb/dqhjbh/dqydywrwpfbz/202011/t20201113_807830.shtml。

工作的通知》（环科财函〔2021〕45 号）。相关工作方案以实现 $PM_{2.5}$ 浓度持续下降和 O_3 浓度升高态势得到扭转为目标，以强化 O_3 污染防治科技支撑、推动攻关项目等国家科技计划项目研究成果转化应用为主线，以开展城市 O_3 污染成因综合分析、开展 O_3 主要前体物来源与管控对策研究、提出 O_3 防控"一市一策"解决方案、推进秋冬季 $PM_{2.5}$ 深度治理与重污染天气应对、制定 $PM_{2.5}$ 和 O_3 污染协同防控综合解决方案、培养地方大气污染防治队伍六个方面为工作内容。驻点追踪研究工作实施周期暂定为两年，具体从 2021 年 5 月至 2023 年 4 月，覆盖北京、天津、河北、山西、江苏、安徽、山东、河南、湖北、湖南、四川、陕西、新疆维吾尔自治区等 13 省（区、市）。其中，2021 年 5 月至 10 月重点开展夏季 O_3 污染跟踪研究，2021 年 11 月至次年 4 月重点推广应用攻关项目研究成果，持续提升重污染天气应对成效。[①]

2021 年 9 月 15 日，《〈关于消耗臭氧层物质的蒙特利尔议定书〉基加利修正案》（简称《基加利修正案》）对我国正式生效。自生效之日起，我国须履行《基加利修正案》关于控制副产三氟甲烷（HFC-23）排放的管理要求。为进一步明确 HFC-23 履约要求，确保实现履约目标，生态环境部于 2021 年 9 月发布《关于控制副产三氟甲烷排放的通知》（环办大气函〔2021〕432 号），要求，自 2021 年 9 月 15 日起，二氟一氯甲烷（HCFC-22）或氢氟碳化物（HFCs）生产过程中副产的 HFC-23 不得直接排放；除作为原料用途和受控用途使用外，副产的 HFC-23 应采用《关于消耗臭氧层物质的蒙特利尔议定书》缔约方大会核准的销毁技术尽可能销毁处置；企业应建立 HFC-23 副产设施及销毁处置设施运行台账等。

（三）土壤治理现状

2020 年 7 月，全国人大常委会土壤污染防治法执法检查组召开第一次

---

① 《关于开展细颗粒物和臭氧污染协同防控"一市一策"驻点跟踪研究工作的通知》（环科财函〔2021〕45 号），中华人民共和国生态环境部网站，2021 年 4 月 28 日，https://www.mee.gov.cn/xxgk2018/xxgk/xxgk04/202104/t20210428_831139.html。

全体会议，明确将一条一条对照法律规定开展执法检查，实现 31 个省（区、市）"全覆盖"，推动土壤污染防治法全面有效实施。此次执法检查有五方面重点内容：一是检查《中华人民共和国土壤污染防治法》的重要条款及规定的落实情况，其中重点关注农用地、建设用地的污染治理情况；二是检查政府法定职责的落实情况，通过此次检查推动各级政府和相关部门根据法律要求严格履行相应职责；三是检查法律实施的保障与监督情况，促进财政、税收、金融等一系列保障措施落实到位；四是检查违法行为的查处惩治情况，以此督促有关部门严格执行法律，势必做到执法必严、违法必究；五是检查配套规定和标准的制定情况，有力推动有关部门加快出台相关配套规定和标准并抓紧落实。①

为加强中央土壤污染防治专项资金支持项目管理，规范项目管理程序，提高资金的使用效益，2020 年 9 月，生态环境部与财政部联合发布《关于加强土壤污染防治项目管理的通知》（环办土壤〔2020〕23 号），明确土壤污染防治的项目类型与周期、项目管理分工、项目管理程序、项目管理要求、环境监督管理五方面内容。②

2021 年 1 月，生态环境部与相关部门联合发布了《建设用地土壤污染责任人认定暂行办法》和《农用地土壤污染责任人认定暂行办法》。这两个文件的出台将为在土壤污染责任人不明确或者存在争议的情况下，开展责任人认定提供依据，进一步落实污染担责的原则。为确保科学合理认定土壤污染责任，这两个文件制定了严格的认定程序：一是开展调查，二是审查调查报告，三是做出决定；同时还规定在土壤污染责任人调查、审查过程中以及做出决定前，应当充分听取相关当事人的陈述、申辩，相关当事人提出的事实、理

---

① 《栗战书主持召开全国人大常委会土壤污染防治法执法检查组第一次全体会议》，中华人民共和国中央人民政府网站，2020 年 7 月 27 日，http://www.gov.cn/xinwen/2020-07/27/content_5530450.htm。

② 《关于加强土壤污染防治项目管理的通知》（环办土壤〔2020〕23 号），中华人民共和国生态环境部网站，2020 年 9 月 8 日，https://www.mee.gov.cn/xxgk2018/xxgk/xxgk05/202009/t20200911_797980.html。

由或者证据成立的，应当予以采纳。①

（四）固体废物治理现状

2019 年 10 月，生态环境部发布《关于提升危险废物环境监管能力、利用处置能力和环境风险防范能力的指导意见》（环固体〔2019〕92 号）。该文件提出到 2025 年底，建立健全"源头严防、过程严管、后果严惩"的危险废物环境监管体系；各省（区、市）危险废物利用处置能力与实际需求基本匹配，全国危险废物利用处置能力与实际需要总体平衡，布局趋于合理；危险废物环境风险防范能力显著提升，危险废物非法转移倾倒案件高发态势得到有效遏制；其中，2020 年底前，长三角地区（包括上海市、江苏省、浙江省）及"无废城市"建设试点城市率先实现；2022 年底前，珠三角、京津冀和长江经济带其他地区提前实现。②

2020 年 1 月，国家发展改革委③、生态环境部联合发布《关于进一步加强塑料污染治理的意见》。文件提出将有序禁止、限制部分塑料制品的生产、销售和使用，积极推广相关替代产品，增加绿色产品供给，规范塑料废弃物回收利用，建立健全各环节管理制度，有力、有序、有效治理塑料污染，努力建设美丽中国。

2020 年 8 月，为解决生活垃圾焚烧飞灰资源利用发展滞后、填埋不达标等问题，生态环境部发布《生活垃圾焚烧飞灰污染控制技术规范（试行）》（以下简称《技术规范》）。《技术规范》以重视风险防控、引导综合利用、创新分级管理为原则，对焚烧飞灰的收集、贮存、运输、处理和处置等过程污染控制技术提出要求，向相关建设项目的环境影响评价、环境保护

① 中华人民共和国生态环境部：《生态环境部土壤生态环境司有关负责人就建设用地和农用地土壤污染责任人认定暂行办法有关问题答记者问》，2021 年 2 月 2 日，https://www.mee. gov.cn/xxgk2018/xxgk/xxgk15/202102/t20210202_819996.html。
② 中华人民共和国生态环境部：《关于提升危险废物环境监管能力、利用处置能力和环境风险防范能力的指导意见》（环固体〔2019〕92 号），2019 年 10 月 16 日，https://www.mee. gov.cn/xxgk2018/xxgk/xxgk03/201910/t20191021_738260.html。
③ 中华人民共和国国家发展和改革委员会简称国家发展改革委。

设施设计等提出技术依据。

2020年11月，生态环境部、国家发展改革委、公安部、交通运输部、国家卫生健康委员会联合发布《国家危险废物名录（2021年版）》（简称《名录（2021年版）》）。《名录（2021年版）》修订遵循坚持问题导向、坚持精准治污、坚持风险管控三项原则。本次修订对三部分均进行了修改和完善：正文部分增加一条"第七条 本名录根据实际情况实行动态调整"，删除了2016年版《国家危险废物名录》中第三条和第四条内容；附表部分主要对部分危险废物类别进行了增减、合并以及表述的修改；《名录（2021年版）》共计列入467种危险废物，较2016年版《国家危险废物名录》减少了12种；附录部分新增豁免16个种类危险废物，豁免的危险废物共计达到32个种类。在环境风险可控的前提下，此次《名录（2021年版）》修订在促进危险废物利用、降低企业危险废物管理和处置成本等方面进一步发力，是支持做好"六稳"工作、落实"六保"任务的具体举措。①

2020年12月，住房和城乡建设部等部门联合印发《关于进一步推进生活垃圾分类工作的若干意见》，要求深入推进生活垃圾分类工作，大力提高生活垃圾减量化、资源化、无害化水平。主要目标是：到2020年底，直辖市、省会城市、计划单列市和第一批生活垃圾分类示范城市力争达到生活垃圾分类投放、分类收集基本全覆盖，基本建成分类运输体系，分类处理能力明显增强；其他地级城市初步建立生活垃圾分类推进工作机制；力争再用5年左右时间，基本建立配套完善的生活垃圾分类法律法规制度体系，地级及以上城市因地制宜基本建立生活垃圾分类投放、分类收集、分类运输、分类处理系统，居民普遍形成生活垃圾分类习惯，全国城市生活垃圾回收利用率达到35%以上。②

---

① 中华人民共和国生态环境部：《生态环境部固体废物与化学品司有关负责人就〈国家危险废物名录（2021年版）〉有关问题答记者问》，2020年11月27日，http://www.mee.gov.cn/xxgk2018/xxgk/xxgk15/202011/t20201127_810305.html。

② 中华人民共和国中央人民政府：《住房和城乡建设部等部门印发〈关于进一步推进生活垃圾分类工作的若干意见〉的通知》，2020年11月27日，http://www.gov.cn/zhengce/zhengceku/2020-12/05/content_5567136.htm。

2020 年 12 月，为规范固体废物环境管理，生态环境部联合国家市场监督管理总局发布《一般工业固体废物贮存和填埋污染控制标准》《危险废物焚烧污染控制标准》《医疗废物处理处置污染控制标准》三份文件，分别对三类固体废物处理设施选址、监测、贮存等过程进行标准化管理。

2021 年 2 月，生态环境部印发《加强长江经济带尾矿库污染防治实施方案》，要求江苏、浙江、安徽、江西、湖北、湖南、重庆、四川、贵州、云南 10 省份全面开展长江经济带尾矿库污染治理情况"回头看"，深入排查治理尾矿库环境污染问题；到 2023 年底，补齐长江经济带尾矿库环境治理设施建设短板，尾矿库突出环境污染得到有效治理；到 2025 年底，建立健全尾矿库污染防治长效机制，有效管控尾矿库污染物排放，为长江经济带生态环境质量明显改善提供有力支撑。[1]

2021 年 3 月，为进一步提升大宗固体废物的综合利用水平，全面提升资源利用效率，推动我国生态文明建设，国家发展和改革委、中华人民共和国科技部（简称科技部）、中华人民共和国工业和信息化部（简称《工业和信息化部》）等 10 部门联合发布《关于"十四五"大宗固体废弃物综合利用的指导意见》（发改环资〔2021〕381 号）。该文件明确，到 2025 年，煤矸石、粉煤灰、尾矿（共伴生矿）、冶炼渣、工业副产石膏、建筑垃圾、农作物秸秆等大宗固体废弃物的综合利用能力显著提升，利用规模不断扩大，新增大宗固体废弃物综合利用率达到 60%，存量大宗固废有序减少。[2]

2021 年 4 月，住房和城乡建设部发布《农村生活垃圾收运和处理技术标准》，自 2021 年 10 月 1 日起实施。该标准适用于农村生活垃圾分类、收集、运输和处理环节，内容主要包括总则、基本规定、分类、收集、运输以及处理六部分。

---

① 中华人民共和国生态环境部：《关于印发〈加强长江经济带尾矿库污染防治实施方案〉的通知》（环办固体〔2021〕4 号），2021 年 2 月 26 日，https://www.mee.gov.cn/xxgk2018/xxgk/xxgk05/202102/t20210226_822618.html。
② 中华人民共和国国家发展和改革委员会：《关于"十四五"大宗固体废弃物综合利用的指导意见》（发改环资〔2021〕381 号），2021 年 3 月 18 日，https://www.ndrc.gov.cn/xxgk/zcfb/tz/202103/t20210324_1270286_ext.html。

2021年5月，《国务院办公厅关于印发强化危险废物监管和利用处置能力改革实施方案的通知》（国办函〔2021〕47号）要求，坚持精准治污、科学治污、依法治污，深化体制机制改革，着力提升危险废物监管和利用处置能力，有效防控危险废物环境与安全风险。该通知提出，到2022年底，危险废物监管体制机制进一步完善，建立安全监管与环境监管联动机制，危险废物非法转移倾倒案件高发态势得到有效遏制；基本补齐医疗废物、危险废物收集处理设施方面短板，县级以上城市建成区医疗废物无害化处置率达到99%以上，各省（区、市）危险废物处置能力基本满足本行政区域内的处置需求；到2025年底，建立健全源头严防、过程严管、后果严惩的危险废物监管体系，充分保障危险废物利用处置能力，技术和运营水平进一步提升。①

2021年7月，国家发展和改革委印发《"十四五"循环经济发展规划》（发改环资〔2021〕969号）。该文件指出，"十四五"时期，我国将着力构建以国内大循环为主体、国内国际双循环相互促进的新发展格局，主要目标是到2025年，循环型生产方式全面推行，绿色设计和清洁生产普遍推广，资源综合利用能力显著提升，资源循环型产业体系基本建立。②

（五）噪声治理现状

2020年，国家有关部门和地方政府围绕加强法规制度建设、开展专项整治行动、优化调整声环境功能区、持续推进环境噪声监测、积极解决环境噪声投诉举报、加强环境噪声污染防治宣传及信息公开、推动相关科研及产业发展等方面开展了大量工作。2020年国家和地方发布了环境噪声污染防治相关法规、规章和文件共293份，其中地方人大发布地方性法规4部，国

---

① 中华人民共和国生态环境部：《国务院办公厅关于印发强化危险废物监管和利用处置能力改革实施方案的通知》（国办函〔2021〕47号），2021年5月11日，https://www. mee. gov. cn/zcwj/gwywj/202105/t20210525_834448. shtml

② 中华人民共和国国家发展和改革委员会：《"十四五"循环经济发展规划》（发改环资〔2021〕969号），2021年7月1日，https://www. ndrc. gov. cn/xxgk/zcfb/ghwb/202107/t20210707_1285527. html？code = ＆state = 123。

家和地方发布相关规章 5 部，地方发布相关标准和技术规范 8 部，地方发布环境噪声管理文件 276 份，内容涉及"绿色护考"行动、环境噪声污染专项整治行动、声环境功能区划分与调整、安静小区创建、声环境质量监测点位管理等工作。各地积极开展环境噪声污染专项行动，2020 年，各地印发了 51 份关于进一步加强环境噪声污染防治工作的文件，印发 23 份组织开展建筑施工噪声污染专项整治行动的文件，印发 16 份组织开展交通运输噪声污染专项整治行动的文件等。[1]

《中华人民共和国环境噪声污染防治法》（简称《环境噪声污染防治法》）制定于 1996 年，2018 年国家对其个别条款做出修正，至今有近 24 年没有大调整，该法已经不适应新时期生态环境保护工作的需要。全国人大将《环境噪声污染防治法》（修改）列入了 2021 年度立法工作计划。2021 年 8 月，十三届全国人大常委会第三十次会议审议修订《环境噪声污染防治法》的草案，草案针对当前噪声管理中存在的突出问题，加强分类管理，同时明确法律责任，加大处罚力度。[2]

（六）海洋治理现状

渤海综合治理攻坚战取得显著成效。建立健全陆海统筹、上下贯通、部门协同的生态环境治理和监管机制，聚力打赢、打好渤海综合治理攻坚战，全力推动渤海生态环境质量改善取得重大突破性进展。渤海综合治理攻坚战 5 项核心目标任务圆满收官。陆源污染治理取得重大突破，实现渤海 140 余条主要入海河流的全覆盖监测，"1 + 12"沿海城市已基本实现固定污染源排污许可全覆盖。海域污染源分类治理有序推进，完成非法和不符合分区管控要求的海水养殖清理及海上养殖环保浮球升级改造工作；完成渤海渔港摸

---

[1] 中华人民共和国生态环境部：《2021 年中国环境噪声污染防治报告》，2021 年 6 月 17 日，https：//www. mee. gov. cn/hjzl/sthjzk/hjzywr/202106/t20210617_839391. shtml。

[2] http：//www. mee. gov. cn/xxgk2018/xxgk/xxgk15/202006/t20200630_786801. html；http：//www. npc. gov. cn/npc/c30834/202104/1968af4c85c246069ef3e8ab36f58d0c. shtmlhttps：//mp. weixin. qq. com/s/iOXXbuRbirDkMWrjQxwvC0g。

底排查工作，以及船舶污染物接收、转运及处置设施建设任务；所有沿海城市都已经建立"海上环卫"制度，推动形成海洋垃圾污染治理和监管的长效机制。生态保护修复行动落地见效，开展多部门联合的监督检查和执法专项行动，严格管控围填海，严厉打击非法采挖海砂等违法用海行为。海洋环境风险排查整治顺利推进，完成7800余家涉危险化学品、涉重金属企业突发环境时间风险评估和环境应急预案备案；基本完成区域突发环境事件风险评估和政府环境应急预案修订；完成海上石油平台、油气管线、陆域终端等风险专项检查；完成渤海海洋石油勘探开发溢油风险评估，启动国家海洋油指纹库建设。此外，在辽东湾启动第三次海洋污染基线调查试点。

海洋工程和海洋倾废监管进一步加强。2020年，生态环境部把好海洋工程项目环境保护准入关口，坚决落实"除国家重大项目外，全面禁止围填海"要求。提升海洋工程环境影响评价办理时效，针对国家重大项目，开辟环评审批绿色通道，提高审批效率，缩短审批时间。出台《生态环境部建设项目环境影响报告书（表）审批程序规定》，优化海洋工程环评审批程序。发布《建设项目环境影响评价分类管理名录》，新增海洋生态修复类型，强化对海水养殖、排污工程等的监管。

加强滨海湿地生态保护修复。一是加强红树林保护修复。为此，自然资源部、国家林业和草原局联合印发了《红树林保护修复专项行动计划（2020～2025年）》（自然资发〔2020〕135号）。二是组织地方完成渤海综合治理攻坚战生态修复任务目标。三是积极落实中央财经委员会第三次会议要求，扎实推进海岸带保护修复工程。自然资源部、水利部、国家发展和改革委员会、财政部四部委办公厅联合印发《海岸带保护修复工程方案》（自然资办函〔2020〕509号）。强化技术标准建设，编制红树林、盐沼、珊瑚礁、海草床等海岸带生态系统调查评估和生态减灾修复21项技术标准，全部以团体标准等形式印发实施。①

---

① 中华人民共和国生态环境部：《2020年中国海洋生态环境状况公报》，2021年5月26日，http://www.mee.gov.cn/hjzl/sthjzk/jagb/202105/P020210526318015796036.pdf。

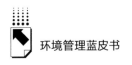
（七）气候变化治理现状

1. 强化顶层设计

把碳达峰、碳中和纳入生态文明建设整体布局。 2020 年 9 月 22 日，习近平主席在第七十五届联合国大会一般性辩论上发表重要讲话，承诺我国将大力提高国家自主贡献力度，采取强有力的政策和措施，力争二氧化碳排放于 2030 年前达到峰值、2060 年前实现碳中和目标。2020 年 12 月 12 日，习近平主席在气候雄心峰会上进一步宣布：到 2030 年，中国单位国内生产总值二氧化碳排放与 2005 年相比将下降 65% 以上，非化石能源占一次能源消费比重将达到 25% 左右，森林蓄积量与 2005 年相比将增加 60 亿立方米，风电、太阳能发电总装机容量将达到 12 亿千瓦以上。十九届五中全会、2020 年中央经济工作会议对碳达峰、碳中和做出了重要部署。习近平总书记在中央财经委员会第九次会议上强调："实现碳达峰、碳中和是一场广泛而深刻的经济社会系统性变革，要把碳达峰、碳中和纳入生态文明建设整体布局，拿出抓铁有痕的劲头，力争 2030 年前实现碳达峰、2060 年前实现碳中和。"①

加强碳达峰、碳中和相关研究。 落实党中央关于碳达峰、碳中和重大决策部署，加快推进碳达峰、碳中和顶层设计，研究制定 2030 年前碳达峰行动方案。开展碳中和战略研究，开展实现碳中和的重大领域、关键技术、关键产业、重要制度安排和政策研究。

推进应对气候变化规划编制。 生态环境部开展"十四五"应对气候变化规划专题研究，研究制定应对气候变化专项规划思路，起草"十四五"应对气候变化专项规划编制大纲。自然资源部研究编制《全国国土空间规划纲要（2021～2035 年）》，就应对气候变化工作开展专题研究。自然资源部制定印发《市级国土空间总体规划编制指南（试行）》，该文件要求在市

---

① 中华人民共和国生态环境部：《中国应对气候变化的政策与行动 2020 年度报告》，2021 年 6 月，https://www.mee.gov.cn/ywgz/ydqhbh/syqhbh/202107/W020210713306911348109.pdf。

级国土空间总体规划中要对气候变化等因素对空间开发保护的影响及对策进行研究，推进低碳城市建设，并将新能源和可再生能源利用比例纳入规划指标体系。国家林业和草原局制定印发《2019年林业和草原应对气候变化重点工作安排与分工方案》，启动"十四五"时期林业和草原应对气候变化行动要点研究。中国民用航空局（简称民航局）推进"十四五"民航绿色发展规划前期研究和编制工作。国家铁路局积极将铁路应对气候变化工作纳入铁路相关发展规划中，编制《铁路强国建设行动纲要》和《"十四五"铁路发展规划》，完善铁路行业技术规范标准，强化环境保护与能源节约。制定铁路工程环境保护设计规范、铁路工程节能设计规范、绿色铁路客站评价标准等专项标准，建立健全铁路环保技术标准、考核评价体系。工业和信息化部组织编制《船舶工业中长期发展规划（2021~2035年)》，提出以绿色低碳为准则，大力推进绿色船舶和绿色制造，深度参与国际船舶温室气体减排规则和标准制定。

启动《国家适应气候变化战略2035》编制工作。生态环境部成立了编制工作领导小组和领导小组办公室，牵头开展《国家适应气候变化战略2035》编制各项相关工作。

2. 减缓气候变化

2019年以来，中国政府采取了一系列措施以减缓气候变化，包括调整产业结构、优化能源结构、提高节能能效、控制非能源活动温室气体排放、增加碳汇、加强温室气体与大气污染物协同控制、推动低碳试点和地方行动等，并取得了显著的成效。2019年中国碳排放强度同比降低3.9%，相比2015年降低了17.9%。

3. 完善体制机制

2019年以来，中国政府在持续完善制度建设、应对气候变化立法和标准制定、加快全国碳排放权交易市场建设等方面取得积极成效。

推动立法和标准制定。生态环境部组织开展应对气候变化和环境保护法律制度相关性研究，进一步完善应对气候变化法律草案。推动地方做好应对气候变化相关立法工作，支持在深圳经济特区生态环保条例修订中增加应对

气候变化的内容。研究完善应对气候变化相关标准体系，加强与部内现有标准体系的打通融合。组织开展温室气体排放核算方法与报告指南等国家标准的修订工作。研究制定乘用车等碳排放标准，引导相关行业低碳转型。

推进绿色制度建设。推动绿色金融体系建设，推进气候投融资，完善税收政策支持，制（修）定绿色产品认证标准。

加快全国碳排放权交易市场建设。全国碳排放权交易市场建设加快推进，试点碳排放权交易市场平稳运行，温室气体自愿减排交易机制改革有序开展。

（八）生物多样性治理现状

1992 年在巴西里约热内卢召开的联合国环境与发展会议上，中国签署了具有约束力的《生物多样性公约》；中国在 2012 年提出大力推进生态文明建设，这标志着中国对生物多样性的保护进入了新的历史起点；2018 年 3 月，"生态文明"和"美丽中国"被写入《中华人民共和国宪法修正案》，这为生态文明建设提供了国家根本大法的支撑；2018 年 5 月，全国第八次生态环境保护大会正式确立了习近平生态文明思想，为环境战略政策改革与创新提供了思想指引和实践指南。[①]

2020 年中国大力推进生态环境保护，包括积极筹备《生物多样性公约》第十五次缔约方大会，推进"2020 年后全球生物多样性框架"谈判进程；组织召开 17 国部长和国际组织代表参加的生物多样性部长级在线圆桌会议，配合支持联合国生物多样性峰会成功举办；研究构建"53111"生态保护监管体系；开展 2015～2020 年全国生态状况调查评估，印发《关于加强生态保护监管工作的意见》（环生态〔2020〕73 号）、《自然保护地生态环境监管工作暂行办法》；建立自然保护地生态环境监管制度，持续开展"绿盾"自然保护地强化监督；组织遴选命名第四批 87 个国家生态文明建设示范区

---

① 秦天宝：《中国履行〈生物多样性公约〉的过程及面临的挑战》，《武汉大学学报》（哲学社会科学版）第 74 卷第 1 期，第 95～107 页。

和 35 个"绿水青山就是金山银山"实践创新基地，评选表彰"2018～2019 年绿色中国年度人物"。①

2020 年 9 月 21 日中国发布联合国生物多样性峰会中方立场文件《共建地球生命共同体：中国在行动》，从生态文明思想、国内政策措施、促进可持续发展、全社会广泛参与、全球生物多样性治理和国际交流与合作等方面系统阐述我国生物多样性保护的经验成就和立场主张。②

为规范我国生物多样性保护管理工作，2020 年生态环境部组织起草了《生物多样性遥感调查与观测技术指南》《陆地生物多样性综合观测站观测标准》《海洋生物多样性综合观测站观测标准》《陆地与海洋生物多样性综合观测站建设标准》《生物多样性观测技术导则 红外相机技术》《生物多样性观测技术导则 陆地生态系统》（包括森林、喀斯特、荒漠和草地四种陆地生态系统）、《生物多样性观测技术导则 内陆水域生态系统》（包括河流、湖泊和沼泽三种内陆水域生态系统）以及《生物多样性损害程度评估技术导则》等 13 项标准，并于 2020 年 12 月征集相关单位意见。

2020 年 5 月 22 日，云南省向社会发布《云南的生物多样性》白皮书及生物多样性保护倡议，介绍云南省生物多样性保护成效。

2021 年 10 月 8 日，国务院新闻办公室发布《中国的生物多样性保护》白皮书。这是我国首次以白皮书的形式，介绍生物多样性保护实践和经验，为共建地球生命共同体提供中国智慧。白皮书指出，中国将生物多样性保护上升为国家战略，完善生物多样性政策法规体系，颁布和修订野生动物保护法、环境保护法等 20 余部与生物多样性相关的法律。近年来，我国实施一系列生态保护修复工程，一体推进山水林田湖草沙冰保护和系统治理，生态恶化趋势基本得到遏制，自然生态系统总体稳定向好，国家生态安全屏障骨

---

① 《2020 中国生态环境状况公报》，中华人民共和国生态环境部网站，2021 年 5 月 26 日，http://www.mee.gov.cn/hjzl/sthjzk/zghjzkgb/202105/P020210526572756184785.pdf。

② 中华人民共和国生态环境部：《中国发布联合国生物多样性峰会中方立场文件〈共建地球生命体：中国在行动〉》，2020 年 9 月 21 日，http://www.mee.gov.cn/ywdt/hjywnews/202009/t20200921_799500.shtml.

架基本构建。白皮书表示，我国构建以国家公园为主体的自然保护地体系，率先在国际上提出并实施生态保护红线制度。目前，全国90%的陆地生态系统和71%的国家重点保护野生动植物物种得到有效保护。①

（九）化学品治理现状

2020年4月，生态环境部发布《新化学物质环境管理登记办法》，自2021年1月1日起施行。该办法共包括6章55条，重点围绕：聚焦环境风险，突出管控重点；优化申请要求，减轻企业负担；细化登记标准，完善审批要求；强化事中事后监管，提高管理效率；跟踪新危害信息，持续防范环境风险五方面对旧法进行修订。同年8月，生态环境部发布关于公开征求《新化学物质环境管理登记指南（征求意见稿）》意见的通知；11月，生态环境部联合工业和信息化部以及国家卫生健康委员会发布《关于发布〈优先控制化学品名录（第二批）〉的公告》；12月，生态环境部组织制定了《化学物质环境与健康危害评估技术导则（试行）》《化学物质环境与健康暴露评估技术导则（试行）》《化学物质环境与健康风险表征技术导则（试行）》。

为防范化学物质环境风险，规范和指导优先评估化学物质筛选工作，生态环境部组织编制了国家生态环境标准《优先评估化学物质筛选技术导则（征求意见稿）》，并于2021年5月公开征求意见。

（十）重金属治理现状

近年来，相关部门持续推进尾矿库专项整治和综合治理，使全国尾矿库安全保障条件有了明显提升，但目前尾矿库仍然面临安全环保风险的重大风险挑战。2020年4月，应急管理部与生态环境部联合召开视频会议，部署开展为期一个月的尾矿库风险隐患集中排查治理工作。同年11月，生态环境部调研组赴陕西省、四川省调研硫铁矿区和尾矿库污染治理，督促指导相

---

① 《中国的生物多样性保护》白皮书发布，中华人民共和国中央人民政府网站，2021年10月8日，http://www.gov.cn/xinwen/2021-10/08/content_5641460.htm。

关地区推动解决突出环境污染问题；同月，在成都召开长江流域尾矿库污染防治工作推进会暨危险废物联防联控工作座谈会，要求各地区要统筹推进尾矿库污染治理，强化尾矿库环境应急准备，积极防范和处置尾矿库突发环境事件，确保尾矿库污染防治任务落地见效。2021 年 7 月，生态环境部调研组赴湖南省花垣县调研"锰三角"污染治理情况，指导督促地方加强锰污染治理，切实解决突出生态环境问题。

四 2020～2021年环境管理进展

（一）管理政策进展概况

2020 年 10 月 26～29 日，十九届五中全会审议并通过《中共中央关于制定国民经济和社会发展第十四个五年规划和二〇三五年远景目标的建议》（简称《建议》）。远景目标包括：广泛形成绿色生产生活方式，碳排放达峰后稳中有降，生态环境根本好转，美丽中国建设目标基本实现。该《建议》提出：推动绿色发展，促进人与自然和谐共生，持续改善环境质量，增强全社会生态环保意识，深入打好污染防治攻坚战；继续开展污染防治行动，建立地上地下、陆海统筹的生态环境治理制度；强化多污染物协同控制和区域协同治理，加强细颗粒物和臭氧协同控制，基本消除重污染天气；治理城乡生活环境，推进城镇污水管网全覆盖，基本消除城市黑臭水体；推进化肥农药减量化和土壤污染治理，加强白色污染治理；加强危险废物、医疗废物收集处理；完成重点地区危险化学品生产企业搬迁改造；重视新污染物治理；全面实行排污许可制，推进排污权、用能权、用水权、碳排放权市场化交易；完善环境保护、节能减排约束性指标管理；完善中央生态环境保护督察制度；积极参与和引领应对气候变化等生态环保国际合作。①

---

① 《中共中央关于制定国民经济和社会发展第十四个五年规划和二〇三五年远景目标的建议》，中华人民共和国中央人民政府网站，2020 年 11 月 3 日，http://www.gov.cn/zhengce/2020-11/03/content_5556991.htm。

2020 年 12 月，中央全面深化改革委员会第十七次会议审议并通过《关于加快建立健全绿色低碳循环发展经济体系的指导意见》《环境信息依法披露制度改革方案》等文件。

2020 年是新中国历史上极不平凡的一年。在以习近平同志为核心的党中央坚强领导下，各地区、各部门以习近平新时代中国特色社会主义思想为指导，深入贯彻习近平生态文明思想，全面落实党的十九大和十九届二中、三中、四中、五中全会精神，按照党中央、国务院决策部署，圆满完成污染防治攻坚战阶段性目标任务，"十三五"规划纲要确定的生态环境 9 项约束性指标均圆满超额完成，人民群众生态环境获得感显著增强，厚植了全面建成小康社会的绿色底色和质量成色。①

（二）气候变化、碳达峰、碳中和

我国始终高度重视应对气候变化相关问题，实施积极应对气候变化的国家战略，并且采取了优化能源结构、调整产业结构、节能提高能效、推进碳市场建设、增加森林碳汇等一系列相关有效措施，在温室气体排放控制、战略规划制定、体制机制建设、社会意识提升和能力建设等重点领域取得积极成效。截至 2019 年底，我国单位国内生产总值二氧化碳排放与 2005 年相比降低了约 47.9%，非化石能源占能源消费总量比重达到 15.3%，扭转了二氧化碳排放快速增长的局面。

2020 年也是应对气候变化工作极不平凡的一年。习近平主席表示中国将提高国家自主贡献力度，采取更加有力的政策和措施，力争到 2030 年前二氧化碳排放达到峰值，努力争取 2060 年前实现碳中和。下一步，我国将根据《中华人民共和国国民经济和社会发展第十四个五年规划和 2035 年远景目标纲要》及中央经济工作会议、中央财经委员会第九次会议的部署，以更大的决心和力度，坚定实施积极应对气候变化国家战略，全面加强应对

---

① 《2020 中国生态环境状况公报》，中华人民共和国生态环境部网站，2021 年 5 月 26 日，http://www.mee.gov.cn/hjzl/sthjzk/zghjzkgb/202105/P020210526572756184785.pdf。

气候变化工作，加快做好碳达峰、碳中和工作，推动构建绿色低碳循环发展的经济体系，大力推进经济结构、能源结构、产业结构转型升级。加强应对气候变化与生态环境保护相关工作统筹融合、协同增效，进一步推动经济高质量发展和生态环境高水平保护。①

（三）生产者责任延伸制度

2018年12月29日《国务院办公厅关于印发"无废城市"建设试点工作方案的通知》发布，提出，开展绿色设计和绿色供应链建设，促进固体废物减量和循环利用。以铅酸蓄电池、动力电池、电器电子产品、汽车为重点，落实生产者责任延伸制度，到2020年基本建成废弃产品逆向回收体系。

2019年10月16日，生态环境部印发《关于提升危险废物环境监管能力、利用处置能力和环境风险防范能力的指导意见》，明确提出，健全危险废物收集体系，落实生产者责任延伸制度，推动有条件的生产企业依托销售网点回收产品使用过程产生的危险废物，开展铅蓄电池生产企业集中收集和跨区域转运制度试点工作，依托矿物油生产企业开展废矿物油收集网络建设试点。②

（四）"三线一单"

自2017年启动、2018年加速推进以来，"三线一单"工作经过三年多的努力，建立了以国家顶层设计、以省级为工作主体、地市落地实施的工作模式，出台了7项规范性技术文件以及十余项管理性文件，基本建成了"三线一单"的技术体系和管理框架。

---

① 中华人民共和国生态环境部：《中国应对气候变化的政策与行动2020年度报告》，2021年6月，http://www.mee.gov.cn/ywgz/ydqhbh/syqhbh/202107/W020210713306911348109.pdf。
② 中华人民共和国生态环境部：《关于提升危险废物环境监管能力、利用处置能力和环境风险防范能力的指导意见》，2019年10月16日，http://www.mee.gov.cn/xxgk2018/xxgk/xxgk03/201910/t20191021_738260.html。

按照"国家指导、省级编制、地市落地"的模式，全国 31 省（区、市）及新疆生产建设兵团被分为两个梯队。第一梯队为长江经济带 11 省（市）及青海省，第二梯队为北京等 19 省（区、市）及新疆生产建设兵团。截至 2020 年 12 月，第一梯队的省（市）人民政府"三线一单"发布工作已全部完成，全面进入落地实施应用阶段；第二梯队 19 省（区、市）及兵团"三线一单"成果已全部通过技术审核。经过初步统计，浙江省、重庆市等 11 个省（区、市）已将"三线一单"纳入各自省级国民经济和社会发展第十四个五年规划和二〇三五年远景目标的建议中。

截至 2021 年 5 月，各省（区、市）划定了共计约 40737 个环境管控单元，其中优先保护单元 16834 个、重点管控单元 17271 个、一般管控单元 6632 个，单元精度总体上达到了乡镇尺度。《中华人民共和国长江保护法》于 2021 年 3 月 1 日起实施，该法将生态环境分区管控与生态环境准入清单纳入其中，"三线一单"实施的法律保障不断强化。在地方，14 个省（区、市）通过地方人大立法，为"三线一单"编制的实施提供了法律保障；两省制定政府规章，为"三线一单"编制实施提供了制度保障。

2021 年 6 月，生态环境部发布《"三线一单"落地应用案例汇编（第一批)》，以重庆矿产资源绿色发展、北京大兴生物医药基地街区控制规划、吉林加强黑土地保护利用、浙江长兴纺织业转型升级等 16 个推荐案例为参考，发挥典型地区的引领示范作用，推广应用经验，确保"三线一单"落地见效。

（五）环境保护督察

2019 年 6 月，中共中央办公厅、国务院办公厅印发了《中央生态环境保护督察工作规定》，第七条规定成立中央生态环境保护督察工作领导小组，负责组织、协调、推动中央生态环境保护督察工作。2019 年，领导小组对两家中央企业和 6 个省（市）开展了第二轮第一批中央生态环境保护例行督察，2019 年一共受理转办 1.89 万件群众举报问题，其中 1.6 万件已办结或基本办结。督察工作持续推进，截至 2021 年 8 月，第二轮第四批中央生态环境保护督察工作全面启动，共有 7 个中央生态环境保护督察工作领导小组分别对吉林省、山东省、湖北省、广东省、四川省，以及两家中央企业（中国有色矿业集团有限公司、中国黄金集团有限公司）开展为期约 1 个月的督察进驻工作。

2020 年 8 月，生态环境部对《环境保护部约谈暂行办法》进行了修订，最终形成《生态环境部约谈办法》并印发实施，以加强和规范生态环境问题的约谈工作，推动解决突出生态环境问题，不断夯实生态环境保护责任。

2021 年 5 月，中央生态环境保护督察办公室印发实施了《中央生态环境保护督察工作规定》的配套制度，即《生态环境保护专项督察办法》（简称《专项督察办法》）。该《专项督察办法》共 5 章 25 条，明确了专项督察工作的对象和重点，规范了专项督察的程序和权限，严格规定了专项督察的纪律和要求。在该《专项督察办法》制定过程中，中央生态环境保护督察办公室对近年来专项督察工作实践进行了梳理总结，对符合专项督察工作特点且行之有效的工作机制和具体做法予以制度化。

（六）排污许可

2019 年 12 月，生态环境部印发《固定污染源排污许可分类管理名录（2019 年版）》，该文件是对《固定污染源排污许可分类管理名录（2017 年版）》的修订，修订的总体思路主要是解决排污许可未全覆盖、管理分类不合理以及与其他统计分类不衔接的问题。

2020 年 1 月，生态环境部相继印发《固定污染源排污登记工作指南（试行）》《关于做好固定污染源排污许可清理整顿和 2020 年排污许可发证登记工作的通知》。固定污染源排污登记管理是构成排污许可制度的重要组成部分，是实现固定污染源环境管理全覆盖、贯彻落实"放管服"改革相关要求、减轻排污单位负担的重要举措。

2021 年 1 月，国务院总理李克强签署第 736 号国务院令，公布《排污许可管理条例》（以下简称《条例》），自 2021 年 3 月 1 日起施行。《条例》对排污许可证的申请与审批、强化排污单位的主体责任、加强排污许可的事

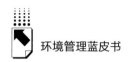
中事后监管等均做了详细规定。其中，《条例》对规范排污许可证申请与审批方面提出四点要求：一是要求依照法律规定实行排污许可管理的企事业单位和其他生产经营者申请取得排污许可证后，方可排放污染物，并根据污染物产生量、排放量、对环境的影响程度等因素，对排污单位实行分类管理；二是明确审批部门、申请方式和材料要求；三是明确审批期限；四是明确颁发排污许可证的条件和排污许可证应当记载的具体内容。《条例》对强化排污单位的主体责任提出四点要求：一是规定排污单位污染物排放口位置和数量、排放方式和排放去向应当与排污许可证相符；二是要求排污单位按照排污许可证规定和有关标准规范开展自行监测；三是要求排污单位建立环境管理台账记录制度；四是要求排污单位向核发排污许可证的生态环境主管部门报告污染物排放行为、排放浓度、排放量，并按照排污许可证规定，如实在全国排污许可证管理信息平台上公开相关污染物排放信息。《条例》对加强排污许可的事中事后监管提出三点要求：一是要求生态环境主管部门将排污许可执法检查纳入生态环境执法年度计划；二是规定生态环境主管部门对排污单位的污染物排放量、排放浓度等进行核查；三是要求生态环境主管部门对排污单位污染防治设施的运行和维护是否符合排污许可证规定进行监督检查，同时鼓励排污单位采用污染防治可行技术。①

（七）环保科技专项

2020 年 6 月，生态环境部根据《科技部关于"科技助力经济 2020"重点专项有关事项的通知》相关要求，对"科技助力经济 2020"重点专项拟立项项目清单进行了公示。该清单涉及 20 个项目，包括地表水水质、厨余垃圾高值化利用、疫情医疗废物应急处置、危险废物填埋场渗滤液处理、固体废物污染防治等主题。

---

① 中华人民共和国生态环境部：《司法部、生态环境部负责人就〈排污许可管理条例〉答记者问》，2021 年 1 月 29 日，https://www.mee.gov.cn/zcwj/zcjd/202101/t20210129_819490.shtml。

五　中国环境管理重要行动

（一）禁止洋垃圾入境

自 2017 年国务院办公厅印发《禁止洋垃圾入境推进固体废物进口管理制度改革实施方案》以来，我国固体废物进口管理工作取得显著进展。2017~2020 年，我国固体废物进口量分别为 4227 万吨、2263 万吨、1348 万吨和 879 万吨，与 2016 年相比，分别减少 9.2%、51.4%、71.0% 和 81.1%，累计减少约 1 亿吨进口固体废物。2020 年 11 月，生态环境部联合商务部、国家发展和改革委、海关总署发布《关于全面禁止进口固体废物有关事项的公告》，并于 2021 年 1 月开始执行。该公告规定：禁止以任何方式进口固体废物，禁止我国境外的固体废物进境倾倒、堆放、处置。生态环境部将会同相关部门巩固改革成果，持续强化监管，严厉打击洋垃圾走私，大力提升国内固体废物回收利用水平，健全固体废物管理长效机制。[①]

2021 年 8 月 18 日上午，生态环境部部长黄润秋出席国务院新闻办公室新闻发布会，围绕建设人与自然和谐共生的美丽中国介绍有关情况，并答记者问。黄润秋部长在新闻发布会讲到，发达国家将我国作为"垃圾场"的历史一去不复返了。坚决禁止洋垃圾入境。从 2017 年到 2020 年的 4 年间，我国固体废物的进口量从 4227 万吨降低到了 879 万吨，截至 2020 年底清零，累计减少约 1 亿吨进口固体废物。各项改革任务圆满完成。我们如期实现了在 2020 年底固体废物进口清零的目标。

（二）塑料污染治理

2020 年 1 月，《国家发展改革委、生态环境部关于进一步加强塑料污染治理的意见》（简称《塑料污染治理的意见》），对厚度小于 0.025 毫米的超

[①] 《生态环境部 1 月例行新闻发布会实录》，中华人民共和国生态环境部网站，2021 年 1 月 28 日，http://www.mee.gov.cn/xxgk2018/xxgk/xxgk15/202101/t20210128_819282.html。

薄塑料购物袋、厚度小于 0.01 毫米的聚乙烯农用地膜、一次性塑料餐具、一次性塑料棉签、含塑料微珠的日化产品、一次性酒店塑料用品、快递塑料包装等产品进行分阶段的限制与禁止生产、销售、使用。与以往政策相比，此次《塑料污染治理的意见》有三个特点：一是系统性，不同于以往政策仅对个别环节和个别领域做出规范，《塑料污染治理的意见》提出的政策措施基本涵盖了塑料制品生产、流通、使用、回收、处置的全过程和各环节，体现出全生命周期管理的系统性和整体性，有利于建立治理塑料污染的长效机制；二是协同性，《塑料污染治理的意见》既提出了禁止、限制类的管制要求，也明确了推广应用替代产品，培育优化新业态新模式，增加绿色产品供给，推进塑料废弃物规范回收和处置等系统性措施，政策调整既针对传统领域，也针对电商、快递、外卖等新兴领域，在保障任务目标可达性的同时，也为形成塑料污染治理新型模式提供政策空间；三是有序性，《塑料污染治理的意见》充分考虑了地区和各行业差异性，区分重点城市、地级以上城市和相关县级城市，按照 2020 年、2022 年、2025 年三个时间段，分步骤、分领域积极稳妥推进塑料污染治理整体工作。①

除了中央出台的塑料政策，2020 年多省（自治区）也发布了相应的塑料政策，对一次性塑料制品的种类进行详细划分，如海南省、福建省、新疆维吾尔自治区等，跟随国家要求，力争在 2025 年形成塑料制品管理制度，提高塑料回收利用水平，在有效控制塑料污染的同时减少能源消耗。

2020 年 7 月，国家发展改革委、生态环境部等 9 部门联合印发《关于扎实推进塑料污染治理工作的通知》，该文件要求：①**落实属地管理责任**，8 月中旬前出台省级实施方案，细化分解任务，层层压实责任；督促省会城市、计划单列市、地级以上城市等结合本地实际，重点围绕 2020 年底阶段性目标，分析评估各领域重点难点问题，研究提出可操作、有实效的具体推进措施，确保如期完成目标任。②**狠抓重点领域推进落实**，加强对禁止生产

①《国家发展改革委、生态环境部关于进一步加强塑料污染治理的意见》，中华人民共和国生态环境部网站，2020 年 1 月 19 日，http://www. mee. gov. cn/xxgk2018/xxgk/xxgk10/202001/t20200120_760495. html。

销售塑料制品的监督检查，尤其加强对零售餐饮等领域禁止生产、销售塑料制品的监督管理，推进农膜治理，规范塑料废弃物收集和处置，开展塑料垃圾专项清理。③**强化日常监管和专项检查**，实施生态环境保护综合执法，开展联合专项行动。④**加强宣传引导**。①

根据《关于进一步加强塑料污染治理的意见》要求，生态环境部、国家发展改革委联合住房和城乡建设部、农业农村部、市场监管总局成立5个工作组，工业和信息化部、商务部、文化和旅游部、国家机关事务管理局（简称国管局）、国家邮政局、中华全国供销合作总社等派员参加，于2020年11月下旬集中赴辽宁、上海、浙江、山东、河南、湖南、广东、海南、云南、甘肃10个省（市）开展联合专项行动，调研指导推动地方抓紧落实塑料污染治理各项任务。

2021年9月16日，国家发展改革委与生态环境部联合印发《关于印发"十四五"塑料污染治理行动方案的通知》，该文件指出塑料污染治理的主要目标是：到2025年，塑料污染治理机制运行更加有效，地方、部门和企业责任有效落实，塑料制品生产、流通、消费、回收利用、末端处置全链条治理成效更加显著，白色污染得到有效遏制。塑料污染治理的主要任务包括：积极推行塑料制品绿色设计，持续推进一次性塑料制品使用减量，科学稳妥推广塑料替代产品，加强塑料废弃物规范回收和清运，建立完善农村塑料废弃物收运处置体系，加大塑料废弃物再生利用力度，提升塑料垃圾无害化处置水平，加强江河湖海塑料垃圾清理整治，深化旅游景区塑料垃圾清理整治，深入开展农村塑料垃圾清理整治。

（三）"无废城市"建设

在两年的"无废城市"建设试点工作中，"11＋5"试点城市因地制宜，从实际情况出发，在制度、技术、市场、监管四个体系做出各类尝试，形成

---

① 《关于扎实推进塑料污染治理工作的通知》，中华人民共和国生态环境部网站，2020年7月10日，http://www.mee.gov.cn/xxgk2018/xxgk/xxgk10/202007/t20200717_789638.html。

阶段性成果。在制度体系方面，基础逐渐夯实。如深圳市发布《深圳市生活垃圾分类管理条例》①，绍兴市起草了《绍兴市工业固体废物污染防治监督管理办法（试行）》（征求意见稿）②。在技术体系方面，支撑能力已初步形成。如铜陵市冬瓜山铜矿将废石和尾矿回填采空区，实现"无废"开采。在市场体系方面，若干关键点位实现突破。试点城市可从国家开发银行得到资金支援，或参与其他国家合作战略与技术项目。在监管体系方面，保障能力已形成。重庆市主城区基本实现原生生活垃圾零填埋（焚烧发电率近100%）、城镇污水污泥无害化处置率近100%、餐厨垃圾资源化利用率近100%、医疗废物集中无害化处置实现镇级全覆盖。

2021年4月，生态环境部与国家开发银行办公室联合发布《关于深入打好污染防治攻坚战共同推进生态环保重大工程项目融资的通知》（以下简称《通知》）。《通知》针对金融资金支持特点，在中央项目库中补充建立金融支持生态环保项目储备库，加强固体废物和危险废物处理及资源综合利用、落实区域环境协同治理等重大项目，以及坚持生态环境导向的开发模式、生态补偿、储备与支持"无废城市"建设等试点项目。③

2021年上半年，各"无废城市"已基本完成试点建设任务，且取得了显著的成效。根据生态环境部相关统计，我国"无废城市"建设共涉及四大体系建设任务956项。截至2020年底，我国已完成850项任务，各试点城市四大体系建设趋于完善；试点期间，预设的562项工程项目已完成422项，涉及资金1200多亿元；各试点城市因地制宜、积极创新，共形成97项经验模式。

① 《深圳市生活垃圾分类管理条例》，深圳市城市管理和综合执法局网站，2020年7月17日，http://cgj. sz. gov. cn/ydmh/zcg/content/post_7900073. html。

② 《绍兴市生态环境局关于公开征求〈绍兴市工业固体废物污染防治监督管理办法（试行）〉（征求意见稿）意见的通知》，绍兴市人民政府网站，2020年10月13日，http://minyi. zjzwfw. gov. cn/dczjnewls/dczj/idea/topic_1897. html。

③ 《关于深入打好污染防治攻坚战共同推进生态环保重大工程项目融资的通知》，中华人民共和国中央人民政府网站，2021年4月6日，http://www. gov. cn/zhengce/zhengceku/2021 - 04/11/content_5598881. htm。

国家旨在通过在试点城市深化固体废物综合管理改革，总结良好的试点经验做法，形成一批可复制、可推广的"无废城市"建设示范模式，为我国推动建设"无废社会"奠定良好基础。2021 年将重点研究"无废城市"在全国梯次推开的工作思路、目标路径、范围和重点任务。①

为深入打好污染防治攻坚战，推动形成绿色发展方式和生活方式，加强固体废物系统治理，持续推进固体废物源头减量和资源化利用，最大限度减少填埋量，有效防范生态环境风险，指导地方做好"十四五"时期"无废城市"建设工作，生态环境部会同相关部门组织编制了《"十四五"时期深入推进"无废城市"建设工作方案（征求意见稿）》和《"无废城市"建设指标体系（2021 年版）（征求意见稿）》，并于 2021 年 9 月中旬开征求意见。②

（四）《固体废物污染环境防治法》

2020 年 4 月，十三届全国人大常委会第十七次会议审议通过对《中华人民共和国固体废物污染环境防治法》（简称《固废法》）的修订，自 2020 年 9 月 1 日起施行。此次全面修订《固废法》是贯彻落实习近平生态文明思想和党中央关于生态文明建设决策部署的重大任务，坚持以人民为中心的发展思想，是健全最严格、最严密生态环境保护法律制度体系和强化公共卫生法治保障的重要举措。与旧版《固废法》相比，新版《固废法》就以下内容进行了修改与完善：一方面，明确了固体废物污染环境防治原则，即减量化、资源化和无害化；另一方面，强化政府及其有关部门监督管理责任、完善工业固体废物污染环境防治制度、严格明确法律责任、健全保障机制。③

---

① 《2021 年"无废城市"将在全国梯次推开 大湾区等重点区域有望加入》，https：//www. chinatimes. net. cn/article/103005. html。

② 《关于公开征求〈"十四五"时期深入推进"无废城市"建设工作方案（征求意见稿）〉和〈"无废城市"建设指标体系（2021 年版）（征求意见稿）〉意见的通知》，中华人民共和国生态环境部网站，2021 年 9 月 16 日，http：//www. mee. gov. cn/xxgk2018/xxgk/xxgk06/202109/t20210916_948195. html。

③ 《解读修订后的固体废物污染环境防治法：用最严密法治保护生态环境》，中华人民共和国生态环境部网站，2020 年 5 月 4 日，http：//www. mee. gov. cn/ywdt/hjywnews/202005/t20200504_777706. shtml。

2021 年 4 月至 9 月，全国人大常委会开展了《固废法》执法检查。这是运用法治方式巩固和深化污染防治攻坚战成果的一项具体举措。近半年时间，检查组分赴陕西、上海、内蒙古、湖北、湖南、海南、河南、黑龙江 8 省（区、市），深入固体废物综合利用基地、生活垃圾中转车间、高校实验室、企业、乡村等地，以实地检查和随机抽查相结合的方式开展执法检查。执法检查表明，实施好《固废法》，要全面落实法律规定，按照法律确立的减量化、资源化、无害化原则，推动固废防治朝着集中化、一体化处置方向发展；要把法律修订后一系列新的制度措施执行到位，用法律武器破解固体废物污染防治中存在的有关生活垃圾、危险废物、医疗废物、洋垃圾入境等难点问题；要依法建立实施固体废物污染防治目标责任制和考核评价制度，把政府及其有关部门的法律责任压紧压实，保持对固体废物污染环境违法犯罪行为的高压态势，织牢、织密固体废物污染防治的法制网，抓紧完善配套法规；通过全社会共同治理、共同保护，让绿色低碳的生产、生活方式渐行渐近，做到减污、降碳协同增效，依法有效推进固体废物污染防治工作，逐步实现变废为宝。①

---

① 《坚实减量化、资源化、无害化原则 依法治废 变废为宝》，《人民日报》，2021 年 9 月 28 日第 01 版。

污染防治篇

Pollution Prevention and Control

B.2

面向污染减排的农村人居环境整治指标体系构建及应用

魏亮亮　陈　颜　朱丰仪　姜　莹　杨海洲　夏鑫慧*

摘　要：　农村人居环境整治是乡村振兴战略的重要支点，是农村生态
文明建设的核心环节。为有效地指导农村人居环境工作顺利
开展及规划编制，本文以黑龙江省七台河市农村人居环境整
治三年行动计划规划编制为支撑。七台河市以农村污染减排
和环境改善为目标，以分批分类建设美丽宜居型行政村、改
善提升型行政村、基本保障型行政村、整体撤迁型行政村为
导向，构建涵盖污染物产生能力与污染贡献程度、综合实力

*　魏亮亮，工学博士，哈尔滨工业大学环境学院副教授、博导，环境工程系主任，研究方向
为污水深度处理及再生利用、污泥处理处置及资源化、流域/区域水环境综合治理及水质提
升；陈颜，中共白城市委办公室，综合科科员；朱丰仪，瑞典皇家理工学院，博士生，研
究方向为磷回收；姜莹，黑龙江省农业科学院农业遥感与信息研究所，副研究员，主要研
究方向为农业经济与工程；杨海洲，哈尔滨工业大学环境学院，博士生，研究方向为污泥
厌氧共消化；夏鑫慧，哈尔滨工业大学环境学院，硕士生，研究方向为污水深度处理及再
生利用。

及污染综合控制能力、绿色发展能力三大综合指标的整治指标体系，通过权重的分配及实际数据的支撑，实现了对现有220个行政村的整理分类，有效指导了垃圾革命、污水革命、厕所改革及村容村貌工作的有效开展，并取得了显著的建设成效。

关键词：　农村人居环境　污染控制　环境改善

一　背景

为全面建成小康社会、建设社会主义现代化强国，党的十九大报告提出了乡村振兴战略，对新时代"三农"工作进行了全面部署。[1]　村域人居环境改善是落实乡村振兴战略的重要指标，是衡量人民生活获得感、幸福感的直观体现。[2] 2018年2月，中共中央办公厅、国务院办公厅印发了《农村人居环境整治三年行动方案》，要求全面开展以农村垃圾污水治理、厕所革命和村容村貌提升为重点的农村人居环境整治行动。

在相关政策、理念的引导部署下，全国各地以习近平生态文明思想为指导，全面贯彻创新、协调、绿色、开放、共享的发展理念，以改善农村居住环境、发展环境与建设风景秀美、怡然乐居的村落为目标，主攻农村垃圾收容处置、污水收集处理、厕所改建新建及村容村貌修整提升工程，兼顾城乡协同发展，积极联动生产、生活、生态，如火如荼地开展了农村人居环境整治三年行动（2018～2020年），并积极推进了相关规划的编制。

在七台河市农村人居环境整治三年行动规划编制过程中，为了突出发展

---

① 周茂春：《农村人居环境问题探视及其协同治理》，《现代农业》2020年第1期。

② 王燕茹：《乡村振兴视域下优化农村人居环境的路径探析》，《中共南昌市委党校学报》2020年第1期。

特色及长效发展，七台河市以分级分类为原则，构建了美丽宜居型行政村、改善提升型行政村、基本保障型行政村、整体撤迁型行政村的不同标准建设目标；为了更好地衡量村屯建设潜力，促进不同类别村屯的建设发展，构建了上述四类村屯建设的整治指标体系。上述指标体系的构建兼顾污染物产生能力与污染贡献程度、综合实力及污染综合控制能力、绿色发展能力三大综合指标，并细化出 12 项评价指标。通过农村人居环境整治指标体系的建立，结合村庄的自然气候条件、环境质量水平、经济社会发展状况，剖析目前存在的问题，合理确定重点任务，坚持先易后难、先点后面，做到分类推进、精准施策、示范先行，全面改善农村人居环境。

二 评价体系

（一）评价内容

农村人居环境综合整治行动以因地制宜、有序推进、建管并重、长效运行为原则，意在通过生活垃圾收运处理工程、旱厕改造工程、绿化工程、危房危墙拆除工程、扩大污水管网覆盖面等工程，解决农村垃圾乱堆乱放、生活污水收集处理困难、黑臭水体难以根除、村内道路硬化率较低、绿色景观恶化等民生问题，建设生态宜居的新时代美丽乡村。[①]

在推进农村人居环境整治工作中，往往存在"一刀切"现象，当地政府注重形式，忽略了村庄地理位置、人口规模、经济水平、村容村貌等因素，盲目采用统一改建模式，造成治理设施"中看不中用"，致使农村人居环境无法切实改善。因此，因地制宜，建设分类指导的整治规划方案迫在眉睫。[②]

为了明确乡村整体状况，制定科学的治理方案，指导分类建设，本文构建了农村人居环境整治指标体系，基于基础数据的收集，有针对性地将待整治村庄以建设目标为区分标准，分为美丽宜居型行政村、改善提升型行政

---

① 金永康、任志丽：《农村人居环境的整治策略》，《江西农业》2020 年第 6 期。

② 赵媛：《农村人居环境整治新模式探索》，《农家参谋》2020 年第 12 期。

村、基本保障型行政村、整体撤迁型行政村，结合四类村庄特点，对垃圾收容路线、污水管网布设、改厕方式数量等具体工程内容做出合理的规划建设安排，从而最大限度地降低整治成本，提升整治效率，达到整治目标。

（二）评价体系及权重分值

1. 评价指标选择

本文构建的农村人居环境整治指标体系从农村环境污染现状出发，结合村屯的经济社会发展状况、村容村貌现状，同时考虑指标选取的科学性、实用性和代表性，最终从污染物产生能力与污染贡献程度、综合实力及污染综合控制能力、绿色发展能力三大综合指标出发，共选择了12项评价指标。农村人居环境整治指标体系见图1。

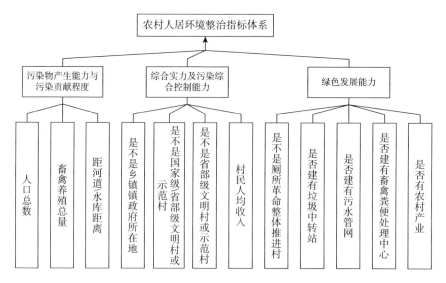

图1　农村人居环境整治指标体系

评价指标说明：（1）在污染物产生能力与污染贡献程度综合指标中，人口总数与厕所数量、生活垃圾产量、污水量成正相关，可直观反映污染物的产生能力；畜禽养殖总量体现的是畜禽养殖粪污对环境的胁迫程度；距河道/水库距离能够体现污染源对自然水体的污染贡献程度。（2）在综合实力及污染综合控制能力综合指标中，村民人均收入体现农村的发展水平；是不是乡镇镇政府所在地、是不是国家级／省部级文明村或示范村是评价政策支持下的综合控污能力的评价指标。（3）在绿色发展能力综合指标中，是否有农村产业是评价农村经济发展潜力的评价指标；是否建有污水管网、垃圾中转站、畜禽粪便处理中心，以及是不是厕所革命整体推进村是评价农村综合污染治理潜力的评价指标。

2. 评价指标权重分值

农村人居环境由社会文化环境和自然生态环境构成，本研究根据各指标对构成农村人居环境的贡献程度赋予了权重分值（总分值100分）。[1] 如人口总数、畜禽养殖总数是农村人居环境的组成主体，直接影响人居环境质量，故分值最高，分别为20分、15分；村民人均收入是衡量村屯经济实力的关键要素，分值为10分；农村厕所改建情况对环境质量的改善起到举足轻重的作用，分值为10分，其余指标分值均为5分（上述分值均为单项最高值）。农村人居环境整治指标体系权重分值见表1。

表1 农村人居环境整治指标体系权重分值

综合指标类别	评价指标	权重分值
污染物产生能力与污染贡献程度	人口总数	最高20分，最低10分；按照人口数插值法计算
	畜禽养殖总量	最高15分，最低5分；按照畜禽养殖折合猪的头数采用插值法计算
	距河道/水库距离	≤100米，5分
		>100米，0分
综合实力及污染综合控制能力	是不是乡镇镇政府所在地	是，5分
		否，0分
	是不是国家级文明村或示范村	是，10分
		否，0分
	是不是省部级文明村或示范村	是，5分
		否，0分

---

① 胡三：《乡村环境治理事关美丽中国建设大局》，《绿色中国》2020年第4期。

续表

综合指标类别	评价指标	权重分值
综合实力及污染 综合控制能力	村民人均收入	最高10分,最低5分;采用插值法计算
绿色发展能力	是不是厕所革命 整体推进村	是,最高10分,最低5分;采用插值法 计算
		否,0分
	是否建有垃圾中转站	是,5分
		否,0分
	是否建有污水管网	是,5分
		否,0分
	是否建有畜禽粪便 处理中心	是,5分
		否,0分
	是否有农村产业	是,5分
		否,0分

3. 评价体系分值计算方式

评价指标中,人口总数、畜禽养殖总量、村民人均收入、是不是厕所革命整体推进村4项指标采用插值法计算得分,其余指标按照表1中的评判方式进行分值计算,行政村的综合评价得分为12项评价指标的单项评分之和。

在综合得分的基础上,按照"污染物产生能力与污染贡献程度"指标分值对综合得分的贡献,将村屯环境分为综合提升型(贡献值小于50%)、关注污染型(贡献值介于50%~60%)、污染控制型(贡献值介于60%~70%)及重点控污型(贡献值大于70%)四个等级。

(三)案例分析——以七台河市为例

1. 七台河市概况

七台河市坐落于黑龙江省东部城市群中央,交通便利,市内有17个乡镇220个行政村,乡村常住人口344619人,主要集中在西部地区,七台河市220个行政村人口总体分布见图2。

七台河市乡镇畜禽养殖业发达,乡镇羊、牛、猪、鸡鸭饲养总数分别为

48601 头、19512 头、109319 头、360143 只,七台河市 220 个行政村畜禽饲养情况总体分布见图 3（以猪的头数为单位）。

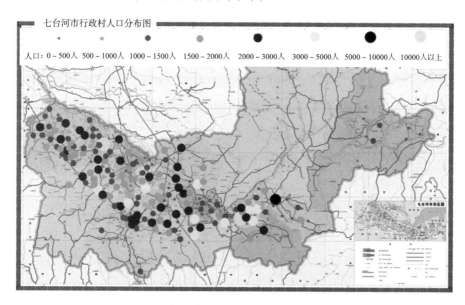

图 2　七台河市 220 个行政村人口总体分布

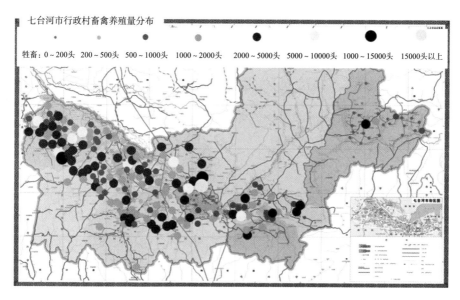

图 3　七台河市 220 个行政村畜禽饲养情况总体分布

2. 评价范围

围绕七台河市农村人居环境综合整治中存在的问题，大力推进农村人居环境整治三年行动，对七台河市 17 个乡镇的 220 个村屯进行整治。七台河市 17 个乡镇及镇政府所在地分布见图 4。

图 4　七台河市 17 个乡镇及镇政府所在地分布

3. 评价目的

通过农村人居环境整治指标体系，在充分调研的基础上，对七台河市 17 个村镇（220 个村屯）的整体情况进行评估，根据得分结果将评价村屯以美丽宜居型行政村、改善提升型行政村、基本保障型行政村、整体撤迁型行政村建设目标进行划分。

继而以建设目标为导向，确定规划范围内的优先整治区域和重点整治区域，采取具有针对性的整治工程措施，有的放矢，精准提升，到 2020 年实现"美丽宜居型""改善提升型""基本保障型"行政村总数，分别占全市行政村总数的 10%、22%、25% 以上，形成良好的建设示范效应，积累建设经验，为实现农村人居环境质量全面有效提高打下坚实基础。

4. 评价结果与建设导向

根据基础数据，应用评价指标体系，对七台河市行政村人居环境进行了综合评估，评价结果见表2。

表2　七台河市行政村人居环境整治评价结果

建设类型	数量（个）	得分区间（分）	村屯环境	数量（个）
美丽宜居型 行政村	40	54.95～81.35	综合提升型	17
			关注污染型	16
			污染控制型	4
			重点控污型	3
改善提升型 行政村	60	49.87～54.93	关注污染型	5
			污染控制型	51
			重点控污型	4
基本保障型 行政村	90	45.53～49.86	关注污染型	23
			污染控制型	55
			重点控污型	12
整体撤迁型 行政村	30	44.72～45.52	污染控制型	30

评价结果显示，七台河市行政村人居环境整体基础较为薄弱，以美丽宜居为建设目标的行政村数量仅占全部行政村数量的18%，污染控制型和重点控污型行政村数量之和占全部行政村数量的72%，建设任务艰巨，故合理安排工程项目，分类指导建设至关重要，现就四类建设导向做如下具体说明。

（1）美丽宜居型行政村

省级美丽乡村示范村、重点水源地保护区及周边行政村具备一定规模、发展稳定的乡村产业，经济效益良好，可吸纳大量农村劳动力，保障村民收入。村内拥有稳定高效运行的生活垃圾收运体系，配备无害化垃圾处理场地，村内卫生厕所改造全面普及，厕所粪污通过资源化设备得到了合理利用，生活污水收集处理率处于较高水平，已建立起一套完备的环境管护体系。

根据综合评价得分结果，选择分数排名前 40（54.95～81.35 分）的行政村为以"美丽宜居"为建设目标的行政村，其中综合提升型行政村 17 个，关注污染型行政村 16 个，污染控制型行政村 4 个，重点控污型行政村 3 个。

17 个综合提升型行政村的村内产业具备长足发展优势，村民收入来源广泛，人均收入及消费水平相对较高，村民更注重村域生活环境质量，环保投资力度较大，应以促进村庄原有产业为主，以经济强化改善人居；16 个关注污染型行政村应进一步加强污染治理能力，在原有垃圾、污水治理模式的基础上，强化联动；污染控制型、重点控污型行政村要将重点放在生活垃圾收治体系建立、挨门逐户改建无害化厕所、推进厕所粪污处理一体化设备应用上，要稳步推进相关建设，落实因地适宜、保质保量的长效应用工程。

（2）改善提升型行政村

改善提升型行政村的村内居民收入来源单一稳定，村民多通过农业种植保障收入，具备一定的基础改造条件，改造积极性高。村内生活垃圾收运体系覆盖面高达 90%，约有 95% 户完成卫生厕所改造，村民自发遵守生活污水入管原则，村户污水自排、散排现象得到有效控制，村内道路修缮基本结束，交通便利，村容村貌焕然一新。

选择综合评价得分排名第 41～100 位（49.87～54.93 分）的村屯为以"改善提升"为建设目标的行政村，其中关注污染型行政村 5 个，污染控制型行政村 51 个，重点控污型行政村 4 个。

该类行政村是并未被列入国家级、省级文明示范村但具有一定基础条件的行政村，村内生活垃圾处理方式普遍以村民自主收集、填埋焚烧的方式处理；生活污水多为分散处理，存在直排入河现象；普遍存在侵占街道、私拉乱建等影响村容村貌的现象，是具有较大整治空间、需加大整治力度的村屯。

5 个关注污染型行政村要以控制生活垃圾污染为总目标，建立"村收集－镇转运－县处理"涵盖各村各户的生活垃圾收集转运线路；51 个污染控制型行政村要着重解决村内污水收集处理问题，要综合考虑村庄人口规模，考虑与就近乡镇地下污水收集管线的直线距离，视情况选择污水就地集户处理、村庄统一收集排入一体化污水设备处理、铺设排污管道纳入乡镇管网处理等方式；4 个重点控污型行政村的村内水冲厕所建设比例较低，厕所脏、乱、差、少的问题突出，要根据各村实际经济条件，并加强上户劝导村民力度，扩大厕所改造推进面，同时加大拆除违法违章建筑、整治村容乱象力度。

（3）基本保障型行政村

基本保障型行政村的交通不便，地处偏远，村民收入紧张，经济基础十分薄弱，在保障村民基本生活条件的前提下，应建立生活垃圾收运主干线，根据改厕的迫切程度选择改厕对象，力争改厕率达到80%，保证各家各户干净整洁，达到环境质量改善的基本要求。

选择综合评价得分排名第101~190位（45.53~49.86分）的村屯为以"改善提升"为建设目标的行政村，其中关注污染型行政村23个，污染控制型行政村55个，重点控污型行政村12个。

七台河市41%的村屯均属于这类行政村，村屯经济基础薄弱，人口老龄化现象严重，污染呈现常态化，是本次人居环境整治行动的难点。关注污染型、污染控制型行政村应持续加大政府资金投入，优先建立基础生活垃圾收集处理系统，如为农户配备垃圾箱，建设垃圾填埋处理场地等；建设小规模污水处理设施，布设管线，收集处理临近村屯污水。12 个重点控污型行政村要从相对容易实施的村容村貌整治和厕所改革入手，以"四清三拆两提升一绿化"为主，并行推进无害化厕所改建，突出政府的核心主导地位，改善基础人居。

（4）整体撤迁型行政村

把人口数量小于500人，且综合得分小于50分（44.72~45.52分）的30 个村落作为以"整体撤迁"为目标的行政村，30 个村落全部属于污染控制型行政村。

该类行政村人口分布少、产业不发达、人均收入低、环境治理困难大，应按照"宜建则建、宜农则农、宜林则林、宜景则景"原则，挖掘土地潜

在价值，请专家学者深入调研，提出土地恢复、养护、利用、开发方式，逐步积累土地、产业优势，但对部分整治难度较大的村庄，建议整体拆迁，化整为零。

三 整治成效

七台河市坚持以四类建设目标为导向，以分级分类为原则，集重点于农村厕所革命、垃圾治理、污水处理等核心建设，结合"54321工程"，即五大革命、四清、三拆、两提升、一绿化；"17663"工程，即以七台河市17个乡镇所在村、308省道、依七高速等6条主干道路沿线和6个通村环路沿线近百村为整治重点，万宝河镇、茄子河镇、红旗镇3个城关镇结合棚户区改造，实施整镇推进工程；集中力量，攻克艰难，至2020年已建成的美丽宜居型、改善提升型、基本保障型行政村总数均达到了全市行政村总数的10%，实现了七台河市农村人居环境的全面提升。

（一）农村生活垃圾治理成效

七台河市规划建设了涵盖220个行政村的24条生活垃圾收运路线；规划建设/改建垃圾中转站6个；建设了覆盖七台河市80%的村屯的垃圾分拣站172座；配备了18000个公用垃圾桶；配置垃圾压缩装置36台；建设农村高含固有机生活垃圾资源化示范点17处；改建农村生活垃圾简易填埋基地3~5处。

（二）农村生活污水治理成效

本次规划建设项目主要包括污水处理示范项目建设、污水处理厂截污纳管工程、污水集中收集及处理工程、分散式污水处理工程等；七台河市集中完成了勃利县6乡镇中6个中心村小型污水处理站的建设；建设排放地下管网总长度100公里；完成了中心河乡、铁山乡、宏伟镇、大四镇污水处理厂建设；完成了茄子河镇龙头村、龙兴村、龙泉村、龙江村4村的生活污水收集处理设施建设。

（三）农村厕所革命持续推进

优先推进了以"美丽宜居"为建设目标的村屯旱厕改造工作，完成了马鞍村、中心河村等 22 个行政村约 8000 户居民冲水厕所改建，对户数小于 500 户的村落，根据村庄位置布局、村民意愿、改造难度、污水管网覆盖情况等合理选择净化槽、组合式生态旱厕、堆肥厕所等改厕方式。旱厕改造是从源头削减污染物的强效方法，故卫生厕所的大面积普及，有力降低了农村粪污污染、臭气细菌污染，对打造村域优质环境起到了不可或缺的作用。

（四）村容村貌显著改善

拆除违规建筑 192 处、危险房屋 404 处、危险围墙及破损围栏 1184 处；清理垃圾 46360 吨，清庭院 12369 户，清边沟 525941 米，清柴草垛 1893 个；实现七台河市高绿化度覆盖村 145 个，其中特优绿化村 40 个，绿化面积达到了 5643.5 亩，栽培各类草木植物共 88.31 万株；此外，还对村内红、蓝、灰彩钢屋顶，灰、红瓦等进行了逐一整改，有效地整治了村容乱象。

通过分类指导，结合工程措施，七台河市农村人居环境得到了显著改善，但仍存在建设显示度不足问题，生活垃圾收容集中处理路线、生活污水收集范围、厕所革命推进村未达到 100% 覆盖，部分村庄仍保留初始村容村貌，农村人居环境整治未形成良好的连片示范效应，七台河市应持续扩大建设范围，加大建设力度，健全长效管控机制维持治理成效。

四 现存问题

（一）畜禽污染治理及厕所改建难度较大

七台河市畜禽养殖当量（折算成猪的存栏数）多于 3800 头的村屯共 20 个，畜禽养殖总量占全部行政村畜禽养殖总量的 36.44%，其中，多为家庭

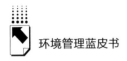

养殖，养殖户缺乏科学的污染物处理观念，致使畜禽粪便、养殖污水乱排现象得不到有效遏制。[①] 七台河市村镇共计 103017 户，农村厕所改建基数庞大，任务量繁重，资金受限，政府补贴不足，农民自费改建意愿薄弱。[②]

（二）村民环保意识缺失

虽然政府是村域环境改善的引领者和推动者，但村民作为村庄的核心要素，对相关改建项目的实施起着至关重要的作用。现今，城镇的发达繁荣，吸引着大量的村内青年前往城镇务工生活，致使村民主要以老年人为主，他们大多观念陈旧，文化水平不高，生态环境保护意识、环保意识相对滞后，不易接受新鲜事物，对生活环境、生活质量要求普遍较低，不具备公共资源意识，对村内环境质量提升缺乏积极参与性，甚至对改厕、改变垃圾处理方式等较为抗拒。[③]

（三）缺乏长效管护机制

随着环境改善设施的推进建设，运行维护和管理问题日渐突出，污水处理设施的达标运行、垃圾的收集运输、改厕的干净清洁、良好村容村貌的持续保持都离不开行之有效的管护机制。农村人居环境整治不是一举而竟全功的工作，建立完善的设施运行管护制度，保障充裕透明的专项经费，实施长效严格的监管督查，才能从根本上改善村域人居环境。

五　结语

合理的人居环境整治措施及精准施策是美丽乡村建设的关键，而对不同

① 李生：《农村畜禽养殖环境污染现状及治理对策》，《现代农业科技》2020 年第 5 期。
② 陈晓伟、赵慧勇：《乡村文明建设背景下的农村厕所革命问题探究》，《农村经济与科技》2020 年第 5 期。
③ 宋国恺、李岩：《村民主体视角下农村人居环境问题成因及整治路径分析》，《福建论坛》（人文社会科学版）2020 年第 2 期。

行政村准确的评价体系是成功实施的关键。七台河市通过农村人居环境整治指标体系，精准分类域内村庄，系统规划，依附农村人居环境改善三年行动计划，合理施策，科学整治，统筹安排各类工程建设，其治理效果逐渐显现，为我国其他村域人居环境整治提供了可循经验。未来，要在此基础上，立足当下，着眼长远，构建一个健康、稳定、持续的农村人居环境整治评价治理体系，实现久久为功、持续发展的治理目标，加速缩小城乡差距，响应乡村振兴战略，为决胜建设小康社会提供科学有力的支撑。

B.3
中国外卖包装废物管理研究

——以生产者责任延伸制度为工具

张秀丽　谭全银*

摘　要：　近年来，随着经济发展和生活水平的提高，外卖逐渐成为饮食等消费的主要方式之一，废弃的外卖包装处理问题成为一个社会关注的焦点问题。与此同时，传统的废塑料处理方式受到一定程度的挑战。为了提高环境保护效力，在垃圾分类如火如荼进行期间，政府和企业之间的职能转换也成为必然发展趋势。本文从餐盒的生产、使用和回收三个环节出发，总结国外经验，提出延伸生产者责任可以有效地缓解废弃餐盒造成的环境危害。生产者可以通过全面掌握产品原始材料信息，控制物流体系，形成环保餐盒的生产、使用和回收的良性循环，依次响应"无废社会"建设的国家政策。

关键词：　外卖包装废物　生产者责任延伸制度　废物管理

一　问题的提出

2019 年，垃圾分类在上海强制实施，掀起一阵垃圾分类潮，这是消费者在某一层面上参与固体废物减量的行动。这几年，政府也采取了一系列的

---

* 张秀丽，清华大学环境学院科研助理，研究方向为环境管理与政策；谭全银，博士，清华大学环境学院助理研究员，研究方向为废物与化学品环境治理、废物化学品国际环境公约。

措施，包括通过垃圾分类的立法、"无废城市"建设试点等，积极推进"无废社会"建设。随着互联网经济的发展，外卖变得尤为便利时，废弃的外卖包装问题也进一步恶化，大大增加了固体废物的产生，这也为"无废社会"的建设造成了挑战，成为当前亟待解决的问题。垃圾分类在某种程度上有助于解决外卖废弃包装的回收问题，但仅依靠政府和消费者，外卖回收效果终究有限。中国如此巨大的外卖包装产量，要求我们动员一切能动员的力量，参与到"无废社会"的建设中来。

2013年，支付宝首次推出了"口碑外卖"；2014年，美团则推出了"美团外卖"；2014年4月，百度也推出"百度外卖"，餐饮外卖的O2O模式迅速在中国蔓延开来，改变了居民生活。[①] 2014年11月，李克强出席首届互联网大会时指出，互联网是大众创业、万众创新的新工具。这也意味着"互联网＋"成为各行业发展的新趋势。在餐饮行业中，外卖O2O已经成为推动行业发展的新引擎。

根据艾媒生活与出行产业研究中心发布的数据[②]，中国外卖市场规模已经达到2000亿元。2019年，根据中商产业研究院数据，2018年，我国外卖用户为4.06亿人，与2017年底相比，增长了18.20%，其中，手机外卖用户为3.97亿人。根据目前的数据统计，2018年在线外卖市场规模将超2400亿元。餐饮外卖市场规模逐渐扩大，外卖餐盒带来的垃圾问题也逐渐凸显。[③]

首先，外卖包装废弃数量多，成分复杂。外卖行业的繁荣发展也让外卖包装废弃物成为社会问题。根据《2017中国在线外卖餐饮行业研究报告》，中国每单外卖平均可以消耗一次性餐具3.27个，这意味着每天消耗大约6000万个一次性餐具。外卖包装问题亟待重视和解决。

外卖包装废弃物难降解。国内市场餐盒的主要材质为聚丙烯。统计数据

---

① 龚心怡、苏燕欣、滕明宏、钱永贵：《当前外卖配送模式中的问题及对策分析》，《中国商论》2019年第3期。
② 艾媒生活与出行产业研究中心：《2017～2018年中国在线餐饮外卖市场研究报告》，iiMedia Research（艾媒咨询），2018。
③ CNNIC、中商产业研究院：《2018年互联网外卖用户规模达4.06亿，美团点评和饿了么两分天下》，2019。

显示，在外卖餐盒中，聚丙烯材质的使用比例达到 60% 以上，有部分城市更是达到了 90%，在市场上的比重非常高，使用最为广泛；其次是纸质材质餐盒。[1] 聚丙烯耐高温，无毒害，质量轻，价格上也更具优势，[2] 因此被广泛应用于外卖包装。然而由于这类物质制作的餐盒材质不容易被降解，最终这种难降解的餐盒也势必给环境带来危害。

外卖包装废弃物处置难。目前，外卖餐具的处理方式有三种：填埋、焚烧以及回收利用。我国大部分生活垃圾的处理是通过填埋和焚烧。餐盒多为聚丙烯、聚乙烯材质，其通过填埋很难分解，[3] 一旦餐盒被填埋，在填埋场存在很长时间，也容易造成土地硬化，产生塑料碎片和微塑料，不利于植物的生长，而焚烧则会带来大气污染压力，焚烧虽然也可以利用热能，但其效果和效率比回收利用要低很多。从回收角度出发，如果不对使用后的外卖餐具进行很好的分类，那么这些外卖餐具几乎不可能进入回收链，这也造成了大量损失。大多数能被回收的外卖餐具通常是可乐瓶等类似相对简单的产品。此外，外卖餐具上通常存在食物残渣，这导致它们往往只能进入垃圾处理系统，不适合被重新利用。[4] 尽管国内已经陆续开展垃圾分类，但回收后的外卖包装废弃物的处置和利用还不甚理想，处理不当，便会增加生态修复的难度。

2018 年，三、四线城市的外卖软件的普及率达到了 32.47%，在一、二线城市的普及率则高达 62.36%。约有一半的人表示每周点两次外卖；有1/5 的人表示，每周点外卖的次数起码达到 3 次及以上。大量固体废物堆积，回收成难题。据悉，全国超过 2/3 的城市已经被垃圾"包围"。如果要实现真正良性的产品循环生命周期，就必须解决不断增长的固体废物及其对环境的破坏问题。而如果塑料分解形成微塑料流入海洋，则可能通过食物链直接

① 温宗国等：《基于行业全产业链评估一份外卖订单的环境影响》，《中国环境科学》2019 年第 9 期。
② 彭力立：《外卖餐盒的环保之路，检察风云》，中国检察出版社，2018 年第 18 期。
③ 赵亦悦：《关于"外卖"固体废弃物的调查与思考》，《科技风》2018 年第 32 期。
④ 张萍等：《外卖包装对环境影响的调查研究》，《科技创新导报》2018 年第 12 期。

影响人类健康。除此之外，外卖包装废物也可以间接对旅游业、渔业和航运业等活动造成负面影响。2017 年，由十部门发布的《关于促进绿色消费的指导意见》对绿色消费提出了若干指导意见，这就意味着，未来外卖包装的生产、收集和回收处置的"绿色化"也将成为国内环境政策的一个趋势。

二 案例呈现

在解决包装废物问题上，尤其是在制度上，中国外卖包装废物管理或者在包装废物回收情况中能借鉴的案例很少，又因为包装数量庞大，底数不清，不适合采取调研的方式，即使采用调研方式，所能反映的问题也有限。为此，本文通过分析国外包装废物管理的经验，将其消化并转化为适应国内需求的包装废物管理方案。此外，中国当前的外卖行业居于世界前列，一旦中国能够解决外卖包装废物管理问题，将为世界的外卖包装废物管理做出重要的示范。

国际包装废物管理的历史经验

1. 欧盟

欧盟发展循环经济的战略目标是推动欧盟经济向可持续、资源高效、低碳和有竞争力的经济方向转型，从而提高欧洲的竞争力，也进一步促进就业，推动整个欧盟经济社会全面发展，最终实现经济和环境的双赢局面。

在废物的管理上，欧盟已经形成政策法律体系并致力于循环经济体系的形成和发展。欧盟的废物管理法规体系是根据条例、指令、决定等组成的。1975 年，欧盟理事会发布了《废物框架指令》（75/442/EEC），奠定了欧盟固体废物管理的基础，此后还陆续出台了《废油处置指令》《包装废物指令》《废汽车指令》《废物焚烧指令》《废物填埋指令》等多项专项法规。[①]

---

① 李金惠、段立哲、郑莉霞等：《固体废物管理国际经验对我国的启示》，《环境保护》2017
年第 16 期。

2015 年，欧盟委员会出台的《循环经济行动计划》（*EU Action Plan for the Circular Economy*）就制定了一系列小目标，该计划规定，到 2030 年，需要达到 60% 的城市垃圾回收利用率；达到 70% 的包装废物回收利用率，其中纸和纸板的回收利用率则要求达到 85%，木材的回收利用率需要达到 30%，塑料包装回收利用率需要达到 55%；而垃圾填埋量占城市垃圾总量的比例不超过 10%；此外，禁止在垃圾填埋场填埋可回收的废物等。这些目标旨在实现欧盟在废物上的管理。

此外，为了建立循环经济体系，欧盟在法律法规上做了一系列的努力。1994 年欧盟颁布了《包装和包装废物指令》，这个指令适用于整个欧洲共同体市场的包装物和所有废弃包装物，也适用于其他材料。它提出，首先防止废物产生，其次再利用，最终处置的原则，这意味着企业在这个过程中需要承担更大责任，需要配合减少废物乃至协调废物的处理处置问题。2015 年 5 月，欧盟颁布了《欧盟包装法案》第六次修正案，该修正案以减少轻质包装塑料袋消费为核心，这对于成员国的环境管理有着重要政策借鉴效果。

表 1　2008 年、2025 年和 2030 年欧盟委员会对包装废物特定材料回收量的具体规定

单位：%

材质	2008 年	2025 年	2030 年
塑料	22.5	50	55
木材	15	25	30
有色金属	—	70	80
铝	—	50	60
金属	50	—	—
玻璃	60	70	75
纸和纸板	60	75	85
总回收率	60	65	70

资料来源：《欧洲议会和理事会指令》［2004/12/EC（2004）］与《欧洲议会和理事会指令》［（EU）2018/852（2018）］，https://eur－lex.europa.eu/eli/dir/1994/62/2018－07－04。

2018 年 6 月，欧盟公布的《欧盟包装指令 94/62/EC（EU）2018/852》［*Directive（EU）2018/852 of the European Parliament and of the Council of 30*

May 2018 Amending Directive 94/62/EC on Packaging and Packaging Waste]。该指令引进了生产者责任延伸制度、溯源系统、质量控制，以及激励手段和报告的审查制度等，为该指令的实施提供了有力保障。生产者责任延伸制度是欧盟废物管理的重要工具。欧盟对生产者责任延伸制度的定义是生产者务必承担产品使用完毕的回收、再生或是废弃处理的责任，并通过这种方式将产品的回收、再生和废弃处理的责任完全纳入生产者责任范畴。除了在废物的包装上，欧盟还对电子废弃物领域中的生产者责任延伸制度也做到了规定并具有示范性作用。2002 年，欧盟通过两项有关电子废弃物的指令——《WEEE 指令》和《RoHS 指令》，这两项电子废弃物指令的实施在较大程度上提高了电子废弃物的回收再利用率，也降低了环境污染。[1]

同样，在 2018 年发布的《欧盟包装指令 94/62/EC（EU）2018/852》中，欧盟也出台了废弃物管理等级原理（the waste hierarchy），是欧盟废弃物政策和立法的基础。废弃物等级原理的主要目的是通过规范废弃管理和政策把废弃物对环境的不良影响降至最低，同样也提高和优化资源效率。废弃物管理等级原理按优先次序有 4 个措施，分别是预防、为再使用所做的准备工作、回收再加工使用、能源回收等的回收以及处置。其中，最好的方法是采取措施预防或减少废弃物的产生，接着是再使用，然后是回收加工使用，最后是其他回收和处置。

根据欧盟统计局的预测，从 2000 年到 2013 年，欧盟的资源生产率增长 60%，年改善率大约是 12%。从 2012 年到 2014 年，欧盟主要的废弃物回收利用率大幅上升。从 2008 年到 2016 年，欧盟包装废弃物的回收利用率也从原来的 62% 上升到 66%。[2] 其效果相当显著。

2. 德国

德国很早就开启了立法规范包装产品回收责任制。1991 年，德国便颁布《包装废弃物管理条例》（简称《条例》），该条例规定产品制造商和包

---

① 刘雨浓：《发达国家生产者责任延伸制度实施情况及经验总结》，《资源再生》2018 年第 4 期。

② 谢海燕：《欧盟循环经济发展动态及对我国的启示》，《中国经贸导刊》2019 年第 20 期。

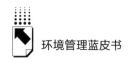

装制作商需要承担 80% 的包装废弃物甚至是 100% 的包装回收。而如果生产商未对此履行责任，那么其产品将不得再销售。《条例》通过量化评判标准，限制了产品的包装。《条例》对从包装的收集到最终处置的每个环节都制定了量化标准并加以规范，规定了包装商品的生产厂家以及商业部门要对使用后的包装材料进行回收和再利用负责。对于可以回收或回收再利用的包装材料，不可以丢弃到公共的垃圾填埋场，也不允许采用焚烧处置的办法。德国设立了再生利用率的目标和包装废弃物的回收率的目标，而对于明知故犯的企业和个人，则将给予经济处罚。① 此外，将商品包装在整个商品中所占的层数和比例进行相应限制，除此之外，管理部门也有权对市场上的包装进行检查，对过度包装的企业将予以处罚，以上种种措施，有利于德国资源消耗的减少。

1994 年 9 月，德国出台了《循环经济与废弃物管理法》，该法是德国循环经济法律体系的核心，重点强调生产者的责任是要负责产品的整个生命周期，此外，还规定对废弃物处理的优先顺序是避免产生—循环使用—最终处置。1998 年，《包装废弃物管理条例》则要求企业要全面负责产品的生产周期。② 尽量减少不必要的包装，这也减少包装材料的消耗，对包装需要进行再循环使用。通过多种措施，德国生产者责任延伸制度得以贯彻落实。2019 年，德国出台的《关于投入流通、回收和高质量包装使用的法规》（简称《包装法》）取代之前的《包装法》并开始生效。从 2019 年 1 月 1 日起，德国强制包装品生产商或是出售商注册和认领许可证，德国新《包装法》要求包装品出售商必须申报出售的包装材料、重量以及种类。如在德市场销售商品的企业不遵守规则，将面临 5 万欧元罚款和禁止销售的惩罚。③

1990 年，德国工业联合总会和德国工商业协会支持零售业、消费品和包装业联合的 95 家公司组建的绿点公司，并建立了一个专业的"二元回收

---

① 傅江：《德国包装废弃物的环境管理》，《中国环境管理》1995 年。
② 杨俊玲：《德国产品包装回收经验及启示》，《当代经济》2019 年第 3 期。
③ 亚易知识产权集团：《5 分钟弄懂德国新包装法，帮你省下 5 万欧元》，科印网，http://www.sohu.com/a/284530123_772498，2018 年 12 月 28 日。

体系"（见图 1）。绿点公司是德国目前唯一根据包装条例而专门开展包装废物收集、分选和再利用工作的全国性政策执行以及协调性机构，协助生产商和经销商履行回收义务，并协调包装废物回收事务，帮助消费者将丢弃的包装废物进行再加工处理。①

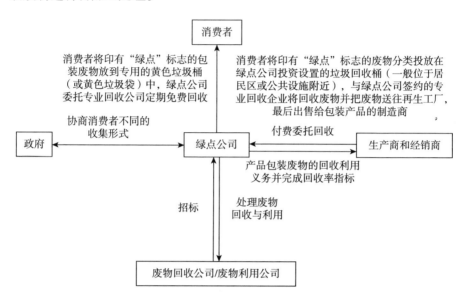

图 1 德国绿点公司公共回收体系

随着《包装废弃物管理条例》的严格实施，德国包装材料使用量减少了。1991～1992 年，包装材料使用量第一次下降了 4.1%，这跟严格的管理规范有着重要关系。2019 年，根据新《包装法》，不遵守规定的企业要被罚款 5 万欧元和接受销售禁令。2001 年、2008 年和 2012 年，德国包装废物的回收利用率分别达到了 79.3%、81.6% 和 96.3%；2013 年，德国包装废物的回收利用率高达 97%。最常见的包装材料有玻璃、铝、马口铁、塑料、纸/纸板、饮料包装用纸板，2013 年，其回收率分别为：88.7%、92.6%、93.7%、99.6%、99.8%、99.6%。② 2017 年，德国垃圾回收利用率达到

① 冯慧娟、鲁明中：《德国废弃物回收体系的运行模式》，《城市问题》2010 年第 2 期。
② 智慧环卫联盟：《德国固体废物管理现状》，https://www.sohu.com/a/214633405_465250，2018 年 1 月 4 日。

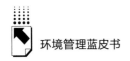
81%，其中物质回收率高达 69%，能源回收率为 12%。①

目前在德国，废物管理业是极具竞争力的经济部门。截至 2018 年，相关销售额达到了 400 亿欧元，共有 20 万从业人员就职于 6000 家公司。德国全国用于各类资源回收和循环利用的设施共有 15.5 万座，这些设施提升了资源的利用效率，例如城市固废循环利用率高达 65%。德国在循环利用领域中所取得的成就值得世界各国借鉴。②

3. 美国

1976 年美国制定了《资源保护与回收法》（RCRA），对资源回收、固体废物管理、资源保护等做出了规定。事实上，《资源保护与回收法》的核心是包装材料的减量、回收、再利用和焚烧。20 世纪 80 年代末，美国各州也各自颁布了包装限制法规，规定了包装生产、使用和处理的要求。此外，RCRA 授予联邦环保局（EPA）部分权力来执行回收，EPA 也负责发布关于城市固体废物管理或填埋场的统计报告，为政府部门制定采购含有再生材料产品的指导方针等，但州和地方司法机关才是城市固体废物治理的权力机关和主要责任者。

美国的包装废物管理的法规是由州和地方政府来制定，其中包括包装限制和禁令、最小回收率要求、减税政策、塑料树脂识别码的使用及其他用于鼓励回收的一系列措施。美国制定限制令和禁令是因为包装废物占用大量空间并且对环境产生不良影响。禁止填埋可以增加包装废物的回收利用。美国政府还确定某些产品的最小回收率，以此为制造商制定标准，其中包括可以回收、再利用的容器需要达到一定的回收率指标。③

美国禁止生产污染较大并且难以回收的发泡餐具，还制定法律鼓励企业

① 殷中枢、郝骞：《德国固废：循环经济是固废提质的核心》，EBS 环保公用研究，2020 年 3 月 9 日。

② 《德国固体废物管理现状》，http://huanbao.bjx.com.cn/news/20180105/872049.shtml，2018 年 1 月 4 日。

③ 周炳炎、金雅宁、李丽：《美国包装废物管理、回收体系及产生回收状况》，《再生资源与循环经济》2008 年第 4 期。

回收包装。美国政府为了减轻环境的污染程度，规定了根据企业包装回收的利用率可以免除企业的部分相关税收，这可以刺激企业对包装废物的回收再利用，提高资源的利用率。此外，美国还促进了垃圾分类回收。中国亦可以参考美国的相关措施，鼓励企业对包装废物进行回收利用并广泛实行垃圾分类。除了政策上的支持，美国还利用多种途径加强垃圾分类宣传工作，不仅提高了民众保护环境的意识，而且倡导绿色生活的方式。[1] 美国每年的纸盒回收量高达4000万吨，回收的包装旧纸盒通过化学处理后，可重复利用。[2] 这对控制包装废物的产生，起了积极效果。

三　理论切入点

美国和欧盟在环境保护上世界闻名，在环境治理上有许多是值得其他国家借鉴的地方。欧盟国家，特别是德国，通过法律、法规强化生产者对产品生产、制作和回收的责任。这种方式不仅提高了回收效率，也产生了较好的环境效益、经济效益、社会效益。此外，在以上实例中，可以看到生产者的责任也在逐步延伸。

德国政府这只"有形的手"通过明确生产者责任来引导包装废物的回收和处置。德国通过对包装废物立法，不断促使生产者增加包装废物的回收，将生产者的责任确定下来。生产者对于产品的原始材料有清晰的了解，掌握最全面的信息。在对产品回收后进行末端处理时，生产者可以更好地对产品进行处置。[3]

此外，与德国一样，欧盟其他国家和美国在包装废物管理上都是通过法律、法规完善和确定生产者责任延伸。通过发布《包装和包装废物指令》等，欧盟对生产者责任进行了延伸。美国则通过鼓励政策并给企业提供多种

---

① 薛娜、姜晓红、杨文月等：《基于国内外经验的外卖餐盒回收难题研究》，《电子商务》2020年第2期。

② 梁燕君：《发达国家包装回收利用形成产业体系》，《中国包装》2006年第3期。

③ 哲伦等：《EPR——电子废物回收新体系》，《资源与人居环境》2010年第5期。

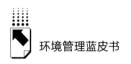

回收选择，让企业承担回收责任。这些措施都取得了良好的效果。欧洲资源生产率每年的增长幅度为3%，欧洲每年产生高达0.6万亿欧元的资源效益、1.2亿欧元的外部效益。美国的回收政策虽然收效并不大明显，但其措施可以作为中国实现包装废物回收的参考。

实践证明，生产者责任延伸制度具备可行性，并且需要通过法律加强。对法律的完善既有助于加强法律的权威，也有助于提高企业家对某些领域的重视程度。

四 理论分析

（一）生产者责任延伸概况

生产者责任延伸可以追溯到1975年，瑞典隆德大学讲师 Thomas Lindhqvist 提出生产者责任应该延伸到产品的整个周期，他把生产者责任划分为五个部分：产品责任、经济责任、物质责任、信息责任和所有权责任。更具体地说，生产者责任延伸是将本来由政府担负的管理和处置废物的责任转给生产者，从而刺激生产者在产品生产、使用和处置的过程中，将资源浪费和有害物质的使用最小化。[1]

还有另一种说法，生产者责任延伸是将生产者责任贯穿于整个产品生命周期，乃至延伸到产品消费后的阶段。具体来说，在产品生产周期里，生产者需要在产品的生产、使用和处置中尽可能减少废物对环境的负面冲击。[2]生产者责任延伸有助于垃圾的循环利用，而不是掩埋、焚烧；可以推动企业促进废物减少的创新尝试并促使企业开发有利于回收利用且成本较低的产

---

① T. Lindhquist, "Extended Producer Responsibility in Cleaner Production," Sweden, Ph. D, Dissertation, pp. 50 – 55, 2000.

② Knut F. Kroepelien, 2000, "Extended Producer Responsibility-New Legal Structures for Improved Ecological Self-Organization in Europe," *Review of European Community & International Environmental Law*, (2), pp. 165 – 177.

品。[①] 在本文中，生产者包括餐盒生产商和餐饮商家。

（二）生产者的角色转变和生产者责任延伸制度的具体内容

1. 生产者的角色转变

生产者是指生产包装的制造商，即包装的第一个投入流动者（例如印刷厂）。责任延伸意味着制造商需要负责整个产品的生命周期，包括源头减量、中端收集以及末端的回收与处置，特别是针对末端的回收和处置。

在研究方法上，本文从政府、企业、消费者三个维度分析其在外卖包装产品的生命周期中所占的比重。在中国传统的包装废物管理上，政府和消费者分别在产品环境责任的中端和末端中扮演更为重要的角色。政府负责大部分产品回收责任，消费者负责产品的经济责任。而企业的环境责任是在产品的生产初期，在中期和末端并不参与。然而，随着市场的消费能力不断增强，垃圾废物量势必不断上涨。为了解决这个问题，需要探索能够降低环境成本的制度。

生产者责任延伸改变了传统的责任主体，将产品回收利用的责任从政府和消费者转移到生产者身上，从而提高生产者对整个产品的生命周期负责的积极性，换言之，生产者将关注产品源头的生产到末端的处理处置，并尽一切可能降低成本。[②]

2. 生产者责任延伸制度的具体内容

生产者责任延伸会在五个方面降低成本，这五方面分别是：产品责任、经济责任、物质责任、信息责任、所有权责任，具体内容见图2。如果生产者责任延伸真正落实，将大大提高社会生产、收集，特别是回收的效率和效果。

---

① 林汉川、王莉、王分棉：《环境绩效、企业责任与产品价值再造》，《管理世界》2007 年第 5 期。

② 赵一平、武春友、傅泽强：《基于循环经济的 EPR 责任主体选择研究进展与启示》，《科研管理》2008 年第 5 期。

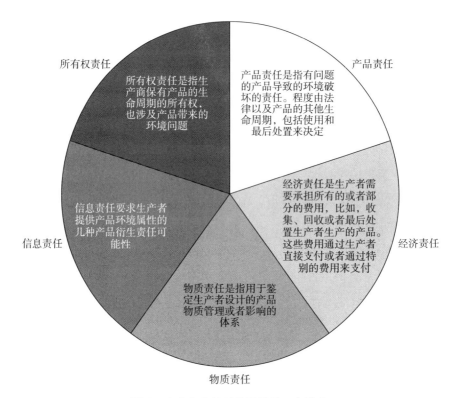

图 2　生产者责任延伸涉及的五个维度

资料来源：T. Lindhquist，"Extended Producer Responsibility in Cleaner Production," Sweden, Ph. D, Dissertation, 2000。

（三）国内生产者责任延伸制度

2016 年，国务院印发了《生产者责任延伸制度推行方案》（以下简称《方案》）。《方案》提出，生产者责任延伸制度是将生产者对其产品承担的资源环境责任从生产环节延伸到产品设计、流通消费、回收利用、废物处置等全生命周期的制度。实施生产者责任延伸制度，有助于加快绿色循环低碳发展和提高生态文明建设的内在要求，对推进制造业转型升级和供给侧结构性改革具有积极意义。[①] 但《方案》提及的包装物管理主要只针对饮料纸复

---

① GB/T 国办发〔2016〕99 号，《生产者责任延伸制度推行方案》。

合包装，具体的包装主体和细节亟待加强。

根据上文的分析，从社会效益的层面，生产者责任延伸制度有利于提高回收效率、降低产品管理成本、提高整体的社会效益。从国家经验的借鉴层面，它可以明确生产者的责任范围，促使生产者提高产品的利用效率并减少产品对环境的破坏。生产者了解外卖包装更全面的信息。中国需要规定产品（环保餐盒）具体的生产者责任。在外卖餐盒管理上，中国还有许多不足之处。从环保餐盒的原料选择、生产、使用到回收都需要有明确的生产者责任延伸制度。具体来说，生产者需要采用对环境危害较小的餐盒原料，生产和运输时尽可能减少生产餐盒的原料对环境的破坏，并与销售者及物流方合作建立餐盒回收链，保证餐盒被使用后能返还给生产者。通过具体的法律规范，生产者将对外卖餐盒的生命周期进行有效管理。这些细节只有被纳入生产者责任，才可能得以解决。加强企业的产品责任、经济责任、物质责任、信息责任和所有权责任，才可能化解废弃外卖包装所带来的问题。这也是需要把生产者责任延伸制度引入外卖包装的管理上的原因。

五　结论与建议

中国作为世界外卖包装产业的先驱，正面临着外卖包装废物管理的新挑战，解决现阶段中国面临的外卖包装废物处理处置问题，将对全球外卖包装废物管理起到重要的示范和引领作用，具体建议如下。

1. 通过设立生产者具体的废物回收目标，可以促进循环经济体系的建立

设立具体目标可以帮助欧盟贯彻落实废物管理战略。欧盟通过《循环经济行动计划》和《包装和包装废物指令》，制定了一系列具体目标，在较大的时间跨度里，每5年实现一个目标，这种方式不仅保障了战略效果，也确保了目标实现的可能性。建议中国设立具体的外卖包装回收目标，由国务院出台推行方案，生态环境部与国家发展和改革委联合落实具体的管理措施，要求各个省（区、市）落实外卖包装废物的回收任务，根据现阶段中国外卖包装回收的实际情况，制定具体且合理的回收增长点。

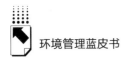

2. 生产者责任延伸制度在外卖包装领域的实施，有助于提高外卖包装废物回收利用的效果和效率

德国不仅要求产品制造商和包装制作商完成80%的包装废弃物和100%的运输包装的回收，还要求生产者全面负责产品的生命周期。这不仅有助于包装废物回收，也有利于在源头上控制包装废物的产生。德国的废物管理业已经相当活跃，成为德国的重要经济组成部分。中国也可以通过要求生产者负责外卖包装的全生命周期，进一步提高回收效果。中国可通过制定具体的要求和流程，要求生产者完成具体的外卖包装回收率。

3. 政策调节和法律约束可以促进生产者承担包装废物回收的责任

欧盟、德国和美国都通过法律、法规强制规定或者鼓励生产者承担包装废物回收的责任，并在一定程度上取得了成效。德国确定了再生利用率的目标和包装废物的回收率，对明知故犯的行政主体给予经济处罚。美国则实行了奖励制度，通过制定法律、法规，鼓励企业回收包装，此外，根据企业包装回收的利用率，免除企业的部分相关税收。美国通过这些措施，促使企业对包装废物回收再利用，最后提高资源的利用率。中国可以设立包装废物奖惩制度，要求生产者在生产的过程中，尽量在源头上减少外卖包装废物的产生，并且最大限度地利用可回收加工的材料。

B.4
关于中国入海塑料垃圾的国际
舆论与国内研究

柳思帆　陈　源　谭全银*

摘　要：　海洋塑料污染已经成为重要的全球环境议题，中国作为塑料
制品生产和出口大国一直备受关注。近年来，国际学者对各
国入海塑料垃圾量的评估研究称中国的入海塑料垃圾量居全
球首位，多家国外媒体对该结论进行了报道，这给中国带来
了巨大的舆论压力。中国学者在海洋塑料垃圾方面也开展了
相关研究，研究结果与国外媒体报道相差较大。科学追溯及
分析海洋塑料垃圾来源，可为中国在海洋塑料垃圾治理的国
际谈判中提供有力支撑，提升中国处理海洋塑料垃圾的能
力，完善塑料垃圾监测和削减战略计划。

关键词：　海洋塑料污染　微塑料　污染治理

一　国外学者研究及国际舆论

（一）国外学者研究

2015 年，美国学者詹纳·R. 詹姆贝克（Jenna R. Jambeck）等①在《科

---

* 柳思帆，巴塞尔公约亚太区域中心技术助理，硕士，研究方向为固体废物与化学品管理；
陈源，巴塞尔公约亚太区域中心区域化学品管理室主任，化学工程博士，研究方向为固体
废物与化学品管理；谭全银，清华大学环境学院助理研究员。

① Jenna R. Jambeck, Roland Geyer, Chris Wilcox, et al., "Plastic Waste Inputs from Land into the
Ocean," *Science*, 2015, pp. 768 – 770.

学》（*Science*）期刊发表了《从陆地排入海洋的塑料垃圾》（"Plastic Waste Inputs from Land into the Ocean"）。它是首次在全球层面对于塑料垃圾入海量进行研究的文章，国外媒体的报道也大多基于此数据。Jambeck 团队通过搜集整理世界范围内关于固体废物、人口密度和经济状况的数据，对排入海洋的陆源塑料垃圾数量进行了估算。其估算结果表明，2010 年共有 192 个沿海国家产生了 2.75 亿吨塑料垃圾，全球范围内进入海洋中的塑料垃圾为 480 万～1270 万吨。作为 2010 年海洋塑料垃圾排放量最大的国家，中国未合理管制的塑料垃圾超过 500 万吨，其海洋塑料垃圾排放量达 132 万～353 万吨。研究指出，废物的管理不当（随意丢弃或处置手段不得当）是产生海洋垃圾的主要原因，各国必须提升废物管理设施才能防止进入海洋的垃圾进一步增加。

媒体援引较多的文章分别为 2017 年荷兰劳伦特·勒布雷顿（Laurent Lebreton）① 团队在《自然通讯》（*Nature Communications*）期刊发表的《从河流排向海洋的塑料》（"River Plastic Emissions to the world's Oceans"）和 2017 年德国 C. 施密特（C. Schmidt）② 团队在《环境科学与技术》（*Environmental Science & Technology*）期刊上发表的《从河流流入大海的塑料垃圾》（"Export of Plastic Debris by Rivers into the Sea"）。

荷兰 Laurent Lebreton 团队发表的文章建立了基于废物管理、人口密度和水文信息的河流塑料输入海洋的全球模型。其评估结果表明，目前每年从河流流入海洋的塑料垃圾为 115 万吨至 241 万吨，其中超过 74% 是在 5 月至 10 月排放的。在污染最严重的 20 条河流中，来自亚洲的河流数量最多，占全球的 67%。其中涉及我国的河流共 6 条，分别为长江、西江、黄浦江、东江、珠江和汉江。其中，长江排入海洋的塑料垃圾占海洋塑料垃圾总输入量的 23.71%，约为 33.3 万吨，排名第一。

---

① Laurent Lebreton, Joost van der Zwet and Jan-Willem Damsteeg, et al., "River Plastic Emissions to the World's Oceans," *Nature Communications*, 2017, pp. 1 – 9.

② C. Schmidt, T. Krauth and S. Wagner, "Export of Plastic Debris by Rivers into the Sea," *Environmental Science & Technology*, 2017, pp. 12246 – 12253.

德国 Schmidt 团队发表的文章以管理不当的塑料垃圾为预测因子，估算了全球 1350 条河流中塑料的入海通量。结果表明，排名前十的河流的入海塑料通量占全球河流入海通量的 88% ~ 95%。这 10 条河流有 8 条位于亚洲，分别是长江、黄河、印度河、海河、恒河、珠江、黑龙江、湄公河，其中有 5 条在中国（长江、黄河、海河、珠江和黑龙江）。

（二）国际舆论

2015 年 2 月，《华尔街日报》① 援引了 Jambeck 的研究，报道称中国沿海人口于 2010 年产生了 882 万吨管理不当的塑料垃圾，约占全球塑料垃圾总量的 27.7%；中国和印度尼西亚可能是入海塑料垃圾的最大来源国家。文章估算了 192 个国家中每个国家产生的海洋塑料垃圾的比例，美国排在第 20 位，美国的入海塑料垃圾在管理不当的塑料垃圾中占比不到 1%；2015 年 2 月，《英国每日邮报》② 也引用了 Jambeck 的研究，指出中国年海洋塑料垃圾产量为 350 万吨，排放量居世界首位，占世界总量的 28%（取最大估计值）。其文章将矛头直指发展中国家对垃圾的不当处理，指出海洋塑料垃圾排放量前 20 的国家中只有美国一个发达国家，美国的海洋垃圾仅来源于直接丢弃，占世界总量小于 1%，居第 20 位。

2017 年 11 月 30 日，德国之声③引用了 Schmidt 团队的研究，称全球 90% 流入海洋的塑料垃圾主要来源于 10 条河流，其中位于中国的河流有长江、黄河、海河、珠江以及黑龙江。2018 年 4 月 20 日，欧洲新闻台④同样基于 Schmidt 的研究，称高达 95% 的塑料垃圾经由 10 条河流进入海洋。由

---

① Robert Lee Hotz, "Which Countries Create the Most Ocean Trash? China and Indonesia are Top Sources of Plastic Garbage Reaching Oceans," *Wall Street Journal* (Online), 2015, http://search. proquest. com. ezp. lib. unimelb. edu. au.

② https://www. dailymail. co. uk/sciencetech/article-2951256/Study-World-dumps-8-8-million-tons-plastics-oceans. html.

③ https://www. dw. com/en/almost-all-plastic-in-the-ocean-comes-from-just-10-rivers/a-41581484.

④ https://www. euronews. com/2018/04/20/what-plastic-objects-cause-the-most-waste-in-the-sea-.

牛津大学学者运营的数据统计和研究组织 Our World in Data①，在 2018 年整合了 Jambeck 和 Laurent Lebreton 的数据，估测中国在 2010 年产生的塑料垃圾总量为 5908 万吨，其中管理不当的占 74%。这些可能入海的塑料垃圾占全球未合理管制塑料垃圾的 27.7%。

2019 年 5 月 16 日，《金融时报》② 报道称垃圾入海的重要原因是发达国家向不具备充分处理能力的发展中国家出口垃圾，自 2019 年起中国实施禁止进口垃圾新政起，马来西亚、越南、泰国等国的垃圾进口量激增，当地媒体认为这些垃圾多数流入海洋。

2019 年 6 月 13 日，路透社（日本版）③ 发文称，中国石化、恒力石化等公司都在投资新的生产设备，以扩大企业在日化、电子产品、管道、包装和纤维等领域的市场，由于塑料制品的大规模生产，中国向海洋排放的塑料量最大，居亚洲乃至全球第一位。

2019 年 7 月 31 日，德国之声④再次报道，引用了 Jambeck 和 Schmidt 的研究并宣称在中国禁止进口垃圾之前，国际社会经常将海洋垃圾问题归咎于中国处置不当；而随着中国禁止垃圾进口，印度尼西亚、菲律宾等国也相继拒收了部分欧美出口的塑料垃圾，这些无处可去的垃圾很可能最终被倒入海洋。

二　国内学者在海洋塑料垃圾方面的研究现状

在中国，目前也有不少学者针对海洋塑料垃圾开展相关研究。中国学者

---

① Hannah Ritchie and Max Roser, "Plastic Pollution," https://ourworldindata.org/plastic-pollution.

② https://www.ft.com/content/42008d46-76e7-11e9-be7d-6d846537acab.

③ Malcolm Foster, "G20 to Tackle Ocean Plastic Waste as Petrochemical Producers are Poised to Expand in Asia," 路透社（日本版），2019 年 6 月 13 日，https://www.reuters.com/article/us-g20-summit-plastics/g20-to-tackle-ocean-plastic-waste-as-petrochemical-producers-expand-in-asia-idUSKCN1TE0QJ。

④ Ajit Niranjan, "Whose Fault is Plastic Waste in the Ocean?" 德国之声，2019 年 7 月 31 日，https://www.dw.com/en/whose-fault-is-plastic-waste-in-the-ocean/a-49745660。

通过构建更符合中国实际情况的估算模型，对中国海洋塑料垃圾重新进行了评估，由于估算方法的不同，得出的结论与国外学者不尽相同。

2018 年，华东师范大学李道季团队发表了《中国每年向海洋输入塑料废物的估计和预测》[①]。该文章基于物质流分析方法建立了我国塑料垃圾入海量分析预测模型。该模型计算，我国塑料垃圾主要通过以下四个途径进入海洋：海水养殖、海滨旅游、入海河流和近海捕捞渔船，其中沿海海域的渔业活动是海洋塑料废弃物的主要来源。陆地上的塑料垃圾进入海洋的比例为31.8%，考虑到每年不可预测的塑料废弃物量波动，得出入海塑料垃圾量占比的范围为 26.8% ~ 36.8%。在此基础上，研究团队通过模型计算得出，2011 年中国有 54.73 万 ~ 75.15 万吨的塑料垃圾进入海洋，与美国学者发表的数据差异较大。

据该文章分析，造成数据差异的原因主要有两点：一是统计方法不同，Jambeck 等人使用国民总收入值和地理区域计算不同国家的垃圾未合理处置率，同时其研究估测了距海岸线 50 公里范围内居民产生的未合理处置塑料垃圾量，而我国海滨城市人口较多，经济较为繁荣，这可能造成估算值偏高。李道季团队使用了塑料制品从初级塑料到塑料垃圾各环节的详细数据，建立了基于生命周期评价的物质流模型。二是数据来源不同，Jambeck 团队的研究主要使用世界银行和美国环境保护署发布的数据，并使用旧金山湾水域塑料垃圾打捞的监测数据计算塑料垃圾入海的比例。该比例被用于世界多个国家，但不同国家有不同的经济发展水平、管理策略和水域边居民生活习惯，这也导致不切实际的估算结果。李道季团队使用的数据来源更加综合和详细，包括政府机关的年度报告、市场研究报告、工业协会、实地调查和研究。高估中国排入海洋的塑料废物数量将导致高估全球对海洋塑料垃圾的排放量。因此，研究者建议应继续对海洋塑料碎片输入的数量进行研究，直到可以确定精确的数量。

---

① Bai Mengyu, Zhu Lixin, An Lihui, Peng Guyu and Li Daoji, "Estimation and Prediction of Plastic Waste Annual Input into the Sea from China," *Acta Oceanologica Sinica*, 2018, pp. 26 – 39.

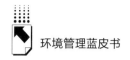

2019年，天津大学陈冠益团队[①]在《环境科学研究》期刊上发表了《我国海洋塑料垃圾和微塑料排放现状及对策》。该文章整理了中国海洋生态环境状态公报的历年数据，基于Jambeck团队的估算方法，对2016年我国沿海地区（距海岸线50公里以内）的排放量进行了重新核算。重新核算的结果显示，2016年我国排放的处理不当的塑料垃圾中，流入海洋的有124万~331万吨。

2019年，天津师范大学吴光红团队[②]也对中国沿海范围内（距海岸线50公里以内）陆地塑料垃圾的产生量进行了估算。研究依据不同城市的经济发展水平、垃圾管理及设施完善程度、废物回收利用特征，利用多元线性回归模型，确定了塑料垃圾入海量的3种比例，分别为1.7%、3.2%、4.6%。估算结果显示，在3种比例下，塑料垃圾入海量分别为35.2万吨、66.8万吨、96.0万吨。

2019年，暨南大学曾永平团队发表了《中国珠江三角洲的河流微塑料污染：模型评估准确吗？》[③]。该文章结合现场监测和模型评估等手段，估算出珠江的入海塑料垃圾和微塑料通量，估算结果表明珠江三角洲每年入海的塑料垃圾量为2400~3800吨。针对数据差异，文章分析指出，研究得出的数据与Jambeck团队得出的数据相差约两个数量级，其原因可能有两个：一是Jambeck团队使用的数据来源于世界银行，该数据并不全面和准确，许多国家在世界银行并没有直接数据，因此关于垃圾不当管理率的平均数值忽略了地域间差异；二是Jambeck团队对于中国垃圾不当管理率采用了2010年的标准，可能过度估计了文章发表时的垃圾不当处理情况，Jambeck团队使用的2010年中国垃圾不当管理率为76%，而同年《中国统计年鉴》中发布的中国垃圾不当管理率则为22%。

① 刘彬、侯立安、王媛等：《我国海洋塑料垃圾和微塑料排放现状及对策》，《环境科学研究》2020年第1期。
② 马利霞：《中国沿海地区陆地塑料垃圾入海量估算》，硕士学位论文，天津师范大学，2019。
③ L. Mai, S. N. You, et al., "Riverine Microplastic Pollution in the Pearl River Delta, China: Are Modeled Estimates Accurate?" *Environmental Science & Technology*, 2019, pp. 11810–11817.

此外，早在 2011 年，国家海洋局南海环境监测中心（中国海监南海区检验鉴定中心）发表了《中国南海北部沿海及海滩中海洋垃圾的丰度、组成和来源》[①]，对南海北部地区近海及海岸的海洋垃圾的丰度、成分和来源进行了研究。南海环境监测中心在 2009～2010 年对南海北部的海面漂浮垃圾、海底垃圾、海岸垃圾进行了多处调查，按材质种类进行分类、计数和称重，并将垃圾密度按每平方千米海域的垃圾件数计算了密度。其结果显示，以密度计，塑料在漂浮垃圾中占 44.9%（泡沫塑料另占 23.2%）、在海底垃圾中占 47%、在海岸垃圾中占 42%（泡沫塑料另占 6.6%）。陆地来源的垃圾在漂浮垃圾、海底垃圾和海岸垃圾中分别占 90%、75% 和 95% 以上，这些垃圾基本源于海岸上的休闲娱乐活动。

三 总结及政策建议

如今，对海洋塑料垃圾问题的国际关注已经不仅局限于科学研究层面，针对海洋塑料垃圾污染进行合理管控和治理成为全球性的热点话题，引起各界人士的广泛讨论。在环境因素、经济因素和政治因素的多重作用下，海洋塑料垃圾舆论在国家博弈中的意义凸显。密切跟踪海洋塑料垃圾国际舆论有助于中国积极应对治理形势变化，实现中国在相关国际谈判中有理、有力、有节的目标。

综观国内外研究现状，现有研究对于海洋塑料垃圾的定量估测数据由于方法、区域范围等差异难以达成一致。但大多数研究者普遍认为，海洋塑料的主要排放国为发展中国家和人口数量较大的发达国家，主要来源为陆地上管理不当的固体废物和滨海或海洋活动。针对中国海洋塑料垃圾的具体数据存在较大分歧，即使国内学者之间，也众说纷纭。因此，对中国海洋塑料垃圾相关议题开展基线调研与评估成为当前尤其紧迫的任务。

---

① P. Zhou, C. Huang, H. Fang, et al. , "The Abundance, Composition and Sources of Marine Debris in Coastal Seawaters or Beaches around the Northern South China Sea (China)," *Marine Pollution Bulletin*, 2011, pp. 1998 – 2007.

在此针对目前研究现状，提出以下政策建议。

第一，中国应密切追踪海洋塑料垃圾相关议题的国际谈判，广泛参与，积极响应。中国应实时掌握谈判进程及相关报道，了解有可能建立具有法律约束力的海洋塑料公约机制的发展动向。针对国外媒体在中国海洋塑料垃圾入海方面的不实报道，及时澄清，适时回应。同时在国际层面大力宣传中国在垃圾分类、"无废城市"等方面所开展的工作及取得的成果。

第二，中国应深入开展海洋塑料垃圾的基础研究和调查，为相关政策制定和国际谈判提供技术支撑。从海洋塑料垃圾的来源、污染机理、传输途径、环境影响、监测方法、迁移转化和生态效应研究、污染防治国际先进经验等方面入手，针对海洋塑料垃圾开展深入研究。对此，可依托亚太区域中心目前在执行的中挪海洋塑料垃圾和微塑料项目，为制定相应行动计划和政策措施提供依据，并在国际谈判中争取主动权和话语权。同时，可借助区域中心的国际影响力，在国际场所适时宣传中国减塑行动，加强国际社会对中国政策的理解和认可。

第三，加强部门合作，建立部门间协作机制和共享机制。建立涵盖环保、外交、科技、交通等跨部门协调机制，相关部门共同建立海洋塑料垃圾污染数据、研究成果、政策法规、信息资源共商、共制、共享机制，互通有无，实现海洋塑料污染的陆海统筹管理。

第四，充分发挥企业和公众的力量。鼓励企业采取自愿行动，开展塑料制品全生命周期管理，减少供应链、设计和面向消费者产品中的塑料使用量，做到塑料废物的源头减量。加强海洋塑料污染公众宣传教育，鼓励公众自我约束并广泛参与相关行动。

B.5
水环境健康风险规制的法律研究[*]

刘 娉[**]

摘　要： 环境健康风险的预防与防治是生态文明时代的常态化问题。水
　　　　 资源独特的流动性和循环性决定了空间范围内上中下游、左右
　　　　 岸的水环境相互关联、互相影响。在水环境健康风险危机日益
　　　　 突出的情况下，为进一步贯彻落实绿色原则、维护水环境生态
　　　　 安全，应在现有的研究的基础上开展水环境健康风险在法律规
　　　　 制层面的防治，并始终坚持重监测、严评估、稳预防，利用水
　　　　 环境健康风险管理制度将环境健康风险控制在安全线以内，以
　　　　 化解水环境健康风险的隐患与危机，着力提升水环境健康指数。

关键词： 水环境健康风险　生态安全　法律规制　风险评估

　　近年来，忽视对水环境的治理与保护，使水环境遭受人类生产、生活等
多重污染及损害，也对生态安全和公众健康造成极大威胁。2020 年伊始，
新型冠状病毒出现，有关研究人员从病毒感染者粪便样本中分离出活病毒，
遂提出新型冠状病毒在污水流转中有可能存在最终回到水环境的潜在传输与
暴露路径，从而引发对水环境健康风险的拷问。根据我国对环境健康风险的
防控管理和研究现状，水环境健康风险在法律理论研究层面还居于起步与探

---

　　* 本报告系 2020 年度珠江—西江经济带发展研究院研究生创新项目（ZX2020036）阶段性
　　　成果。
　** 刘娉，湖南衡山人，湘潭大学法学院博士研究生，研究方向为环境法。

索阶段。因此，研究水环境健康风险的法律规制对于保障公众健康、预防水污染事件频发显得尤为必要。

一　水环境健康风险的理论基础

（一）水环境健康风险的法理基础

1. 水环境健康风险的预防与管理

2017 年修正的《中华人民共和国水污染防治法》（简称《水污染防治法》）第一条①申明了"保障公众健康"、第三条②对水环境造成污染的种类进行列举式解释，明确水污染的管理工作应预防与治理两手同时抓。此外，相关部门应对已公布的有毒有害水污染名录实行风险化管理，并采取有效的防范措施预防水环境风险。③ 同年，原环保部发布《国家环境保护"十三五"环境与健康工作规划》《"健康中国 2030"规划纲要》，指出要构建环境健康基准与标准体系，在实施"政府引导、政策协同、部门协作"环境健康风险管理的保障机制下，将"保障公众健康"纳入生态环境保护政策的规划，还确立了"预防为主、风险管理"的基本原则，指出在此基础上应将水环境健康风险的价值定位为风险预防，以筑造水环境生态安全的理念。2020年 12 月，《长江保护法》得以颁布，为进一步规制水环境健康风险提供更为全面的理论依据，与此同时，也夯实了环境健康风险在水环境视域下的法律基础。此外，《黄河保护立法草案（征求意见稿）》也对水环境健康风险做出了相应的规定和要求。

---

① 《水污染防治法》第一条规定："为了保护和改善环境，防治水污染，保护水生态，保障饮用水安全，维护公众健康，推进生态文明建设，促进经济社会可持续发展，制定本法。"
② 《水污染防治法》第三条规定："水污染防治应当坚持预防为主、防治结合、综合治理的原则，优先保护饮用水水源，严格控制工业污染、城镇生活污染，防治农业面源污染，积极推进生态治理工程建设，预防、控制和减少水环境污染和生态破坏。"
③ 参见朱炳成《环境健康风险预防原则的理论建构与制度展开》，《暨南学报》（哲学社会科学版），2019 年第 11 期。

2. 水环境健康风险的监测与评估

2014 年，《中华人民共和国环境保护法》（简称《环境保护法》）首次提出了"环境与健康风险评估"这一新制度，第一条的立法目的由"保障人体健康"改为"保障公众健康"，是调整对象从"个体"向"群体"进行转变的表征，也是将环境与健康有机结合的法律实践，体现出整体主义的环境保护理念。① 2020 年颁布的《长江保护法》第九条②对健全长江流域监测网络体系和监测信息共享机制提出了新的要求。目前，我国为开展水质监测数据的采集工作已经建立了国家地表水水质自动监测实时数据发布系统和人体暴露参数数据库。而在由农业产生的面源污染方面，我国生态环境部 2021 年初印发《农业面源污染治理与监督指导实施方案（试行）》，对于灌溉用水水质监测和养殖密集区地表水水质监测均做出了相关规定。除此之外，在水环境健康风险评估技术方面也较为完善。

我国水利部自 2010 年起就组织开展了全国重要河湖健康评估试点工作。10 年来，由中国水科院水生态环境研究所、流域机构与部分省区，在全国 7 大流域对 36 个河（湖、库）开展了健康评估，形成了河湖健康评估报告，并制定了统一规范的河湖健康调查评估技术。此外，早在 2017 年我国就发布了《人体健康水质基准制定技术指南》（HJ 837 – 2017），该指南用于国家和地方的水环境质量评价与风险评估，以及制（修）订水环境质量标准。同时，水利部水环境监测评价研究中心制定并发布《河湖健康评估技术导则》（SL/T 793 – 2020）。

2020 年 3 月，生态环境部制定了《生态环境健康风险评估技术指南 总纲》，提出应对与公众健康密切相关的因素开展风险评估，并将公众健康风险的评估融入生态环境管理的范畴。由此可见，我国水质监测数据的采集和

---

① 参见吕忠梅《"生态环境损害赔偿"的法律辨析》，《法学论坛》2017 年第 3 期。
② 《长江保护法》第九条规定："国家长江流域协调机制应当统筹协调国务院有关部门在已经建立的台站和监测项目基础上，健全长江流域生态环境、资源、水文、气象、航运、自然灾害等监测网络体系和监测信息共享机制。国务院有关部门和长江流域县级以上地方人民政府及其有关部门按照职责分工，组织完善生态环境风险报告和预警机制。"

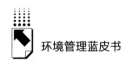
评估体系已经较为成熟，为规制水环境健康风险提供了科学的指南。

（二）水环境健康风险的学理基础

2018 年习近平总书记提出"有效防范生态环境风险"的目标及应对措施，以保护自然生态的安全边界。有学者指出目前生态环境治理工作应将环境风险防范置于关键位置，强调风险预防原则在生态文明战略层面越趋重要。① 而公共卫生安全事件往往具有突发性，爆发前无法对其予以详细的风险预测与控制，加之掺杂高度复杂的综合因素，政府处理紧急公共卫生安全事件时难免突破传统法理论的法律保留原则。基于此，生态环境保护领域内的健康风险预防原则得以广泛适用于公众健康、生态环境保护等方面以规制政府的行政行为。②

此外，环境健康风险信息的沟通与交流问题也引发了学界的诸多探讨。有学者指出，环境健康风险的沟通是动态的、多变的，要结合风险的产生、成长和危机的引爆、衰退这四个阶段的不同需求，从而实现环境健康风险信息不同阶段之间的传递、交换和更新。③ 也有学者认为，传播环境健康风险信息的过程打破了健康风险信息交流的藩篱，有效地避免了健康风险信息不对称的弊端，形成对环境健康风险信息的理性认识，促使决策者开展环境风险规避并做出正确的环境决策。④ 还有学者指出开展环境健康风险沟通时，必须要引入环境信息收集工具、环境信息流动工具、环境信息识别和补强工具等环境信息介质，并在合理利用这些环境信息工具的前提下，保障风险决策者能够及时有效地获取环境健康风险信息。⑤ 由此可见，环境健康风险的

---

① 参见于文轩《生态文明语境下风险预防原则的变迁与适用》，《吉林大学社会科学学报》2019 年第 5 期。

② 参见陈海嵩：《风险预防原则的法理重述——以风险规制为中心》，《清华法治论衡》2016 年。

③ 参见吴勇、黎梦兵《环境健康风险的动态治理：模式、维度与路径》，《吉首大学学报》（社会科学版）2021 年第 3 期。

④ 参见陈廷辉、林贺权《环境健康风险规制的法律路径——以科学不确定性为视角》，《中国环境管理》2021 年第 3 期。

⑤ 参见王清军《环境治理中的信息工具》，载《法治研究》2013 年第 12 期。

沟通和交流既是保障环境健康风险规制具备理性认知的前提，也是为环境健康风险信息责任主体提供具体决策的共识基础。

二 水环境健康风险法律规制的内生障碍

（一）水环境健康风险的"预"与"防"

公共卫生事件的突发性、隐蔽性以及危害性，使探讨环境健康风险的法律规制成为预防公共卫生事件的重要路径。而环境健康风险具有长期潜伏的天然特征，规制水环境健康风险也对作为责任主体的行政机关提出更高的要求，尤其前期的监测与防控措施，是发掘潜在的环境健康风险最为关键的一环。一是《环境保护法》第三十九条针对国家和相关组织这两个主体，提出了规制环境健康风险相关的要求，并指出，国家应当建立健全环境与健康监测、调查和风险评估制度；相关组织开展环境质量对公众健康影响的研究应获得鼓励与支持。虽然这条规定确立了环境健康的监测、调查和风险评估制度，为环境健康风险提供法律依据，却未能针对该项制度如何建立、如何实施等做出进一步具体的规定，其可实施性与可操作性仍有待商榷。此外，《环境保护法》作为环境法的基本法，在引领实现预防环境风险和保障公众健康这一层次上，就理应明确具体的要求和标准，[①] 方能更好地为环境保护相关法律提供科学的指南。二是《中华人民共和国水法》（简称《水法》）与《水污染防治法》对于面源污染的规定过于原则和抽象，缺乏相配套的管理和监督措施，影响水环境领域相关法律的有效实施。尤其是水环境健康风险的不可逆转性决定了发生水污染风险前必须加强对环境健康风险的预防，单纯后期治理对遏止水环境健康风险的爆发显得徒劳无功。因此，我国对水环境健康风险的法律规定暂时停留在形式层面，法律的不确定性与风险预防的漏洞致使水环境健康风险的法律效力参差不齐。

---

① 参见柳经纬、许林波《法律中的标准——以法律文本为分析对象》，《比较法研究》2018 年第 2 期。

（二）水环境健康风险的"防"与"治"

从立法层面出发，我国涉及水环境健康风险的法律法规仍有待完善。综观我国环境领域的单行法，《中华人民共和国土壤污染防治法》（简称《土壤污染防治法》）是环境法历程中完善风险预防原则的重要突破，其对土壤污染环境健康风险预防、管控及修复做出详细规定，并在第六十二条、第六十三条①提出应对地下水污染状况进行风险监测的防控措施，重心落在"防"。而《水污染防治法》对环境健康风险预防的规定甚少，且重心偏向于"治"，尤其是第三十二条②指出防范环境风险的主体为排放有毒有害污染物的企事业单位及其他经营者，殊不知上述主体造成的大多数为点源污染，而对于主要由农业问题导致的面源污染，则被排除在受环境风险防范的主体之外。

（三）水环境健康风险管理制度缺位

规制环境健康风险是生态环境部贯彻落实生态文明建设具体内涵的重大举措。从2014年修订《环境保护法》时指出应当坚持"预防为主、风险管理"的理念，加快建立环境与健康监测、调查和风险评估制度；到原环保部发布"十二五""十三五"环境与健康工作规划；环境健康风险规制的不断完善与落实；再到国家开展环境健康风险管理的试点工作，逐步搭建环境

---

① 《土壤污染防治法》第六十三条规定：对建设用地土壤污染风险管控和修复名录中的地块，地方人民政府生态环境主管部门可以根据实际情况采取下列风险管控措施：（一）提出划定隔离区域的建议，报本级人民政府批准后实施；（二）进行土壤及地下水污染状况监测；（三）其他风险管控措施。第六十四条规定：对建设用地土壤污染风险管控和修复名录中需要实施修复的地块，土壤污染责任人应当结合土地利用总体规划和城乡规划编制修复方案，报地方人民政府生态环境主管部门备案并实施。修复方案应当包括地下水污染防治的内容。

② 根据《水污染防治法》第三十二条规定：国务院环境保护主管部门应当会同国务院卫生主管部门，根据对公众健康和生态环境的危害和影响程度，公布有毒有害水污染物名录，实行风险管理。排放前款规定名录中所列有毒有害水污染物的企业事业单位和其他生产经营者，应当对排污口和周边环境进行监测，评估环境风险，排查环境安全隐患，并公开有毒有害水污染物信息，采取有效措施防范环境风险。

健康风险的管理体系，并总结出可供复制、借鉴、推广的经验，切实保障公众环境与生命健康安全。皆离不开国家通过立法手段和政策指引为环境健康风险管理制度的不断完善指明了方向。然而，水环境作为人类赖以生存的重要屏障，《水污染防治法》并未涉及水环境健康风险管理制度等相关制度，尤其环境与健康管理制度是规制水环境健康风险的关键，其与公民环境健康素养水平、经济社会发展三者间协调性至关重要。①

（四）水环境健康风险公众参与不足

21世纪初期，我国经济迅猛发展的同时陆续出现多起水污染危急事件，引发了对水环境健康风险的拷问。虽然2015年我国发布《水污染防治行动计划》后水污染事件爆发频率暂时得到缓解，但由于水污染通过细微且长时间沉淀才能暴露出对生态环境、人体健康的危害，故水环境污染依旧未得到实质性控制。再者，水环境受污染的基本状况、污染趋势等可能直接影响环境健康的信息，在各个环节中都存在不同程度的公开不及时、选择性公开等不良现象，加之缺乏污染信息交流平台，公众获取水环境健康风险信息的渠道受限，且公众参与部分严重脱节，健康风险感知水平低下。最后，即使我国已经出台《环境保护公众参与办法》这一文件，其中一些条款也涉及风险交流机制，但并没有针对公众参与环境健康风险做出权利与义务性的具体规定。当公众积极参与环境健康风险的管理或监测等活动时，如何协调水环境健康风险的目标与公众意见之间的关系，同样值得探讨与研究。

三　域外水环境健康风险法律规制的借鉴

（一）日本水环境健康风险

1. 法律依据

日本以完善法律的手段规制水环境健康风险，法律不仅是防范水环境健

---

① 参见刘苗苗等《我国环境健康风险管理问题与挑战》，《环境与可持续发展》2019第5版。

康风险的重要手段，也是应对水环境健康风险的有效渠道。20 世纪 50 年代日本爆发号称其历史上最为严重的水俣病，也是世界最著名的生态环境病，而后接二连三出现与工业污染相关的环境公害事件。为此，20 世纪 60 年代至 90 年代为日本水污染防治发展最快的时期，日本政府依次制定、修改《水质污染防治法》《环境基本法》《公害对策基本法》《环境影响评价法》等以风险预防为重点的水资源法律。1973 年颁布的《公害健康损害补偿法》则专门指定划出水污染致病患者的特殊区域，并花费大量时间完成了规模化有毒化学物质的环境普查，以立法和采集数据相结合的方式为有效控制水环境健康风险提供理论支撑。

而后，日本笼罩在水环境健康风险威胁之下，在立法不断完善中水环境得到了一定的改善。于是，将规制水环境健康风险的重心做出改变，转移至降低水污染对公众健康造成的负面影响和提升对受害公众群体的损害补偿等问题上，并在环境省内设立环境保健部，主管开展环境健康工作和环境安全课，还在环境保健部下设环境风险评估室、组建专门从事环境与健康的科研机构研究中心，分析研究预防、评估各类环境污染所存在的环境健康风险和隐患。①

2. 经验与启示

日本在水环境治理方面取得较大逆转并获得成功，归根结底在于其将环境风险预防原则渗透至环境保护的各个领域，此举不仅得益于水环境健康风险在立法层面的完善与突破，也是日本政府加大生态环境科研的投入成本、公众积极参与环境健康风险预防的最终结果，并使日本成为世界各国规制水环境健康风险首选的取经地。

（二）美国水环境健康风险

1. 法律依据

美国环境保护署（EPA）将水环境管理分成环境水和饮用水管理两种，对水环境健康风险评估的规定在《清洁水法》《安全饮用水法》中得以体

---

① 参见蒋玉丹等《国外环境健康风险管理实践与启示》，《环境与可持续发展》2019 年第 5 期。

现，并且这两部法律对污染水体做出相应污染物的等级设置。《清洁水法》规定由 EPA 基于最佳实用技术和最新科研成果制定环境水质基准，保留了水质标准作为技术排污上限的备用方法或安全网，[1] 以此准确地反映污染物对人类健康和环境产生的影响。《安全饮用水法》规定，将制定饮用水国家标准的权利授予 EPA，并由此开展饮用水所含致癌污染物等级设置的风险评估，且通过联邦政策与州立法的形式，确立了风险评估应当作为行政机关制定环境政策和法规前提之一的法律地位，间接地凸显了风险评估在水环境领域的重要性，从而实现对生态环境和公众健康的风险预防。[2]

2. 经验与启示

根据美国对水环境健康风险的探索可以发现，遵循环境与健康风险产生的规律，依托公共健康的社会效益引导水环境污染物的界定和治理，是有效规制水环境与健康风险的枫桥经验。[3] 美国现有的法律中并不能找到对环境健康风险预防原则的明确规定。此外，美国尤为重视环境健康风险的评估环节，即通过开展风险评估与风险管理的沟通机制落实公众参与，提高风险评估的科学性与合理性，从而建立一套较为完善的风险评估制度。因此，完善的环境与健康法律体系和环境健康风险评估体系是美国规制水环境健康风险最为坚实的两项法宝。同时，制定水环境质量标准是维护公众健康的保障，最佳技术的排放限值则是水环境管理的兜底。

四 规制水环境健康风险的对策探讨

（一）完善水环境健康风险立法的"预"与"防"

水环境健康风险作为水资源保护的一项重要内容，与水环境安全问题息

① 〔美〕詹姆斯·萨尔兹曼、〔美〕巴顿·汤普森：《美国环境法（第四版）》，许卓然，胡慕云译，北京大学出版社，2016，第 93 页。
② 参见孙佑海、朱炳成《美国环境健康风险评估法律制度研究》，《吉首大学学报》（社会科学版）2018 年第 1 期。
③ 参见吕忠梅、杨诗鸣《控制环境与健康风险：美国环境标准制度功能借鉴》，《中国环境管理》2017 年第 1 期。

息相关。针对我国水环境健康风险的预防，从立法的角度出发，首先，应在《环境保护法》中进一步明确关于预防环境风险和保障公众健康的具体要求和标准，为环境法体系下的单行法做出预防水环境健康风险的核心指引。其次，细化《水污染防治法》中导致水环境健康风险的污染源范围，对环境风险预防的主体做出全面规定。比如，将由农业问题导致的面源污染主体纳入风险防范的主体，加强对面源污染的控制与管理。最后，不仅要细化健康风险涉及的领域，在法律法规中体现水环境健康风险的预防性，还要针对水环境健康风险的实际情况，加强地方立法的广度和深度，制定符合当地水环境健康风险的地方性法规等规范性文件，为预防水环境健康风险提供法律依据。

（二）有机结合水环境健康风险的"防"与"治"

建立健全水环境健康风险的预防机制，是研究水环境健康风险法律规制的重要举措。首先，应将预防水环境健康风险的工作置于治理水污染之前，"先防再治"比"先治再防"更节约司法资源。其次，应将风险预防原则的理念加入《水污染防治法》，在"治"水污染的同时也加深对健康风险"防"的重视，"防""治"合一才真正符合《水污染防治法》的立法目的。最后，构建水环境健康风险的评估体系，不仅能够及时预测环境健康风险，还可以公布收集数据库中污染物对公共健康风险和生态环境的危害程度，推动健康风险评估定量化、信息公开化，为管控水环境健康风险制定化解措施，从而更为有效地规制水环境健康风险。

（三）加快水环境健康风险的制度建设

加快水环境健康风险制度建设的步伐，是规制水环境健康风险的重要任务。2018年原环保部印发《环境与健康工作办法》，旨在规范环境与健康工作的程序与运行管理机制，提出成立环境与健康专家委员会，以提供咨询、参与风险沟通和宣传教育等形式，推动环境健康制度试点工作的展开。生态环境部作为负责重大生态环境统筹协调和监督管理的部门，牵头并指导环境污染事故和生态破坏事件的调查处理、应急预警工作，可由其负责开展水环境健康风险的管控；其次，水环境健康监测、调查和风险评估是管控环境健康风险的基础，应加快建立监测、调查和风险评估三位一体的步伐，在各个流域积极开展环境健康风险的试点，并研究环境与健康管理的相关政策，通过将环境健康风险的规制纳入环境影响评价、环境监测等制度设计的轨道，实现"风险监测、调查和评估的目的是风险管理，风险管理的依据源于风险监测、调查和评估"的闭环；再次，建立环境与健康风险的预防与应急制度，通过事先的预防措施阻断污染物质或者病毒等有健康威胁的物质到达人体的途径，以达到其不可能对人群健康产生严重影响的目标；最后，应在各环境管理模式中寻找共性与个性，打造水环境健康风险管控的专属模式，创造公众环境健康素养与经济社会发展相适应的氛围，夯实水环境健康风险的技术与社会条件。[①]

（四）拓宽水环境健康风险公众参与的渠道

流域的整体性与流动性决定了水环境健康风险的数据收集以流域层次为介入点最为合适，但在数据收集的技术与专业技能两大基础上仍存在困境。以 NGO 上海道融自然保护与可持续发展中心为例（以下简称道融），道融致力于水资源保护，牵头国内多家 NGO 共同搭建以太湖流域为核心的面源污染数据库，旨在收集太湖流域面源污染数据并共享至协作平台，推动水污染基本信息的公开化、透明化、共享化。以流域为单位，通过建立水环境健康信息的共享机制，拓宽数据来源与渠道，可有效规范健康风险信息的发布方式，并提升采集数据的系统性及可持续性，确保流域内水环境健康风险基础信息的数据真实、有效。建立健全水环境健康风险交流机制，流域主管部门应根据各地区人口特征和环境问题确定适当的监测方案，搭建多方位的健康风险交流平台，组织开展环境健康风险的交流，促进健康风险和防护风险

---

① 参见於方等《以保障公众健康为目标推动环境管理工作——〈环境保护"十三五"环境与健康工作规划〉解读》，《环境保护》2017 年第 11 期。

的信息沟通，提升水环境健康风险应对措施的针对性。

五　结论

在生态文明社会的语境之下，中国的环境法历经了从"污染后果控制"到"环境治理管理"的漫长过程，现阶段中国必须向"风险预防"的方向迈进。以风险预防理念重塑我国环境法治，是中国环境保护从管理走向治理、从被动走向主动的必由之路。[①] 水环境健康风险的法律规制作为水环境保护与治理的又一根本，我国对水污染防治的工作重心仍旧放在"治"而非"防"，故在水污染防治的探索道路上，水环境健康风险的预防离不开国家通过颁布法律法规、制定针对性政策予以完善。此外，环境健康风险也是一种识别化的管理模式，需加强对水环境健康风险监测、调查和评估的管理制度，准确做出科学客观的风险等级判断，一对一地进行风险防控与预判。同时，也应充分发挥公众参与环境健康风险沟通的作用，严格督促政府及企事业单位积极履行预防和治理责任，保障水环境健康风险防控落到实处。

---

① 参见李卓谦《将环境与健康的理念融入法治》，《民主与法制时报》2020年4月9日，第1版。

B.6

长江流域典型地区磷石膏库环境
问题与污染控制对策研究

吴　辉　戴先谱*

摘　要： 随着磷石膏堆存数量增多，磷石膏的安全处置和综合利用已成为环保领域的研究热点和难点。荆门市位于湖北中部，是长江流域典型的磷化工企业集聚区。本文对荆门市的磷石膏库现状、存在的主要环境问题及成因进行了分析，归纳出长江流域典型地区磷石膏管理中亟待解决的问题，并提出相应的解决思路。

关键词： 磷石膏库　污染控制对策　长江流域

磷石膏主要是湿法磷酸及磷肥类工业在生产过程中产生的一种工业固体废弃物，每生产1吨磷酸产生5~6吨磷石膏，每生产1吨磷酸二铵排放2.5~5吨磷石膏。磷石膏排放和贮存处置主要有湿排湿堆和干排干堆两种，其主要成分为二水硫酸钙和部分杂质。[①] 其呈粉末状，又含有水溶性的磷、氟化物及多种盐类、重金属和潜在放射物，易对堆存地及附近区域带来地表水、地下水和土壤污染及放射风险，严重破坏当地生态环境，影响居民

---

* 吴辉，荆门市环境科学研究院工程师，研究方向为区域生态环境保护研究；戴先谱，荆门市环境科学研究院院长、高级工程师，研究方向为固体废物污染防治。
① 纪罗军、陈强：《我国磷石膏资源化利用现状及发展前景综述》，《硫磷设计与粉体工程》2006年第5期。

生产和生活。[①]

根据最近"三磷"专项排查工作情况，湖北省"三磷"企业共210家，约占长江流域7省市总数的1/4。目前湖北省磷石膏堆存量约为1.9亿吨，其中宜昌、荆门两地堆存量最大，分别约为9000万吨和7000万吨。由于缺乏有效的环保预处理技术，位于长江中部的湖北省，其大部分磷石膏仍采用堆存方式，资源化利用也仅限于生产水泥缓凝球、纸面石膏板、石膏砌块等少数几种建材产品。磷石膏问题是一个牵涉面广、处置难度大、历史遗留问题多、对生态环境影响大且社会关注度高的问题。有关研究表明，磷石膏已成为湖北省最大宗的工业固废，其环保处置及资源化利用成为磷化工企业所在地各级政府最为头疼的老大难问题。[②]

一 长江流域典型地区——荆门市磷石膏库治理成效

荆门市位于湖北省中部，汉江中下游，南距长江干流80公里。荆门磷矿石储量达8.3亿吨，全市需整治的磷矿有11个、磷化工企业有72家、磷石膏库16座，是长江流域典型的"三磷"主要分布区域，也是湖北"三磷整治"的主战场。荆门市现有尾矿库均为正常库，按尾矿库等级划分，二等库1座、三等库4座、四等库11座；按堆存方式划分，湿式排放的尾矿库有5座、干堆的尾矿库有11座；按排放的尾矿尾砂种类划分，尾矿（即磷矿选矿后排出的尾矿）库2座，磷石膏渣库14座。全市辖区内产生磷石膏的企业有15家，每年新产生磷石膏约650万吨，磷石膏的历史累计贮存量约为7000万吨。2019年以来，荆门市委、市政府加大了磷石膏治理力度，取得了明显成效。

1. 聘请专家，科学整治磷石膏库

荆门市各级政府邀请多名国家级和省级专家，针对荆门市磷石膏渣库环

① 杨斌、李沪萍、罗康碧：《磷石膏综合利用的现状》，《化工科技》2005年第2期。

② 杨铁军、曹巨辉、汪宏涛、薛明等：《磷石膏综合利用现状及进展研究》，载《2008中国环境科学学会学术年会优秀论文集（下卷）》，中国环境科学出版社，2008。

境与安全问题逐一进行了现状复核，专家团队先后完成《荆门市磷石膏贮存、处置场污染防治专项检查表》、《非煤矿山企业安全体检通用表》和《全市磷石膏库安全体检表》等排查工作，保证磷石膏尾矿库和磷石膏渣库整治后均符合《磷石膏库安全技术规程》的相关要求。同时，荆门市政府聘请湖北省地质局水文地质工程地质大队对全市磷石膏渣库的地下水对照井、观测井和扩散井进行了重新调查论证，保证了 14 个磷石膏渣库的地下水调查结果的科学性和权威性。

2. 挂图作战，狠抓综合施策

荆门市委、市政府召开专题会议先后研究制定《荆门市加快推进磷化产业转型升级的实施方案》等 4 个专项工作方案，明确了荆门市磷化产业转型升级和综合利用工作的路线图、时间表及任务清单；确定了全市磷石膏年产生量综合利用率分阶段任务；同时印发了《2019 年荆门市"三磷"专项排查整治行动工作方案》，扎实推进整治攻坚行动，并狠抓落实各行业、各部门主体责任，全面落实尾矿库综合治理专项战役成员单位责任、"库长制"责任、"工作清单"责任、"一库一策"责任，确保整治取得实质性进展。

3. 坚持精准发力，狠抓标本兼治

荆门市围绕着"四项战役一个重点"全力推进整改。一是打好磷化产业转型升级攻坚战役，聘请湖北省化学工业设计研究院编制《荆门市磷化产业绿色发展规划》，在此基础上，进一步修订完善《全市推进磷化产业转型升级意见》。加快推进磷化工落后产能淘汰，认定落后磷化生产线 12 条，淘汰落后产能 89 万吨。荆门市加快推进化工园区认定工作，针对全市 7 家园区存在的问题，制定印发了整改事项清单和路线图，并于 2019 年 12 月底前完成整改。二是打好磷石膏综合利用三年攻坚战。推进磷石膏"以用定产"工作，设立总计 3000 万元的磷石膏综合利用补助资金，按年度制定磷石膏综合利用重点工作清单。三是打好磷石膏渣库综合治理攻坚战。对全市 14 座磷石膏渣库进行了安全、环保整改专项督查，加强环境监管，督促企业在特殊天气条件下，减负荷生产或者错峰生产，执行超低排放标准。四是

打好磷化工企业环境执法专项检查攻坚战。荆门市政府组织召开磷化工企业工作督办会和"三磷"企业监管培训会议，对"三磷"企业进行政策宣讲并提出整改要求，倒逼企业落实主体责任。对存在环境违法的磷化工企业共立案11件，下达行政处罚9件，罚款共计175万元。全市14个磷石膏渣库视频监控安装和联网率达到100%。五是全面开展磷化工企业和磷石膏渣库生产工艺、堆存方案复核。

二　磷石膏库存在的生态环境问题及成因分析

1. 磷石膏渣库环境影响及隐患较大

在堆存过程中如对磷石膏管理不规范，磷石膏会随着降雨径流、地下水等对周边水体、地下水和土壤造成污染。[①] 磷石膏在堆存过程中都会形成渣库，坝体和堆体因安全隐患而造成环境次生灾害的事件对环境造成巨大影响，同时对人民生命财产造成潜在的危险。

2. 磷石膏开发利用难度大

磷石膏的历史堆存量巨大。以荆门市为例，其磷石膏历史堆存总量达到约7000万吨，约占全省堆存量的1/3。企业转型升级意愿不强。多地磷化工产业起步较晚，产业结构层次较低，企业转型升级压力巨大。技术研发力量薄弱，磷石膏利用技术深度开发、上下游产业链延伸、磷石膏综合利用率提高、磷化工企业持续健康发展等都需要强有力的技术支持，亟须从国家和省级层面加大指导力度。

3. 磷石膏制品的生态环境标准体系不完善

随着政策扶持力度不断加大和技术研发的不断深入，磷石膏制品种类不断增多，如石膏板、石膏砌块、改性磷石膏粉、水泥缓凝剂、过硫磷石膏矿渣水泥等；磷石膏制品的适用范围不断扩展，可用于路基材料、土壤改良等农业领域。现有的磷石膏制品标准和要求集中在生产工艺和产品质量方面，

---

① 杨斌、李沪萍、罗康碧：《磷石膏综合利用的现状》，《化工科技》2005年第2期。

磷化工企业缺乏磷石膏制品的污染控制标准及产品中环境有害元素的控制要求。[①] 行业协会等机构应积极牵头制定磷石膏综合利用相关标准规范，明确环境污染控制要求，避免磷石膏制品对生态环境的二次污染。

4. 磷石膏综合利用产品市场推广难

一方面，磷石膏综合利用作为磷复肥企业的非主营业务，项目投资大。磷石膏综合利用产品以水泥缓凝剂、石膏粉、石膏板材等"两高两低"（高耗能、高污染、低附加值、低收益）产品为主。另一方面，受脱硫石膏和天然石膏影响，磷石膏在建材等领域的综合利用市场占有率极低。与天然石膏相比，磷石膏品质较差，处理成本高，且受消费者观念、技术瓶颈等因素影响，磷石膏产品竞争劣势明显、市场开拓难。最后从供给侧看，目前没有形成凝聚力强的产业集群和产业联盟，磷化工企业"单打独斗"，产业市场竞争优势不明显。

三 加强磷石膏库管理的对策与建议

1. 以绿色发展为引领，持续推进磷化工企业高质量发展

按照《落实长江保护修复攻坚战专项行动方案》要求，加快实施"三磷"企业的生态环境问题的限期整改。对磷石膏综合利用企业开展技改升级，增加产品附加值，降低能耗，走清洁生产和循环经济之路。加大磷化行业环保治理力度，倒逼磷化工企业创新和改进生产工艺，从源头提高磷矿资源的利用率和产品附加值。强化清洁生产审核，引导磷化工企业向精细化方向转型升级，尽量减少磷渣、磷石膏的排放。

2. 以科学方法为指引，全力抓好突出生态环境问题整改

磷石膏渣库具有坝体安全隐患和环境污染隐患双重特性，做好磷石膏渣库问题识别和整改，必须以科学的方法为指引。磷石膏渣库的地理位置、地势构造和堆存方法决定了污染防治方法的异同，需对渣库逐一进行体检式筛

---

① 徐爱叶、李沪萍、罗康碧：《磷石膏杂质及除杂方法研究综述》，《化工科技》2010 年第 6 期。

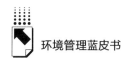

查,做到"一库一策",从渣库、地表径流、周边土壤、渗滤液、地下水等方面进行全面防控。开展磷石膏渣库地表水、地下水和土壤智能监测监管,进一步完善"三磷"企业在线监控和电能监控的报警、响应、处置机制,切实发挥好智能监控等科技手段的作用。

3. 以资源化为目标,加大扶持磷石膏综合利用的政策力度

争取国家出台专项税收优惠政策,实施磷石膏制品增值税减免优惠和资源化利用奖励优惠政策。磷石膏制品物流费用高,导致产品运输半径较小,建议开通绿色通道,减少物流费用,增强产品竞争力。全面限制天然石膏的开采规模和使用范围,尤其建筑用石膏不得采用天然石膏作为原料,从而促进磷石膏及其他工业副产石膏的应用。加大财政性投资工程建设中对磷石膏产品的推广使用力度,力争"十四五"时期末磷石膏综合利用产品不低于同类产品在市场中的占比。长江生态环境保护修复驻点城市政府应发挥专家组的优势,专家组应协助当地政府尽快出台磷化工园区招商引资企业入园环境指导意见。

4. 以技术创新为驱动,积极探索磷石膏综合利用的新途径

国家科技部门应鼓励企业与科研机构合作,创新产学研合作机制,持续推动协同创新,研发和推广不产生或少产生磷石膏的新技术、新工艺,[①] 创建国家级、省级企业技术中心和技术创新示范企业,通过示范企业促进磷石膏科技成果就近、及时转化。各级科技部门应开展磷石膏科技转化项目研究,支持跨区域的磷化行业骨干企业组成联合研发中心,开展高品质磷石膏成套技术研发,提高磷石膏制品附加值;探索高品质磷石膏与低品位磷矿综合利用工艺,开展磷石膏碱激发地质聚合物混凝土特性研究;加快磷石膏渗滤液无害化预处理技术的研发。

---

① 廖若博、徐晓燕、纪罗军等:《我国磷石膏资源化应用的现状及前景》,《硫酸工业》2012年第3期。

循环利用篇
Resource Recycling

B.7
城市环境空间精细化管理方案研究

徐琳瑜　郑涵中　武文浩*

摘　要： 在快速的城市化进程中，我国存在城市环境空间管理粗放、环境质量恶化等问题。为有效应对当前城市发展与资源环境保护的区域性矛盾，发挥环境空间规划管理在前端调整资源利用结构、转变城市发展方式的正面作用，需通过精细化管理以提升城市环境空间品质。本文提出了从宏观到微观的精细化管理方案设计策略，通过比较国内外先进城市环境空间管理经验，探索高空间规划工具利用率、管理实施体系完善的精细化管理模式，构建以城市环境大脑为核心的管理框架并从多环境要素提出具体实施方案，研究结果可为城市环境空间系统化、科学化管理提供理论基础。

* 徐琳瑜，工学博士，北京师范大学环境学院副院长、教授，研究方向为城市生态模拟、环境风险评价及环境规划与管理；郑涵中，北京师范大学环境学院博士生；武文浩，北京师范大学环境学院博士生。

关键词： 环境空间　精细化管理　城市环境大脑

一　背景

党的第十八次全国代表大会提出生态文明建设以来，国家对环境空间管控的重视程度逐渐提高，从推进生态文明建设的顶层设计出发，提出通过建立主体功能区引导城镇空间合理布局，构建国土空间安全格局的目标。在此指引下，环境空间规划地位逐渐提升，空间管制理念开始由空间约束向管理制度拓展，区域保护和分级管理的差异化成为空间管控模式的新要求。2019年5月，中共中央、国务院印发《关于建立国土空间规划体系并监督实施的若干意见》，国土空间规划体系顶层设计基本形成，同年自然资源部印发《关于全面开展国土空间规划工作的通知》，反映了我国在生态环境保护和环境空间管理方面工作力度的进一步加大。2019年10月召开的党的十九届四中全会上，推进国家治理体系和治理能力的现代化的目标被明确提出。会议指出，通过城市生态环境保护领域治理体系和治理能力的现代化建设，实现城市环境空间品质提升。

目前，城市环境空间管控和规划尚使用约束型手段，环境空间管控与规划无法在前端发挥出调结构、转方式的积极作用，而仅将规划重点放在末端管理上。因此，城市环境空间管控与规划仍是城市空间规划体系中的短板。然而，环境空间管控的前端预防效果远远好于末端管理，为了从前端扭转环境恶化趋势，迫切需要把环境保护目标、任务等放在城市长期发展的大背景下去谋划，对城市长远发展和空间布局提出引导性要求。

精细化管理是社会分工的精细化和服务质量的精细化对管理模式现代化的必然要求，是以常规管理为基础，将其引向深入的基本思想和管理模式，该模式能够实现最大限度地减少管理所占用的资源，降低管理成本。① 将精细化管理理念融入城市环境空间管理，有利于制定管理边界清晰化、管理指标具体化、管理空间可视化的多元城市环境空间管理方案，从而实现城市环境空间全面协调可持续发展。②

二 城市环境空间精细化管理方案设计策略

本研究从宏观、中观、微观三个层次展开技术方案设计。在宏观层面，本研究主要通过梳理国内外城市环境空间管理历程，总结可供城市环境空间精细化管理所借鉴的经验范式；在中观层面，以城市基础调研数据和遥感数据收集为工作基础，提出以地理信息系统模型方法为支撑的城市环境空间精细化管理方法体系；在微观层面，设计涵盖水环境、大气环境、土壤环境、声环境等多环境要素的城市环境空间精细化管理方案。本研究可应用于城市环境空间精细化管理策略、精细化管理方法以及精细化管理方案的设计，具有较高的示范性和可操作性。

在宏观层面，本研究围绕城市发展定位、城市空间格局和城市生态红线等顶层设计，梳理我国城市环境空间管理发展历程，总结城市环境空间管理的经验教训。把城市责任规划师制度作为主要切入点，梳理我国天津、深圳、成都、厦门等多地城市责任规划师制度建设探索历程，从法律制度、政策体系、管理体制、管理机制和技术方法等方面讨论其对于城市精细化管理的借鉴和启示。

在中观层面，本研究基于城市在全国战略部署中的宏观管理思路，进一步结合城市区域特点，以空间信息系统为城市环境空间管理的基础方法，研究激发城市环境空间发展演化潜力的管理方法。本研究筛选基础地理信息系统数据、人口、国民生产总值等社会经济数据等矢量数据以及遥感影像数据、数字高程数据、土壤类型分布数据等栅格数据，利用遥感和地理信息系

---

① 王郁、李凌冰、魏程瑞：《超大城市精细化管理的概念内涵与实现路径——以上海为例》，《上海交通大学学报（哲学社会科学版）》2019 年第 2 期。
② 毕娟、顾清：《论城市精细化管理的制度体系》，《行政管理改革》2018 年第 6 期。

统进行空间数据分析和单元划分，选取水、大气、土壤、社会经济、人口、产业等监控指标，以及技术创新指标、绩效管理指标、公众满意度等管理指标，搭建环境空间精细化管理框架。利用数学模型模拟城市环境空间质量和社会经济发展空间分异性规律，通过规划蓝图、实时仿真、全局决策等手段，优化城市环境空间格局，对城市环境空间质量进行生命周期管理，形成基于空间信息系统的城市环境空间管理方法。[①]

在微观层面，本研究建立"城市总体 – 城市区县 – 街道 – 社区"不同层次的立体化环境空间精细化管理模式，将城市划分为已建区和新建区，根据城市分区状况分配相应精细化管理任务。对于已建区，主要从土地资源集约利用、绿色基础设施构建、绿色建筑改造、防灾减灾机制建设等方面展开精细化管理；对于新建区，主要从生态产业规划、低碳交通系统设计、生态格局优化、资源利用可持续化等方面实现精细化管理。结合目前已经施行的城市责任规划师工作方案，在街道管理单元和社区一级设立基层单元责任规划师，根据其专业特长进行任务分工，确定各个专项城市责任规划师，为片区景观维护和规划决策提供专业的咨询服务和技术支撑。综合运用 RS 和 GIS 空间分析，结合智慧监测，对城市大气、水文、土壤等环境指标，以及国民生产总值、人口密度、产业结构等社会经济要素进行回归拟合，探索我国城市经济发展与环境质量变化之间的关系以及演化规律，设计城市环境空间精细化管理方案。城市环境空间精细化管理方案总体思路如图 1 所示。

三　城市环境空间精细化管理模式研究

在城市环境空间管理方面，美国的州规划、区域规划以及城市综合规划等不同层次规划密切关联，形成完善的精细化环境空间管理政策体系。美国未编制国家级的全国性空间管制方案，以州为主导编制的涉及城市环境空间

---

① 龙瀛、茅明睿等：《大数据时代的精细化城市模拟：方法、数据和案例》，《人文地理》2014 年第 3 期。

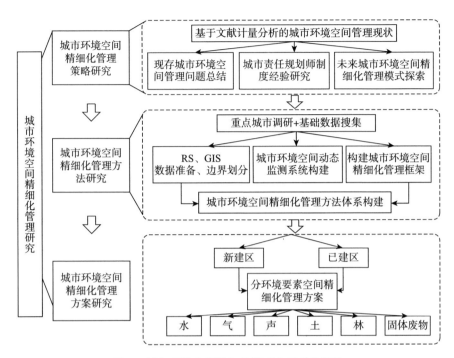

图1　城市环境空间精细化管理方案总体思路

管控的如《俄勒冈州域规划目标和指南》《罗得岛州指导性规划》《佛罗里达州战略规划》《康迪涅格州开发与保护规划》《新泽西州开发和再开发规划》等为最高级别的指令方案，指导区域规划及城市规划等下级规划；在欧盟，1997 年编制的《欧盟空间规划体系和政策纲要》将空间规划方案分为宏观、中观、微观等层次，共同保障环境空间精细化管理工作协调有序进行。此外，欧美国家城市环境空间精细化管理还体现在随城市发展建设阶段调整的管理策略制定方面，在城市建设初期、城市快速化建设时期以及城市平稳发展时期地方政府制定不同的管理方案，并强调空间管理方案的多样化和个性化。①

　　总体而言，欧美国家通过建立健全法律、行政、运行相协调的城市环境空间规划与管理政策体系，制定地方分权化、灵活化的空间管理策略以实现

---

① M. Carmona，"The Place-shaping Continuum：A Theory of Urban Design Process,"*Journal of Urban Design* 19（1），2014，pp. 2 – 36.

城市环境空间精细化管理，可为我国多部门统筹权衡事权、构建多层级空间规划体系提供参考。

近年来，我国多地均推进城市责任规划师制度，北京市城市责任规划师制度也在实践中收获了良好的成效。2019年在北京市规划和自然资源委员会颁布的《北京市责任规划师制度实施办法（试行）》① 对责任规划师职责、任职条件、聘用管理、考核评估、所享有权利、所承担义务和责任以及保障机制等做出了具体的规定。北京市通过在中心城区试点、积累经验，然后在全市逐步推行城市责任规划师制度。东城区特别聘请了第三方责任规划师团队；西城区责任规划师团队则以公益性质的团体为主；朝阳区重点引进了大数据分析团队和国际化团队；丰台区依托建筑设计师，组建了多层次规划师团队。各区因地制宜展开工作，工作模式各有特点。

总结上述城市环境空间管理方案及经验，现针对我国未来城市环境空间精细化管理发展提出以下重点探索方向。

（一）完善环境空间管理体系，强化环境规划实施体系

建立国家级、省级、市县级规划运行和保障体系，协调环境空间管理与国民经济和社会发展规划相互之间的关系。环境空间管理应当注重国民经济和社会发展的空间需求、兼顾资源保障和生态支撑需求。特别是在市县级等微观层面，应当在基层党委、政府的统筹协调领导下，加强顶层设计，从全局战略高度编制环境空间规划管理方案以及国民经济和社会发展管理方案；建立健全环境空间管理方案的编制与实施细则。构建行之有效的管理方案编制工作程序，完善基础数据收集工作流程、技术方法选择流程以及理论体系构建流程等，提高管理的科学性和可操作性，保障重大战略部署和空间开发权的纵向传导和横向衔接；完善空间用途管制体系。建立包括空间管制和用途管制两个层级所组成的空间用途管制体系。对于宏观和中观层面，在空间

---

① 北京市规划和自然资源委员会：《北京市责任规划师制度实施办法（试行）》，2019年5月10日，http://www.beijing.gov.cn/zhengce/gfxwj/201905/t20190522_62041.html。

规划中进行空间分区的划分，明确空间开发格局和空间的基本地域功能。对于微观层面，则在环境空间管理中明确空间开发类型和用途，以便构建详细的开发利用控制指标体系，严格准入条件，强化空间用途管制。

（二）探索新型城市环境空间管理模式

构建"1 + 1 + N"的责任规划师工作方案，每个基础单元配置"1 + 1 + N"的基层责任规划师团队，第一个"1"是指一名城乡规划师，负责街镇的初步规划设计工作，同时负责汇总更新城乡规划信息，开展前期调查研究，搭建居民同上层规划者之间沟通协调的桥梁；第二个"1"是指一名环保工程师，街道主动同高校、科研院所、相关企业进行对接，建立起战略合作关系，对接单位通过内部遴选，选择具备丰富专业知识以及实践经验，并且对街镇规划现状较为熟悉的专门型人才，与街镇相互结对，为其提供持续性专业指导和咨询服务，开展街镇规划编制工作；"N"是指多个设计师团队，主要包括生态修复师、景观设计师、垃圾分类指导师等，负责为街镇提供具有专业性的全方位和多角度规划设计支持。同时借鉴欧美国家陪审团制度，组建参与监督各类环境空间管理方案的制定、审批和执行的环境空间精细化管理"陪审团"。政府应充分了解民众对于环境空间管理的诉求，最大限度保证民众对环境空间管理方案的知情权，使市民在城市环境空间规划管理中有更多的参与感和获得感。总体上形成贯穿"社区－街道－区县－城市"不同层级的环境空间管理智囊团，负责分环境要素管理方案校验以及空间规划方案设计、执行，助力城市环境空间精细化管理。

（三）开发利用数据驱动型空间规划管理工具

第一，集成基础地理信息和土地调查成果，构建起部门相互之间的数据互联互通和共享机制，根据空间管理的实际需求完善数据基础设施建设。第二，在过去以地块为基本单元服务于土地用途决策所选取的土地适宜性评价方法的基础之上，重点开发以土地利用系统为基本单元的国土空间多功能评价指标体系以及国土空间功能分区管理方法。第三，结合大数据技术，开发

城乡扩展边界划定、生态红线划定、生态空间和格局优化的智能化情境分析模型。研究开发云平台下空间规划综合支持系统，为空间规划的科学编制和有效实施管理提供技术保障。

四　城市环境空间精细化管理框架

地理信息系统是一条地理数据共享的纽带，可为城市管理特别是城市环境空间精细化管理提供技术性支撑。地理信息系统可以将不同部门所收集、不同介质中存储的数据进行整合、管理和共享，并且可以同实时信息相连接，例如气象部门的大量传感信息、国土部门的数据信息、城市环卫部门的垃圾清运车移动轨迹信息等，建立多尺度、高衔接度的数据库。与此同时，环境大数据也日益成为城市的重要资源，合理高效利用环境大数据可推动政府生态环境部门进行科学化综合决策，同步实现监管精准化和公共服务便民化，从而提升市民生活品质，实现城市环境空间的精细化管理。

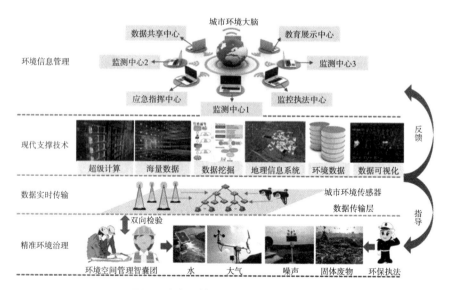

图2　城市环境空间精细化管理框架

通过集成 RS、GIS、人工智能、云计算等技术，构建城市环境大脑（环境空间动态监测系统），搭建覆盖水、大气、噪声、土、固体废物等城市环境状况全方位实时动态监测平台。

城市环境大脑服务于环境监测、环境管理以及环境信息化等领域，以环境要素、监管对象及服务主体为核心探索环境大数据应用场景，在满足环保规范的基础上，充分融合地方政府环境管理决策，以全面数据感知为支撑，通过数据融合、机理模型、大数据处理以及人工智能等技术，为环保部门创新环境要素量化管理体系、为地方政府打造多元共治现代化管理体系提供能力支撑，全面提升环境业务、管理、决策和综合服务水平，实现城市环境空间的精细化管理。

五 城市环境空间精细化管理最佳方案讨论

针对已建区和新建区分别制定城市环境空间精细化管理方案，重点关注水、气、声、土、固体废物等主要环境要素，推进形成分环境要素精细化管理方案（见图3）。

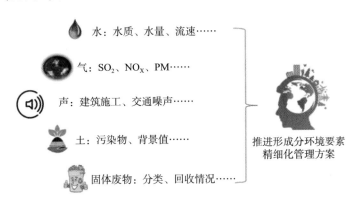

图3 分环境要素精细化管理方案

（一）水环境空间精细化管理方案

城市水环境精细化管理方面，供水部门应实现从供水源地到供水末端的全过程水质监控，同时水务、气象、环保、交通、城管、应急等多部门应联

手，共同开展城市洪涝灾害的精确预测和防控工作。同时，加强排水管网的建设和维护，构建污水收集处理自动化监测管理模式，搭建起城市水资源－水环境－水生态－水灾害多维一体综合型管理平台。

具体措施包括设立雨量自动监测站、水文自动监测站、水质自动监测站以及智能视频监控点等基础设施，开展卫星遥感监控及无人机定期巡河工作，对于降雨等气象条件，水体水位、流速、流量、水质、漂浮物状况及河道变迁等细微变化进行实时监测管理。结合前端5G、物联网、人工智能等通信技术，最短时间内将数据传输到后台的城市环境大脑。城市环境大脑融合水文监测实时数据，结合环境空间管理智囊团的现场勘查校验，为水环境管理提供科学决策。结合历史监测数据，依靠水环境模型进行风险分析，为防治水灾害提供辅助决策，进而搭建自动化、可视化、智能化的综合水环境空间精细化管理平台。

基于以国家监测站、省级监测站、地市级监测站及部分区县级监测站为主体所构成的水环境监测实施数据传送、分析与管理平台，提升水环境监测数据审核能力，结合环境空间管理智囊团的双重校验，实现水环境监测数据的智能化和可视化。该平台的工作内容包括流域重点水污染源调查及动态管理、水环境质量监测与评价、饮用水水源地水环境监测与管理、跨省界区水环境预警预报与污染联防联控、水环境综合调控与治理等方面。

城市环境大脑水环境精细化管理版块集成了水资源调控、水环境保护、水生态治理、水灾害防控等综合性监测预警预报功能。综合水环境空间精细化管理平台综合利用聚类分析、多元回归分析、多维空间计算等数据统计方法，对水质水量监测数据进行采集与分析。该平台可满足水质水量异常报警分析、监测数据质量不间断分析与智能化比校、监测数据实时上传公布等功能需求，平台所涵盖的水质异常分析模型还可以对水质水量异常进行识别及预警。水环境监测数据智能比校技术主要包括原始数据校对、系统初步分析审核、环境空间智囊团复审三大步骤，通过智能计算机数理统计软件分析，辅以人工识别等方式，构建精确高效的水环境实时监测和数据比校体系。

（二）大气环境空间精细化管理方案

以认知计算、大数据分析和物联网技术为基础，分析空气监测站实时监测信息和气象卫星传送的高分数据流，采用自学习技术和超级计算处理技术，构建空气质量预测模型系统，实现污染物的源解析和分布特征的实时监控。针对 $PM_{2.5}$、PM_{10}、臭氧、一氧化碳、二氧化氮和二氧化硫等大气污染物，选取城市生活区、道路交通区、污染源区域、污染物传输通道区域等重点区域布设监测点位以形成监测网格。

通过大气环境空间精准网格化管理平台，生成监测数据日报，包括每个点位监测数据日均值和当日空气质量指数，可以辅助开展各点位间、污染物间的相关性分析。大气环境监测数据月度、季度、年度分析报告可体现监测数据的变化情况、站点间数据的对比分析以及污染物来源分析等。

（三）声环境空间精细化管理方案

为实现城市声环境的精细化管理，首先要获取带有位置信息的声环境数据，再结合环境标准和声环境功能区划获得空间上的标准，根据这些声环境信息在空间的精细呈现，进而及时对噪声进行控制和削减。

数据来源分为声环境常规监测和噪声排放数据，主要依据现行环境保护标准《环境噪声监测技术规范 城市声环境常规监测》（HJ 640—2012）、《社会生活环境噪声排放标准》（GB 22337—2008）、《建筑施工场界环境噪声排放标准》（GB 12523—2011）、《工业企业厂界环境噪声排放标准》（GB12348—2008）等。

将不同声环境功能区的环境噪声限值输入城市声环境管理平台作为标准，结合区域声环境、道路交通声环境、功能区声环境的常规监测点数据，以及工业企业、建筑施工厂和社会生活环境噪声的排放监测数据，基于比对噪声限值标准和监测数据，精准识别声环境质量超标的功能区，为决策管理者提供控制和削减噪声源的有效支撑。

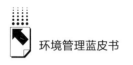

（四）土壤环境空间精细化管理方案

针对土壤环境所兼具的"污染源－污染汇"特性，探索土壤环境理化性质同各类影响因子相互之间的关系。通过整合区域污染源空间分布特征数据、污染物排放类型与总量统计数据等多元数据，讨论污染扩散途径、污染物环境消纳能力与空间差异性特征，以及与环境质量相关的本底值图集、遥感卫星影像资料等，构建起多维大数据模型。

在构建城市土壤环境空间精细化管理平台中，需要输入平台的结构化数据主要包括表征土壤环境质量的数据，污染物类型、总量，土壤背景值，农用地详查数据，重点行业企业用地数据土壤物理化学特性，污染源的空间分布特征和排放总量等。还需收集包括气象资料、水文资料、地质资料、环境调查资料、遥感影像资料在内的其他格式的表征型资料。

建立土壤环境保护与综合整治专项平台，提供以土壤环境大数据为支撑的科学决策服务和精准管理服务。通过大数据的深度挖掘与智能分析，按照以下方式对土壤环境质量进行分类：把未污染或轻微污染土壤划为安全利用类，把轻度污染及中度污染土壤划为重点治理类，把重度污染土壤划为严格管控类，通过科学分类推进土壤环境空间精细化管理。

在土壤环境监管工作以及污染地块管理工作等具体工作实践中，用户可根据实际情况，通过区域地块的土壤监测分析，根据其污染程度将该土壤地块划分到相应的类别中，根据土壤环境质量划分结果提出精细化管理策略。

（五）固体废物空间精细化管理方案

按照地区划分辖区内党政机关、科教文体、商业服务、医疗卫生、工业企业、旅游景点以及居住小区的网格化单元，并相应布置垃圾投放点、收集点和回收点，建立垃圾分类信息管理库。该信息管理库通过对网格化单元每天回收垃圾的类别、重量记录，对其具体状况进行数据统计和分析，例如废弃纸板、废弃塑料、废弃金属、废弃家电等在可回收物中所占的比重核算，垃圾超量排放单位统计等。实现数据的实时查询功能，可为相关部门推进资源回收利用提供参考。

建立垃圾分类数据库，帮助政府更好地了解垃圾类别的变化，通过数据比对和分析，市场能明确判断垃圾中可再生资源的类别和数量。与此同时，精细的分类能为下游的回收加工企业带来丰富的利润，过去很多不会被回收的垃圾，现在也能创造新价值。

在此过程中，城市管理者可以从垃圾源头分类到中间转运环节再到末端处置开展废弃物全过程协调处理，实现生活垃圾、建筑垃圾、工业废弃物、可再生资源等废弃物全品种覆盖，构建起"政府引导、企业、公众参与、非政府组织推广"的多主体长效参与机制，实现城市垃圾的精细化管理。

倡导以物业管理小区为"垃圾分类责任人"、以垃圾分类责任人为主体。按主要产生垃圾类别，通过再生资源回收系统，采集可回收物的回收数据；通过厨余垃圾管理系统，采集厨余垃圾分出的数据；通过垃圾楼数据采集系统，采集进入垃圾楼的混合垃圾数据，从而计算出这类小区实现垃圾分类资源化的比例是多少，以此评估这类小区垃圾分类效果，为建立科学的奖惩体系提供数据基础。

厦门市推行"自上而下的政府主导型"城市责任规划师制度，建立了不同层次的规划编制和管理的空间层次体系。分区规划基本上对应区级行政区，一个规划管理单元基本上对应一个街道。全市共6个区级行政区、95个规划管理单元，市规划局从市规划设计研究院和中国城市规划设计研究院厦门分院定向选拔每个规划管理单元所对应的责任规划师，负责区域内各环境要素精细化管理工作。

深圳宝安区推行"自下而上的市场助推型"城市责任规划师制度，部分基层政府和原农村社区自主规划与自我发展的需求强烈，主动出资聘请公职或专业人员担任规划顾问，试图通过自下而上的规划设计影响法定规划的制定与实施。社区为满足区域自主规划与特色发展，以市场化方式聘请规划技术人员、经营性组织及环境保护非政府组织作为城市责任规划师，参与社区环境空间精细化规划管理。

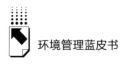

六　结语

　　面对生态空间保护、城市规划建设、土地开发利用三者之间相互制约的难题，可通过集成 RS、GIS、人工智能、物联网、云计算等技术，耦合水环境、大气环境、声环境、土壤环境等环境要素模块，构建环境空间动态监测系统以实现城市环境空间精细化管理，打破信息孤岛，推动城市环境空间数据的互联互通和公开共享，构建起多尺度、跨介质、无缝对接的数据链接和共享机制。将城市环境空间精细化管理平台纳入未来"三区三线"和"三线一单"划定管理工作中，对生态保护红线、环境质量底线、资源利用上线及环境准入负面清单中的相关数据进行可视化处理，可望为城市管理者实现精准监管、精细管理提供科学依据，助力城市环境空间管理体系的现代化。

B.8
城市资源代谢优化与
"无废城市"建设研究

温宗国　陈　晨*

摘　要：　中国的"无废城市"建设提出了使整个城市固体废物产生量
　　　　　最小、资源化利用充分、处置安全的目标。实现这一目标需
　　　　　要统筹城市多种类型固体废物的高效处理处置和资源化，建
　　　　　立良好的城市资源循环代谢模式。然而，当前中国城市对各
　　　　　类固体废物普遍采取孤立化处理处置方式，技术应用较为单
　　　　　一，不同技术链条间缺乏物质流、能量流的有效衔接，没有
　　　　　形成高效的代谢链网，显著制约了多种类型固体废物的资源
　　　　　化利用潜力空间。因此，城市资源代谢优化应统筹城市多种
　　　　　类型固体废弃物的高效协同处置，推动传统的"资源—废
　　　　　物"线性代谢模式向"资源—废物—再生资源"循环代谢模
　　　　　式转变。构建从源头分类减量到末端处理处置、处理设施协
　　　　　同共生的园区化工程技术体系，实现物质有序循环和能量梯
　　　　　级利用，建立城市整体资源集约节约利用的绿色循环发展模
　　　　　式，能够为"无废城市"建设的统筹规划和城市固体废物可
　　　　　持续管理改革提供科学支撑。

关键词：　资源代谢　"无废城市"　固体废物协同处置　系统性解决方案

---

* 温宗国，博士，清华大学环境学院教授，清华大学环境学院循环经济产业研究中心主任，
研究方向为循环经济和环境管理政策；陈晨，清华大学环境学院博士研究生，研究方向为
城市资源代谢和固废管理政策。

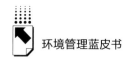
城市区域人口和产业聚集，高密度的生产、生活活动往往伴随着高强度的资源消耗和污染排放，引发资源短缺、环境污染和人体健康损害等一系列问题。在这样的背景下，以最大限度减少城市固体废物的产生量和排放量、推动废物循环利用为愿景的"无废"发展理念逐渐成为国际上城市规划管理的大趋势，美国、日本、新加坡等国家已经有了富有成效的实践。① 2018年12月，国务院办公厅印发《"无废城市"建设试点工作方案》，提出"无废城市"发展模式，即以创新、协调、绿色、开放、共享的新发展理念为引领，通过推动形成绿色发展方式和生活方式，持续推进固体废物源头减量和资源化利用，最大限度减少填埋量，将固体废物带来的环境影响降至最低。② "无废城市"的建设，对从根本上解决中国城市自然资源瓶颈、提升城市固体废物管理水平意义重大。

为了实现"无废城市"建设中整个城市固体废物产生量最小、资源化利用充分、处置安全的目标，关键要开展城市资源代谢的优化调控，建立良好的资源循环代谢模式。③ 多种类型的物质资源是支撑城市经济社会活动的重要基础。中国快速城市化过程中粗放的发展模式导致资源利用高投入、低效率、高污染，城市固体废物产生量巨大，资源化利用能力不足，成为制约城市绿色高质量发展的瓶颈。优化城市资源代谢路径，建立城市整体资源集约节约利用的绿色循环发展模式，能够显著促进城市固体废物源头减量，降低城市发展中的污染排放水平，为"无废城市"建设的统筹规划和城市固废可持续管理改革提供科学支撑。

---

① 郑凯方、温宗国、陈燕：《"无废城市"建设推进政策及措施的国别比较研究》，《中国环境管理》2020 年第 5 期。

② 《国务院办公厅关于印发"无废城市"建设试点工作方案的通知》（国办发〔2018〕128 号），中华人民共和国中央人民政府网，http://www.gov.cn/zhengce/content/2019 – 01/21/content_5359620.htm。

③ 石海佳、项赟、周宏春：《资源型城市的"无废城市"建设模式探讨》，《中国环境管理》2020 年第 3 期。

一 城市资源代谢的内涵及分析方法

"城市资源代谢"这一概念借鉴了生命科学中"代谢"的理论,将城市类比为生命体,形象地说明城市系统物质能量输入(资源支撑)与输出(污染排放)的过程。[①] 城市的稳定运转需要大量物质性和非物质性、能量性和非能量性资源的支持。这些输入资源在城市多个社会经济部门中经加工、利用、消耗等代谢过程,产生多种类型的废物,流入自然环境或进入城市废物管理系统进行处理处置。经过回收、资源化处理后的废物能够重新回到城市社会经济部门中得到利用,继续参与城市资源代谢过程。

从资源代谢的角度看,当前世界上许多城市面临的资源枯竭、环境污染等问题根源在于高投入、高污染、忽视资源循环利用的粗放型发展模式导致的城市资源代谢低效与紊乱。这种线性代谢模式必然会随着城市需求增加、资源约束收紧和生态环境容量压缩而临近崩溃,是一种不可持续的发展模式。[②] 相对应的,推进城市固体废物减量化和资源循环利用、建立良好高效的城市资源循环代谢模式是提高资源利用效率、减少污染排放、维持城市生态系统正常物质代谢功能的必要手段(见图1)。

物质流分析用于定量解析城市物质性资源代谢过程中的物质输入输出关系,在城市资源代谢分析中有广泛应用。[③] 以研究视角看,城市资源代谢的物质流分析可以在物质层面或元素层面开展。物质层面的重点在分析各类经济实体的流量和存量,包括原材料、产品和废物等;元素层面的物质流分析关注某一种元素或化合物在系统内的代谢流量、强度和趋势等,因而也常被

---

① 张力小、胡秋红:《城市物质能量代谢相关研究述评——兼论资源代谢的内涵与研究方法》,《自然资源学报》2011 年第 10 期。
② 温宗国等:《无废城市:理论、规划与实践》,科学出版社,2020。
③ Paul H. Brunner, Helmut Rechberger, *Practical Handbook Of Material Flow Analysis*, Springer Netherlands, 2003. 沈丽娜、马俊杰:《国内外城市物质代谢研究进展》,《资源科学》2015 年第 10 期。

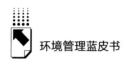

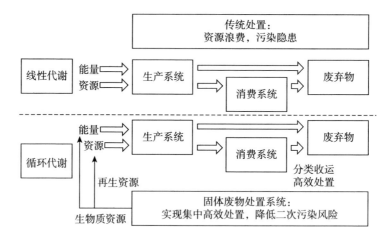

图 1   城市资源线性代谢和循环代谢

称为元素流分析。① 相较而言，物质层面的分析能够从较为宏观、全面的角度解析物质代谢流量及结构，识别提升城市可持续发展能力的物质流通环节，挖掘不同种类废物在城市内部的循环利用潜力。在该分析框架内，多种类型的资源回收利用量，例如农业生产中的秸秆发电，畜禽粪便回用，工业生产中的尾矿制砖，居民消费产生的生活垃圾中的废金属、废纸、废塑料回用都可以被纳入。因此，基于城市物质流分析结果，可通过一系列指标来表明城市资源代谢过程的整体特征，如资源消耗强度、利用效率、回收潜力等，为有针对性地设计提升资源循环利用效率、减少污染排放的管理措施提供支撑。

元素层面的分析则能够为某一种或几种与资源环境密切相关的元素提供更为细致的代谢过程分析和代谢通量核算，为解决相关问题提供更为精准的科学依据。通过定量解析元素在城市生态系统内的代谢路径，定量预测技术或管理措施的应用对元素代谢过程及其最终排放状态的影响，能够支撑与该元素相关的污染源头控制、资源的回收利用及污染末端处理处置路径优化。例如，城市碳元素代谢分析能够为识别碳排放的关键部门及碳减排的有效路

---

① 王琳、潘峰：《环境－社会经济系统物质流分析研究述评》，《生态经济》2018 年第 3 期。

径提供支持①；氮元素代谢分析则在保障城市农业增产、工业生产氮需求的同时降低氮污染排放，从而为减轻大气污染、水体富营养化、土壤酸化等生态环境问题提供依据②；磷元素是重要的非金属不可再生资源③，对其利用及排放过程的代谢分析能够识别出减少磷资源流失、减轻水体富营养化程度的关键途径。④ 除了碳、氮、磷等非金属元素之外，金属元素在农业、工业、材料等领域具有重要战略价值，城市中的金属元素代谢过程及资源、环境效应分析能够有效支撑金属资源回收与再利用的开展。⑤

因此，城市资源代谢分析可以定量识别资源在城市生态系统内的来源、流动规模、代谢途径、存在形式和排放状态，为有针对性地开展污染的源头控制、末端回收利用及最终处理处置、提升城市整体资源利用效率提供支撑，为城市污染的综合治理和资源的高效循环利用提供系统性解决方案。

二　传统城市资源代谢过程的局限性

城市资源代谢过程的污染排放包括废气、废水、固体废物。其中，固体废物种类繁多，处理途径多样，且具有污染汇的属性，即气、水、土中污染

①　赵荣钦、黄贤金：《城市系统碳循环：特征、机理与理论框架》，《生态学报》2013年第2期。Shaoqing Chen, Bin Chen, Kuishuang Feng, et al. , "Physical and virtual carbon metabolism of global cities", *Nature Communications* 11, 1（2020）：182.

②　张妍、陆韩静、郑宏媚：《多尺度人类活动影响下的氮循环和氮代谢研究进展》，《中国人口·资源与环境》2016年第S2期；温宗国、张文婷、韩江雪等：《区域氮多部门代谢及回收技术应用影响分析》，《中国环境科学》2016年第10期。Yue Dong, Linyu Xu, Zhifeng Yang, et al. , "Aggravation of reactive nitrogen flow driven by human production and consumption in Guangzhou City China", *Nature Ccommunications* 11, 1（2020）：1209.

③　魏佑轩：《基于物质流对中国磷元素代谢的时空特征分析》，硕士学位论文，东北大学，2017。

④　Joeri Coppens, Erik Meers, Nico Boon, et al. , "Follow the N and P road: High-resolution nutrient flow analysis of the Flanders region as precursor for sustainable resource management", *Resources, Conservation and Recycling* 115, 2016：9 – 21.

⑤　刘巍：《中国铅酸蓄电池行业清洁生产和铅元素流研究》，博士学位论文，清华大学，2016；党春阁、周长波、吴昊等：《重金属元素物质流分析方法及案例分析》，《环境工程技术学报》2014年第4期。

物分离浓缩后的许多产物成为固体废物，如污泥、废催化剂、灰渣等。城市固体废物管理部门决定了资源代谢的最终形态和向多介质环境排放的形式，是实现污染控制和资源代谢优化的关键部门。因此，城市固体废物管理水平在很大程度上决定了城市资源代谢的环境效应。传统城市固体废物代谢过程中的关键问题和症结也反映了城市资源代谢的局限性。

典型的城市固体废物代谢可通过填埋、焚烧、堆肥、厌氧消化等多种技术路径进行。在中国，填埋、焚烧的应用更为广泛。规范的填埋场一般具备防渗系统、渗滤液收集及处理系统、填埋气收集和资源化利用系统等。高浓度渗滤液经处理后达标排放至市政污水处理系统或直接排至天然水体，防止土壤及水体污染；填埋气收集后经火炬燃烧或通过清洁发展机制项目发电上网，实现能源回收的同时防止大气环境污染。焚烧技术在实现固体废物减量化、缩减固体废物处理用地面积方面发挥了巨大作用。垃圾焚烧系统一般包括炉排焚烧系统、锅炉系统、余热蒸汽发电系统、尾气净化系统、灰渣收集及资源化系统、渗滤液收集及处理系统等。垃圾通过焚烧及发电系统实现固体废物减量和能源回收，通过尾气净化防止大气污染，通过灰渣处置及资源化利用实现无害化，通过渗滤液收集与处理防止水体污染。有机质固体废物可通过堆肥、厌氧消化等生物处理技术进行处理，产生肥料、饲料、沼气等资源化或能源化产物。除此以外，工业窑炉协同处置城市生活垃圾或污泥等技术也逐渐得到应用推广，为充分释放固体废物资源化利用潜力、实现城市生产和生活系统的循环链接提供了新的思路。

然而，当前中国城市各类固体废物普遍采取孤立化处理处置方式，技术应用较为单一。各类固体废物处理处置设施缺乏统筹规划，多数仍处于分散布局的状态，造成土地利用碎片化，不同设施的中间及末端产物缺乏有效协同处置。这导致不同技术链条间缺乏物质流、能量流的有效衔接，没有形成高效的代谢链网，无法利用不同技术路线的互补优势，显著制约了多种类型固体废物的资源化利用潜力空间。由此造成的资源代谢过程局限性主要体现在以下几方面。

第一：单一处理技术的应用难以克服技术本身产生的副产物或二次污染

物等固有缺陷。针对目前应用较广的技术来看，焚烧发电占地面积少，废物减量化、能源化和资源化处理效果显著。但焚烧过程会产生大量无机炉渣、含毒性有机氯化物的残余飞灰等二次污染物，难以进行有效处置。厌氧消化技术的燃气化能源转化效率较高，但固相残渣等副产物处理成本较高。卫生填埋技术具有规模化快速消纳废物的优势，但要占用大量土地资源且选址较为困难，也浪费了可回收资源；填埋气和渗滤液等也会带来大气、土壤和地下水污染风险。这些二次污染物以多种途径进入多介质环境，对生态安全和人体健康形成较大威胁。

第二：孤立的处理处置技术路径使得固体废物缺乏更加有效的资源回收途径，制约废物处理协同效应的发挥，资源化利用率的提升有限。中国城市一般工业固体废物综合利用率多年徘徊在60%左右，大型城市的垃圾资源化利用率不到50%，现有技术路线和解决方案对提升固体废物资源化利用率的驱动力不足。在这种局面下，多种污染的协同处置在提升处理效果、降低处理成本方面均展示出了显著优势。垃圾渗滤液处理处置过程中，焚烧发电厂新鲜垃圾产生的渗滤液 COD 浓度少则 20000mg/L，多则 50000mg/L 以上，处理站设备运行负荷较高；而垃圾填埋场陈腐垃圾渗滤液的 COD 浓度较低，一般低于 10000mg/L，渗滤液处理厂设备常年处于低负荷运行状态。加上季节变化，全年有部分时间段渗滤液量很少，设施运行稳定性较差。若考虑通过合适的技术衔接进行两类渗滤液的调配，就能够提高设备运行效率和处理效果，减少处理成本。再比如，多种类型城市生物质废物的物理化学成分具有相似性，可用相似的技术路线进行处理处置和资源化利用。如果通过合理的规划协同处置，通过废物的科学配比优化降解性能，就能显著减小土地占用，降低建设成本，减少系统能源和物料消耗，提升整体资源化利用水平。同时，单一技术产生的副产品可以利用其他技术进行处理处置，达到更好的二次污染控制效果。例如，焚烧炉渣和飞灰可以稳定化后填埋处置，厌氧消化沼渣可以干化后进入生活垃圾焚烧发电厂进行焚烧发电等。可以看出，多种废物集中协同处置的网络体系能够有效提高资源和能源回收效率。但由于缺乏前期的系统规划和总体布局，在城市现有设施之间进

行废物交换难度大，成本高，单一处置链条无法形成"闭环"，难以发挥协同效应。①

第三：生活垃圾分类收集链条尚不完善，限制了多种类型固体废物的资源化利用潜力空间。尽管自2000年6月发布《关于公布生活垃圾分类收集试点城市的通知》起，中国已经提出和实施生活垃圾分类超过20年，但在实际运行中仍面临诸多问题，影响垃圾分类效果。例如，垃圾分类配套法律、制度、标准等尚不完善，影响垃圾分类工作的规范化执行；部分居民参与垃圾分类主体责任意识薄弱，又缺乏有效的经济激励手段；厨余垃圾资源化技术尚不成熟且未全面推广等。② 在这样的现状下，生活垃圾的混合收集使得分质预处理难以开展，造成城市固体废物品质相对较差，产生诸如好氧堆肥预期效果差，厌氧消化燃气转化率低等问题，也增加了二次污染的控制难度。从源头分质到末端处置全过程系统解决方案的缺失，使得城市固体废物处理处置的全产业链条难以整合，城市固体废物处理处置系统适应性和稳定性差，制约了城市固体废物的处理处置和综合利用成效。

三 "无废城市"建设目标下的城市资源代谢优化路径

针对中国传统城市资源代谢中存在的主要问题，"无废城市"建设模式提出持续推进固体废物源头减量和资源化利用的理念，最大限度减少填埋量，将固体废物对环境的影响降至最低。这一理念与优化城市资源代谢是完全契合的，城市资源代谢的优化一般体现在三个方面：资源利用效率提高、资源循环利用水平提高、代谢过程的环境影响减小。资源利用效率提高即在满足社会经济发展需求的前提下减少输入城市生态系统的资源总量，资源得到更加充分高效的利用，产生的废物总量减少（即废物源头减量）；资源循

---

① 费凡：《城市生物质废物处理系统耦合及技术选择模拟研究》，博士学位论文，清华大学，2019。
② 孟小燕、王毅、苏利阳等：《我国普遍推行垃圾分类制度面临的问题与对策分析》，《生态经济》2019年第5期。

环利用水平提高即通过资源化、能源化等多种技术手段，更加充分地利用废物，使其重新进入社会经济系统中的物质循环过程（即废物资源化）；代谢过程的环境影响减小即整个资源代谢，包括废物代谢的过程中，向自然环境最终排放的污染物引起的环境影响减小（即废物无害化）。尤其需要注意的是，考虑到污染处理处置过程中可能发生的污染物跨介质代谢，对最终污染排放的核算不能仅限于向某个环境敏感介质的排放。例如，生活垃圾填埋过程产生渗滤液，对渗滤液的处理会将部分污染物转移到污泥中，而污泥处理处置技术，如污泥填埋、污泥焚烧等，又可能将污泥中的污染物以气态或液态形式释放到自然环境中。对城市资源代谢的环境效应评估需要从多介质整体环境影响的角度开展。

可以看出，城市资源代谢系统的优化目标彼此是相辅相成的，共同推动城市资源代谢向可持续方向发展。随着关注的废物种类越来越多，处理技术及设施数量持续增加，多种固体废物、多条技术链条间发挥协同效应的空间不断增加。已有的主要着眼于单一技术的参数提升或装备改进的研究及实践越发受限于前文讨论过的单一技术链条的固有缺陷，解决城市资源代谢综合管理问题的潜力愈发有限。为了解决这一问题，有必要将城市资源代谢系统作为一个有机整体，统筹多种类型废物处理处置过程的跨介质代谢特征，构建跨技术链条的废物代谢耦合链网，形成高效的资源循环利用体系，从城市整体资源代谢优化的角度开展固体废物处理技术路径优选，最终实现"无废城市"建设目标。

基于以上讨论，本文提出城市资源代谢优化方案应以"链条设计、协同增效、区域统筹、系统优化"为指导思想，以城市固体废物高效分离提取、清洁规模消纳和整体稳定运行为整体目标，推进固体废物处理基础设施共享，实现物质有序循环和能量梯级利用。具体应从以下几个方面实施。

一是在产业链条创新上，应在源头分质及减量化—收集运输及预处理—资源化加工利用—残余物无害化处理等全过程开展系统设计和技术集成。近年来，我国出台的多项固体废物处理制度或行动方案均强调了固体废物管理中的全过程和系统性。例如，《"无废城市"试点建设工作方案》提出"坚

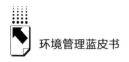

持系统集成，注重协同联动"的基本原则；《生活垃圾分类制度实施方案》提出加强各环节的衔接，形成全过程运行系统；《"十三五"全国城镇生活垃圾无害化处理设施建设规划》提出"建立分类投放、回收、运输、处理相衔接的全过程管理体系"。因此，应建立固体废物源头分类收集—智能监控收运—协同处理处置和资源化—二次污染控制系统性技术链条，包括智能化城乡垃圾分类收集收运技术，固体废物分质协同处置与耦合调控技术，难处置残余污染物集中控制技术等。各单体工程产生的废弃副产物应具备可持续利用或最终处置渠道。同时，城市固体废物处理处置系统需要兼顾减量化、无害化、资源化、经济性等多个环境管理目标，要对处理处置过程的规划统筹—工程匹配—技术路径进行整体优化。

二是在多源废物协同处置上，应统筹城市固体废物种类、特性和各单一技术优势，构建全过程减量化、多产业协同共生和多种技术互补优化的工程技术体系。多种可燃有机固体废物能够通过生活垃圾焚烧发电等设施实现协同焚烧减量，产生能源化效益；多种易腐垃圾可以通过混合厌氧共消化技术实现不同有机组分的合理调配，提高产沼率和能源回收效率；再生利用废物可通过物料加工技术实现循环再利用。从二次污染控制的角度来看，各种处理处置技术产生的固态残渣（堆肥固渣、焚烧炉渣及飞灰、厌氧消化沼渣、建筑垃圾可燃分等）可以经协同卫生填埋、焚烧或资源化利用等途径实现高效处理处置；多种液态污染物（渗滤液、沼液、污水等）可以经组分合理调配后降低处理难度及成本；多种气态产物（填埋气、裂解气、沼气等）可协同焚烧发电实现污染减排和能源回收。因此，这种多产业协同共生、多种技术互补优化的工程技术体系能够显著发挥规模效益、协同效益，最大限度地释放废物的资源化利用空间，形成良好的资源代谢链网（见图2）。

实现这种优化资源代谢体系的重要基础是建立联合运营的固体废物综合处置园区。应围绕"园区统筹规划—系统优化设计—建设全程跟踪—综合运营调控"全环节进行优化管理，避免早期产业园"见缝插针""临阵磨枪"型的建设和运营方式，纳入生活垃圾、餐厨垃圾、市政污泥等多源典型城市固体废物的协同处理处置，合理布局设施种类和位置，提升园区固体

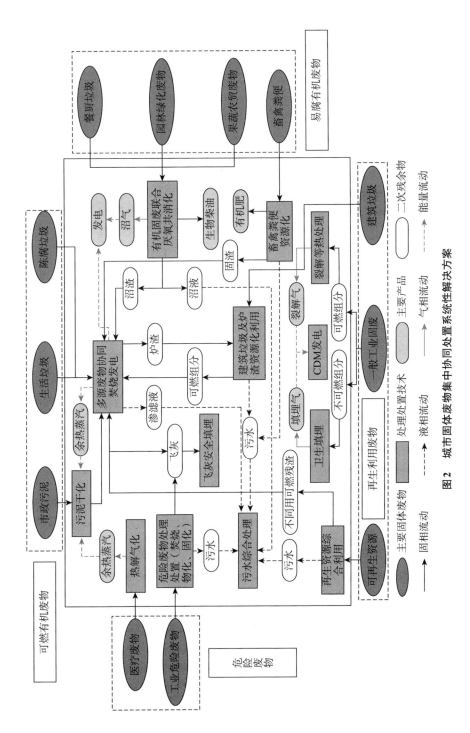

图 2　城市固体废物集中协同处置系统性解决方案

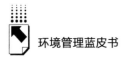

废物处理处置设施间的共生水平，形成高效的资源流、能源流及价值流网络。在园区实际运营中，还应通过协同处置工程在线监控及固体废物—水—能耦合调控等技术手段实现园区化协同共生系统的稳定高效运行。

三是在区域协同治理上，应开展区域整体规划、关键技术突破、基础设施共享和配套管理政策等一体化集成创新，实现固体废物处理的区域统筹、协同增效。随着我国城市集群发展模式不断成熟，开展城市群内各城市协作，统筹规划城市固体废物处理处置途径的必要性凸显。《循环发展引领行动》《关于进一步加强城市生活垃圾处理工作的意见》及我国珠江三角洲城市群出台的规划中都提出了关于加强区域统筹、实现城市固体废物处理设施共享的要求。应统筹考虑城市群多源固体废物的产生和处理情况，建立城市间固体废物协同处置联动机制，共建共享跨区域固体废物处理处置设施，发挥规模效应，减少各地不同种类固体废物处置能力"超载"或"空载"现象的发生。

总结起来，城市资源代谢系统性优化方案的重点在于统筹城市多种类型固体废物的高效协同处置，推动传统的"资源—废物"线性代谢模式向"资源—废物—再生资源"循环代谢模式转变，支撑"无废城市"建设的固体废物减量化、资源化、无害化管理目标，为城市的绿色低碳循环发展提供创新实践。

B.9
中国典型生物质产生与能源化利用的
发展现状及前景展望

王楠楠 曾现来*

摘 要： 生物质能源研究在国家生物安全战略、能源安全战略、经济
稳定战略、技术领先战略等方面占有重要地位，随着化石能
源带来的环境污染问题成为全球关注的热门，调整能源结
构，控制全球气候变暖，发展生物质能源的任务日益紧迫。
本文主要分析了中国生物质产生及其能源转化利用的发展现
状，并在目前背景下重新展望生物质能源，引导对生物质能
源的注意，助力可持续发展战略升级。

关键词： 能源 生物质 中国科技

一 引言

消耗传统化石能源带来的环境污染问题受到全世界关注，随着化石能源
储量日渐减少，煤、石油价格攀升，寻找可再生能源供应可持续发展变得越
来越重要。社会越来越倡导循环利用的文明生活方式，国际上也持续推进深
入"无废城市"理念。可再生能源中非常重要的一种类型是生物质能源，

---

* 王楠楠，硕士，清华大学环境学院，工程师，研究方向为固体废物与化学品管理；曾现来，
博士，清华大学环境学院，副研究员，研究方向为固体废物管理、循环经济等。

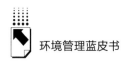

自举办 2002 年全球可持续发展峰会以来各国都将生物质能源作为 21 世纪最有战略意义的能源，大力研发并储备生物质能源相关技术。凡是由生物利用太阳能将二氧化碳转化为有机质的能源形式都可以称为生物质能源，因该过程的初始阶段主要通过光合作用获得能量，最符合清洁能源的定义。生物质能源主要利用生物质转化柴油技术、生物质转化乙醇技术、生物质热解气化技术、生物质沼气发电等新型技术。

抑制生物多样性减少、维护地球生态系统多样性，保护生态环境是每一个人的责任。在碳达峰目标的驱动下，改变我国过度依赖一次能源的经济发展模式，减少煤与石油的消耗，大力发展新能源和可再生能源，走绿色化智能化道路的目标日益明晰。[1] 为了应对气候变化，控制温室效应，避免海平面上升给人类造成影响，欧盟提出了到 2050 年排放量与 1990 年相比减少 80%～95% 的目标，德国还提出了到 2050 年实现大范围碳中和的原则性目标，法国制定了 2023～2028 年和 2050 年两个时间节点下的行业量化减排目标。在此次提交的长期低排放战略之前，其他国家政府也已经由相关方领导公开承诺或在国家战略规划文件中提出同样的长期目标。美国围绕其长期减排目标（到 2050 年温室气体排放较 1990 年减少 80%），设定了生物质能源等 6 种技术规划，分别探讨了不同技术发展模式和经济社会条件下实现减排目标的可能路径，美国还给出了基准情景下 2050 年不同能源品种的使用量、碳被捕集量和非二氧化碳温室气体减排量。加拿大的情景设计思路与美国类似，通过比较分析新旧技术、电力能源少排放、高效率和高减排力度（深度脱碳）等不同创新技术组合情景，力求在不同条件下得到具有共性的主要低碳转型思路，重点对 2030 年的行业减排目标、政策和措施进行了细化描述。[2] 从利用传统燃料转换为利用生物质能源有助于在 2030 年前实现减

① 邵阳阳：《非晶态合金催化剂的制备及其催化硼氢化钠水解制氢性能的研究》，硕士学位论文，扬州大学，2019。
② 李俊峰、时璟丽：《国内外可再生能政策综述与进一步促进我国可再生能源发展的建议》，《可再生能源》2006 年第 1 期。

少二氧化碳排放量目标，将全球气温上升控制在 1.5℃ 以内。很可能还需要采取其他措施，如提高能效、提高材料使用效率和材料回收利用率，这都对发展生物质能源技术寄予了更多希望。现阶段研发生物质能源相关技术任务紧、压力大，需要广大科研工作者积极参与，努力实现人类的绿色发展目标。

社会生活水平逐年上升也增加了对能源的需求。据 2014 年年底的数据，可再生能源在全球能源终端市场占比 18.6%，体现了能源结构的优化，其中生物质能源占比为 73%，新型可再生能源的比例达到 21.9%。发达国家生物质资源的能源化、技术产业化程度也在提高，一是生物质能源在技术层面可以发电、供热，二是可作为交通燃料在三大能源终端市场全面取代化石能源，这是生物质能源相较于其他可再生能源品种的优势。① 然而就中国而言，生物质能源发展的紧迫性已在眼前。如图 1 所示，中国近年来能源消费量都比较大，煤、石油、天然气等能源的进口量有上升趋势，说明中国的能源缺口是未来几年发展规划需要重点思考的问题，追赶生物质能源在能源消

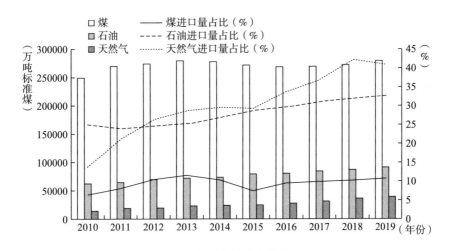

图 1　中国能源需求趋势

数据来源：中国统计局、海关总署官网。

---

① 闫庆友、陶杰：《中国生物质发电产业效率评价》，《运筹与管理》2015 年第 2 期。

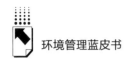
费总量中逐年上升的比例。① 在此背景下，我国生物质能源的发展前景颇有意义。

二　中国生物质产生及分布现状

不同材料类型来源的生物质能源差异很大，因此世界各地也根据不同种类的生物质采取显著不同的技术策略。生物质材料按照其原料大致可分为5类：（1）能源作物、油料植物，此类作物培植可能会与大豆玉米等粮食竞争耕地，因此本文暂且不讨论该类型生物质。（2）来源于林木资源的生物质材料，如森林木本落叶、芒草、林木根、城市绿化林木草生物质。（3）秸秆、畜禽粪便，包括农村的农业副产品或加工业副产品，如玉米秆、麦秆、稻壳、棉花壳、核籽、甘蔗渣、梗茎、动物脂肪、粪便。（4）城市有机废弃物，包括市政污泥、垃圾填埋场气体、餐厨废物等。（5）新型生物质，如微藻、大型藻类。本文主要关注我国农村的秸秆粪便和城市的污泥、餐厨垃圾等生物质，最后将藻类生物质作为新型的细胞生物质对其未来能源利用发展进行阐述。② 之后的讨论范围分为农村秸秆粪便类生物质、城市污泥类生物质、以藻类为代表的新型生物质。

由于目前主要在不同地区将其作为补充能源发展，没有统一标准，按照中国统计局网站的部分数据，能看到生物质资源的大概储量，不同生物质的利用技术也发展出不同的路径。图2至图5为中国统计局数据给出的生物质总蕴藏量。藻类生物质能源的相关技术发展还不太成熟，没有像前几种传统型生物质的数据图，本文只能给出其未来潜力的概念图。

中国生物质资源丰富，图上给出了各种生物质资源的储量，在中国发展生物质能源技术有较好的基础条件，测算数据表明中国农业加工副产品的生

① 陈怡、刘强、田川等：《部分国家长期温室气体低排放发展战略比较分析》，《气候变化研究进展》2019 年第 10 期。
② 苏绮思、杨黎彬、周雪飞等：《微藻生物质能源技术进展》，《区域治理》2019 年第 9 期。

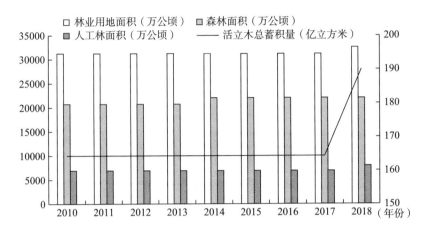

图2　中国森林生物质资源量

资料来源：中国统计局官网。

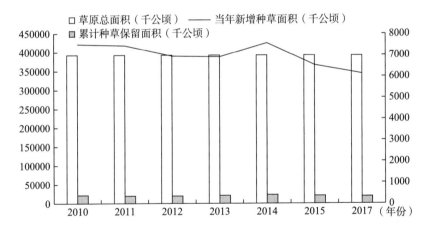

图3　中国草原生物质资源量

资料来源：中国统计局官网。

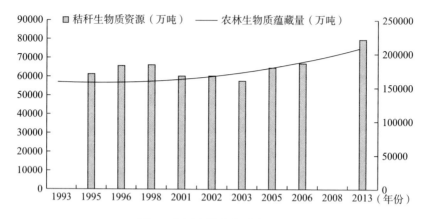

图 4　中国农林生物质资源量

资料来源：根据公开资料整理。

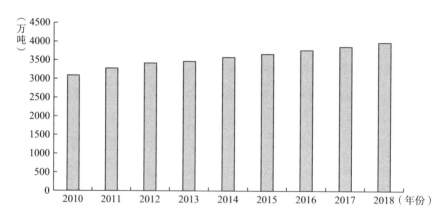

图 5　中国污泥生物质资源量

资料来源：根据中国统计年鉴数据绘制。

物质蕴藏量为 $1.79 \times 10^8 t$，畜禽粪便生物质蕴藏量为 $1.01 \times 10^8 t$，城市垃圾生物质蕴藏量为 $1.55 \times 10^8 t$，理论资源总量每年折合约 4.6 亿吨标准煤（tce）。截至 2018 年，生物质能源利用量约 5210 万吨标准煤；其中，约 2680 万吨标准煤当量的生物质发电，750 万吨标准煤当量的生物质固体燃料、460 万吨标准煤当量的生物液体燃料，1320 万吨标准煤当量的沼气和生物天然气。

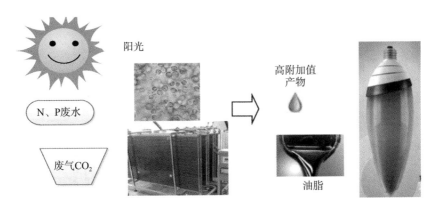

图 6　微藻生物质资源转化能源

中国有很多地区的气候条件决定了该地太阳能资源蕴藏量高，全国各地太阳能年辐射总量在 335~835kJ/cm² 之间，将这么多太阳能充分利用足以抵消人类耗费能源的熵增。因此，通过光合作用产生的生物质能储量大、分布广，比一些欧洲国家更能好好利用太阳能。但从全国范围来看，我国生物质资源的区域分布并不均匀，1/2 以上的生物质资源在于川、豫、鲁、皖、冀、江、湘、鄂、浙这 9 个省；东三省地区的主要生物质资源蕴藏在森林秸秆中；云南、黑龙江和内蒙古的林柴畜禽粪便生物质资源蕴藏量高，潜能达到 35×10^8 tce；西藏的主要生物质能蕴藏量 2.47×10^8 tce；新疆棉秆资源量每年约 500 万吨，畜粪污 5000 万吨，可折合标煤 180 万吨[1]；其他省份的生物质资源偏于油料植物栽种。

各种生物质能源利用工艺有混合有交叉，秸秆的生物质能源发展路径主要是制作燃料乙醇和生物柴油；源于林木草资源的生物质能源转化路径主要包括热解、生物柴油、燃烧发电；源于污泥、畜禽粪污的生物质能源转化主要路径是制作固体燃料、沼气发电；而新兴生物质能源（如微藻）可以采用反应器培养，不占用林地耕地等空间，也不限于高原海洋等空间，得到较高的光合固碳效率，并可以发展生物乙醇、航空柴油、厌氧消化产甲烷和发电等多种技术路径。

---

① 中国农村能源行业协会：《中国生物能开发利用与战略思考》，2000。

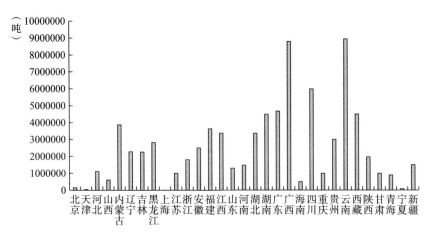

图7 中国各省林柴生物质

资料来源：董方晓：《基于区域森林资源的我国木质生物质能发展研究》，硕士学位论文，北京林业大学，2014。

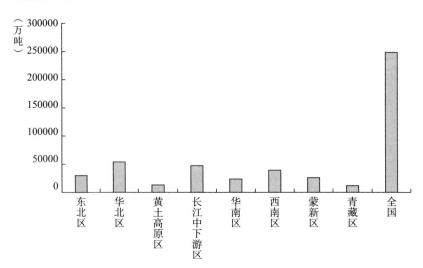

图8 中国不同地区的畜禽粪便生物质

资料来源：张蓓蓓：《我国生物质原料资源及能源潜力评估》，博士学位论文，中国农业大学，2018。

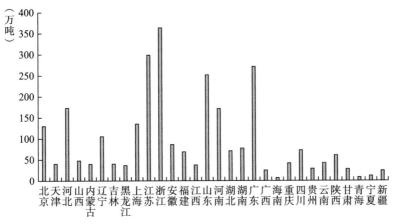

图9　中国不同省份的污泥量

资料来源：张书晴：《水污染防治行动计划对温室气体的影响研究》，硕士学位论文，天津大学，2017。

三　中国生物质能源化利用现状及分析

就中国现在的生物质能源而言，无论是第一代、第二代还是第三代新型生物质能源，都面临一些工程技术难题。虽然依靠秸秆等发展生物乙醇、生物柴油、生物发电有了一定的突破，但是面临没有真正形成产业化、成本较高等问题。为解决这些难题，需要增加相关支持以及对科学研究的投入，希望技术开发在不久的将来取得可喜突破。

目前，生物质燃烧供能是中国生物质能源最主要的利用方式，包括炉灶燃烧技术、锅炉燃烧技术、致密成型技术和垃圾焚烧技术等。生物质能源较为理想的直接燃烧利用方式是联合燃烧法，这种方式是将生物质掺入传统燃煤中一起燃烧发电，此法可以减少传统燃煤排放的硫化物、氮化物等氧化性气体污染物，以减少酸雨的健康风险，同时增加了生物炭的能量密度和燃烧热值。中国还需要进口很多生物质发电设备，且生物质发电厂面临原料供给不稳定、并网、电价等诸多问题。中国的生物柴油技术在规模上不如美国、巴西等国家，生物燃料技术独立自主性不强。生物质能源产业发展较好的国

家如美国、新加坡、巴西还有欧洲国家均制定了生物质能源规划，超前谋划生物质来源的航空燃油，使用生物乙醇替代部分汽油以及扶持生物质产甲烷燃料，其中，欧盟计划今年可再生能源替代率达到 20%，资助相关项目研究实现可再生能源在交通燃料中替代率达到 10% 以上。[①] 但中国还没有提高生物质能源的应用比例。

另外热化学转化法也是常见的生物质能技术手段。生物质热化学转化法是指在特定的温度和压力下让生物质发生碳化、液化或者热解，以此产生气、液态燃料。这种技术手段可以获得高品质的木炭、液态烃以及可燃气体，产生的气体甚至可以直接供发动机和锅炉发电使用，根据热加工技术的不同可以分类为干馏、热解和生物质液化等方法。[②] 目前生物质能源的这些技术在各个环节还存在一些问题，应用范围比较窄，人们重视不足，研发方面缺乏长期系统的整体规划和稳定持续的经费支持。

在化石能源日益枯竭的情况下，全球环境工作者面临新的使命，发展新型生物质能源已成为世界各国能源替代战略的重要选择，以实现社会的碳达峰目标，迈向碳中和，是减少温室气体排放，防止全球环境恶化的一种科学选择。以藻类微生物类型能源为代表的新型生物质能源的研究还处在成长幼年期，但是其发展前景很好。藻类光合作用固碳效率高，且藻类细胞有机质在制造乙醇和生物油料方面都具有无法比拟的优势。同时海域或高原地区绝大部分区域无人居住，因而不存在与人类争夺土地、造成饥荒贫困等危机的问题，所以中国需要顺应可持续发展趋势抓住机遇，攻坚克难，努力率先实现突破，实现建成规模化产业链。[③] 虽然微藻生物质能源具有大好的研究与应用前景，但是目前的大部分研究成果都只是实验室规模，大规模微藻培养仍然有众多关键技术尚未突破，主要包括培养成本（如营养和水资源成本）、

① 王亚男、唐晓彬：《基于八大区域视角的中国经济高质量发展水平测度研究》，《数理统计与管理》2021 年第 5 期。

② 张晓烽：《生物质与太阳能、地热能耦合建筑 CCHP 系统集成研究》，博士学位论文，湖南大学，2018。

③ 徐兴敏：《生物质热解油催化加氢脱氧提质研究》，博士学位论文，郑州大学，2014。

有待提高光能利用率等等。建议未来的科研应尽可能覆盖到微藻的菌种筛选、微藻基因改造、微藻废水培养、微藻光生反应器的设计、光能调控、微藻循环培养、微藻分离采集以及后续油脂提取纯化等方面，力求探索和解决微藻生物能源存在的各种问题，构建微藻生物能源经济产业链，实现低碳城市绿色生态产业化。中国的微藻生物质能源技术也存在一定差距，需要新的投资保障促进各界研发力量共同合作，在场地探索、能源效率提高、国际话语权方面取得更大进步。

很多地区为支持生物质能源产业发展出台了一系列提供金融支持、政府税收补贴、用户补助的激励性政策。此外，还通过法律和引导政策确保生物质能源健康持续发展。中国的生物质能源在能源消费结构中所占比例相对很小，由图10可见，大部分生物质能源潜能尚未被开发，需要加大力度研发推广。概括地说，中国的生物质能源技术正处于起步阶段，生物质利用比例较低。该领域中还有很多问题需要深入解决，生物质能源转化过程的细节优化控制也需要更多探究，储能与输出管理还需要技术研发支持。

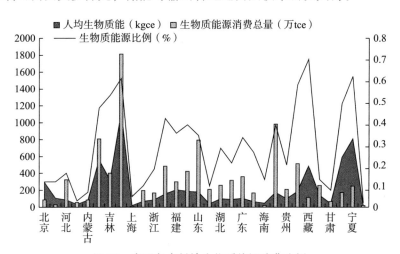

图10 中国各省村镇生物质能源消费比例

资料来源：汪祖芬：《中国村镇生活用能消费现状分析》，硕士学位论文，哈尔滨工业大学，2018。

四 展望与建议

要匹配中国的可持续发展战略，根据不同地区发展阶段，各地因地制宜地探索不同生物质的能源化策略才更符合现实情况。切实提高生物质能源发展水平，另外在太阳能丰富的高原地区研发新型生物质能源技术也有价值。选择生物质能源利用技术对未来社会非常重要，有助于应对中国的化石能源可采量约束带来的困难，发展生物质能源战略应统筹考虑国家能源安全战略、粮食安全战略、农村保护战略和经济稳定战略。生物质发电能够减少温室气体与硫氧化物的排放，替代低品质煤为中国提供能源，在中国建设"无废城市"绿色循环经济中也应当重视生物质能源发展指标，在全部能源的结构中生物质能源应该占有越来越大的比例，直到将生物质资源发展与人类社会的发展平衡起来，同时推进高值化利用的技术，优化能源效率，这也是人与自然和谐的生态观题中的应有之义。

生物质能源发电可以采用直燃发电、混燃发电、气化发电和沼气发电技术。生物质气化发电技术，规模从 200kW 到 3000kW 都有，可以用作农村供电、中小企业供电、大中企业自备电站、小型上网电站或者独立能源系统。生物质驱动发电的有机循环三联供系统 CCHP，很多企业已经推广使用，冬季供热，夏季主要供冷。适合农村、果园等偏远地区，也适合在医院、商业写字楼和居民小区集中应用。此种生物质能源利用方式将比太阳光能发电和风能发电更具有稳定性，能源供给保障程度较高。由于各地的生物质资源差异较大，传统思路可能无法解决生物质能源化利用未来的发展问题，单一的生物质能源电力途径不一定适用所有情况，因此要发挥想在前面、有备无患的精神，提前测算并探究新型生物质资源可能是聪明的做法。

重视新型生物质微藻的能源化利用补充作用，在人类社会能源血液系统中转变到生物质来源路径，将生物质燃气、乙醇汽油、固体燃料混合发电替代化石能源带来的环保效益纳入政策考虑范围，协调生物质能源发展初期阶段的成本问题，在长远规划中各地优先论证生物质能源的社会效益，从认知上尊重生物质能源在人类未来可持续发展中的价值，系统推动政府对生物质能源的鼓励政策落地。①

　　未来生物质能源的研发仍然有很多期待，中国已经出台了一揽子政策措施支持生物质能源产业发展，提高生物质能源产值在 GDP 发展中的比例，早在十四年前，国家发展改革委就发布了《可再生能源中长期发展规划》，致力于逐步提高优质清洁可再生能源在能源结构中的比例，2009 年 6 月又出台了《促进生物产业加快发展的若干政策》又明确提出了：对经批准生产的非粮食燃料酒精、生物烃燃料、生物质热电等产品，国家给予适当经济补贴。但现阶段生物质能源领域仍面临着落后的科技发展水平不能满足社会需要的矛盾，对生物质能源利用重视程度不够，新技术的进展需要加快。新时期的第一生产力科学技术为下一阶段生物质能源发展提供了很好的平台，中国也预期在生物质能源领域获得美好前景。生物质能源产业带来环境效益的同时能够产生良好的社会效益。生物乙醇与生物柴油及生物质发电产业的发展为贫困边远地区带来了建设厂房、企业经营和维护设备等多种盘活劳动力的机会，给低收入家庭增加了福利，具有良好的社会效益。与其他物质能源生产方式相比，生物质能源产业在整个生命周期中的温室气体排放量的测算结果最低。以美国统计数据为例，生物质能源碳排放量比美国所有能源企业的碳排放量低 50% 以上，具有非常显著的环保效果。② 发展和推广可再生能源已成为应对气候变化和强化能源安全的重要战略，在中国碳达峰、碳中和目标的引领下，执行生物质能源发展扶持政策十分重要。生物质能源作为新兴产业，中国还没有一个机构或一所大学组织涵盖所有学科的研发合作平台，有的领域涉及生物、数理、自动化工程，有的领域涉及农林艺、机械、能源、化学、材料。未来环保工作的综合要求更高，但很少有所有专业全面

---

① 杨延涛：《生物质气化合成醇基液体燃料的催化剂体系及工艺研究》，博士学位论文，河南农业大学，2019。洪浩：《生物质能源产业的比较优势》，《能源》2018 年第 8 期。
② 臧良震：《中国农林生物质能源资源潜力的时空特征及与环境经济的耦合研究》，博士学位论文，北京林业大学，2016。

集聚的情况，因此需要组成跨学校、跨学科、跨领域的研发供应链。[①] 比如新闻报道的瑞典国家生物质能源创新平台由六所大学和若干企业共同组成，通过投资转化顺利实现成果落地。探索各地生物质能源，保障人可持续发展，这样的合作模式对中国也具有借鉴意义。

　　未来中国会大力发展生物质能源产业，今年即将迈入"十四五"规划，在 2030 年和 2050 年的长期目标引领下，研发具有竞争力的生物质能源模式具有重要价值。在此申明本文主旨，发展固碳效率高的生物质能源资源，根据不同地区的能源消耗特点建设不同类型的生物质能源高质量利用设施。设计能源效率调节指数，定时公布环境质量、环境保护、能源利用区域发展数据，实现社会发展过程中的持续改进与提高。

---

① 孙凯安：《基于分子筛制备生物柴油影响研究》，硕士学位论文，山东理工大学，2015。

B.10
中国建筑废物综合式资源化模式的
生命周期环境评价[*]

袁 剑 黄文博 曾现来[**]

摘 要： 随着城市化进程持续加速，中国建筑废物产生量巨大，估算
2020年产生量为24亿吨（t）至30亿吨。但目前资源化率不超
过5%，绝大部分采用直接填埋的模式，不仅带来许多环境问
题，而且大多数填埋场已不能满足消纳建筑废物的需要。而
常用的建筑废物资源化模式都有各自的弊端。为了科学有效
地解决建筑废物问题，本文构建了符合中国国情的建筑废物
综合式资源化模式，运用生命周期评价理论，与直接填埋模
式和集中式资源化模式进行了对比分析。以具有代表性的济
南建筑废物为例，研究以酸化潜力、富营养化潜力、全球变
暖潜力、人体健康损害毒性潜力和光化学毒性物质污染潜力
五类环境影响为标准对三种建筑废物处理处置模式进行比
较。结果显示，三种模式在酸化潜力、富营养化潜力、全球
变暖潜力和光化学毒性物质污染潜力方面环境影响的排序
为：直接填埋模式 > 集中式资源化模式 > 综合式资源化模
式，而集中式资源化模式的人体健康损害毒性潜力略低于综
合式资源化模式。此外，综合式资源化能有效减少导致全球

---

* 基金项目：国家重点研发计划"资源循环利用过程精准管理支撑技术与应用示范"（2019
YFC1908504）。

** 袁剑，硕士，高级工程师，研究方向为主要建筑废物资源化和建筑成本研究；黄文博，博
士，主要研究方向为固体废弃物处理与资源化；曾现来，博士，副研究员，主要研究方向
为固体废物管理、循环经济等。

变暖的物质、酸化物质和光化学毒性物质排放，最大限度减少环境影响。但从清单分析中可以看出，水泥是造成综合式资源化模式排放酸化物质和光化学毒性物质的主要原因。今后应改进再生资源化工艺，尽量减少水泥用量，以进一步降低对环境的影响。本研究验证了综合式资源化模式在环境影响方面要优于其他两种处理处置模式，是一种对环境最为友好的建筑废物处理处置模式，具有全国范围推广使用的潜在基础。

关键词： 建筑废物 生命周期评价 环境管理 资源化 模式

一 引言

城镇化加速导致建筑废物快速增加，中国 2017 年产生建筑废物约 19.3 亿 t，估算 2020 年产生 24 亿 t 至 30 亿 t，成为固体废物量最大的类别之一。随着中国各地区城镇化建设不断推进，城市建设过程涉及的新建、改建、扩建等项目产生大量建筑废物，但与其配套的处理处置尚在起步阶段，大部分地区建筑垃圾仍采用直接填埋或者露天堆放的处理方式。自 2019 年起，"无废城市"建设成为中国解决固体废物问题的主要手段。建筑废物是主要的大宗废物，是"无废城市"建设需要着重考虑的方向。国务院办公厅发布的《"无废城市"建设试点工作方案》中提出"摸清建筑废物产生现状和发展趋势，加强建筑废物全过程管理"①，以此作为建筑废物治理的首要任务。

国内外为解决建筑废物问题都在大力推广新型建筑废物资源化的方法。例如，日本使用诸如 EPS（聚苯乙烯泡沫塑料）、回收的废玻璃、聚苯乙烯珠粒之类的地面材料制造新型轻质复合材料，替代传统地基填充物，以解决

---

① 国务院办公厅：《国务院办公厅关于印发"无废城市"建设试点工作方案的通知》（国办发〔2018〕128 号），中华人民共和国中央人民政府网，http://www.gov.cn/zhengce/content/2019 - 01/21/content_5359620.htm。

软土地基地面沉降问题①；美国住宅制造商协会推广一种"资源保护屋"，其墙壁、屋架和屋面主要通过重新利用回收的废弃金属、木料、纸板等建筑废物，较好地解决了资源化问题；荷兰则根据欧洲 C2CA 和 VEEP 两项目中提出的几种具有成本效益的技术来回收废弃混凝土，用于新的混凝土生产②。根据处理形式的不同，建筑废物资源化处理模式分为集中式资源化和就地资源化两种模式。单独采用某一种资源化模式都有不可避免的弊端。比如，马来西亚 70%~80% 的住宅和高层建筑工地废物采用集中式资源化模式，然而资源回收率却低于 20%，废物收集、运输及后续分类、转化、处置都存在技术限制。③ 香港采用就地资源化模式处理建筑废物，发现就地回收存在场地空间限制、买卖回收产品机会狭窄以及缺乏场外回收支持等问题，商业成功案例很少。④ 因此，需根据中国国情从建筑废物来源种类、产量、运输和再生技术水平、经济条件等多方面综合分析，建立适合的资源化模式，并对其效果和环境影响进行评价。

建筑废物资源化模式的效果评估需要量化指标。建筑废物在拆除、运输、处理和再利用的不同阶段会消耗资源，同时产生污染物，生命周期评价方法能够量化评价建筑垃圾处理对环境的影响，为不同利用模式的对比提供理论依据。⑤ 近年来，对建筑废物处理的研究不断深入，针对废物组分再利

① Hideyuki Ito, Kento Aimono, Takahiro Fujii, "Life Cycle Impact Assessment Of New Ground Material And Embankment Construction Method Considering Recycling", *International Journal of Geomate* 17, 60 (2019): 49 – 55.

② Chunbo Zhang, Mingming Hu, Xinxing Yang, et al., "Upgrading construction and demolition waste management from downcycling to recycling in the Netherlands", *Journal of Cleaner Production* 266, 2020, Article 121718.

③ Usman Aminu Umar, Nasir Shafiq, Farah Amira Ahmad, "A case study on the effective implementation of the reuse and recycling of construction & demolition waste management practices in Malaysia", *Ain Shams Engineering Journal* 12, Issue 1 (2020): 283 – 291.

④ Zhikang Bao, Wendy M. W. Lee, Weisheng Lu, "Implementing on – site construction waste recycling in Hong Kong: Barriers and facilitators", *Science of The Total Environment* 747, 2020, Article 141091.

⑤ V. G. Ram, Kumar C. Kishore, Satyanarayana N. Kalidindi, "Environmental benefits of construction and demolition debris recycling: Evidence from an Indian case study using life cycle assessment", *Journal of Cleaner Porduction* 255, 2020, Article 120258.

用、废物处置模式资源消耗及废物管理等不同层次的生命周期环境评价都进行了相应研究。如高唱采用生命周期评价方法，从资源、能源、环境和品质四个属性对建筑废物制备再生混凝土进行环境影响综合评价，为环境友好型再生材料制造工艺提供可行依据。[①] 曾晓岚等人分析了重庆建筑废物各阶段的环境影响，发现建筑废物生命周期不同阶段对环境的影响不同，前期（使用）资源消耗大，后期（拆除）环境污染严重，为从建筑垃圾源头减量的管理政策制定提供了依据。[②]

目前处理建筑废物主要采用直接填埋的方式，这带来诸多环境问题，且造成95%以上的资源被浪费，与可持续发展和循环经济的理念背道而驰。然而，目前常用的建筑废物资源化模式都存在一定的弊端。为了科学有效地解决建筑废物问题，本研究以济南市的建筑废物为例，根据建筑废物不同的产生情境，综合使用集中式资源化模式和就地资源化模式，构建了符合中国国情的建筑废物综合式资源化利用模式，并运用生命周期评价理论对直接填埋模式和集中式资源化模式进行了对比分析，以期达到建筑废物分类处理处置的最佳效果，形成可在全国范围内复制、推广的建筑废物综合利用模式。

二　研究方法

（一）建筑废物综合式资源化模式构建

（1）建筑废物的特点

经过研究发现，济南市建筑废物组成成分呈现以下特点：

①混凝土和砂浆、砖、砌块、陶瓷和瓦片、废钢筋、废塑料、废玻璃、废木材等几种主要可再生利用的建筑废物产量占到总产量的95%以上；

---

① 高唱：《基于 LCA 的再生混凝土环境影响评价研究》，硕士学位论文，北京建筑大学，2020。

② 曾晓岚、陈健康、元东杰等：《重庆市建筑垃圾管理的生命周期评价方法》，《重庆理工大学学报（自然科学）》2014 年第 9 期，第 134～138 页。

②其中混凝土、砂浆、砖、砌块、陶瓷和瓦片等成分产量占到总产量的84%以上，且年产量在700万t以上，这些组成成分可以作为再生骨料再利用；

③通过对比济南市旧建筑拆除固体废物、新建筑施工固体废物和建筑装修固体废物的年产量可以发现，旧建筑拆除固体废物年产量占到建筑废物年产量的70%左右，是济南市建筑废物的主要组成部分，其他两类建筑废物一共只占到30%左右；

④旧建筑拆除固体废物中混凝土、砂浆、砖、砌块、陶瓷和瓦片等成分的产量占该成分年产量的60%左右，约在400万t以上，且具有规模大、产量多、产生集中和施工作业面大等特点。

（2）建筑废物综合式资源化模式的建立

根据以上济南市建筑废物产量的特点，构建以下两种建筑废物分类处理处置模式：

①旧建筑拆除固体废物资源化采用就地资源化模式：基于旧建筑拆除固体废物的特点，采用就地资源化的方式在拆除现场处理这些建筑废物。应在济南市分区布置24套时产50 t的移动建筑废物破碎设备和配套移动式建材生产系统。每套时产50 t的移动建筑废物破碎设备一年可以处理15万t建筑废物，24套可以处理共360万t建筑废物，足以消化大部分旧建筑拆除固体废物。

②新建筑施工固体废物和装修固体废物采用集中式资源化模式：新建筑施工固体废物和装修固体废物由于产量小且现场作业场地不足等原因，不适合就地资源化处理模式。可在济南市设置3座年处理量在100万t的集中式建筑废物资源化处理中心，对这两种建筑废物进行集中处理。

（二）建筑废物生命周期评价的目的与范围

（1）济南市建筑废物处理处置模式的生命周期评价的目的

济南市建筑废物的产生与处理方式在中国具有典型代表性。济南早期成为15个国家社会与经济发展计划单列市之一，随着城市化进程持续加速，

济南市的建筑废物体量也飞速增长。与济南建筑废物的增长量相比，济南市消纳能力不足四年。[①] 因此如何科学有效地处理处置建筑废物是济南市迫在眉睫的问题，而解决这一问题后取得的经验也会为中国建筑废物综合利用提供新的决策基础和示范作用。

基于生命周期评价理论的框架结构，本文建立了三类建筑废物处理处置模式环境评价系统模型，阐述了系统内各个模块的相互作用和联系。由于生命周期评价可以量化每一类建筑废物处理处置模式对环境的影响，所以可以对比分析三类建筑废物处理处置模式对环境的影响程度，从而为济南市选择建筑废物处理处置模式提供基础数据和决策参考。

（2）确定济南市建筑废物处理处置模式的功能单位

功能单位是生命周期评价中采用的特定计量单位。固体废物生命周期评价研究中，功能单位都是采用质量或者体积作为计量单位。由于建筑废物密度有差异，因此本文使用质量作为功能单位，即以处理处置 1 t 建筑废物作为功能单位。

袁剑等人的研究[②]介绍了 2017 年济南市建筑废物各组成成分百分比。即功能单位 1 t 的建筑废物中含有混凝土和砂浆 467.1 kg，砖、砌块、石材、陶瓷和瓦片 376.8 kg，废钢筋、废钢材 33.1 kg、木材 63.8 kg、塑料 6.1 kg、玻璃 8.6 kg、其他成分 44.5 kg。

（3）确定济南市建筑废物处理处置模式的系统边界

本次研究针对不同的建筑废物处理处置模式采用不同的建筑废物生命周期终点。如果采用填埋的方式，建筑废物生命周期终点就是建筑废物被填埋场处理的那一刻。如果采用资源化的处理处置方式，建筑废物生命周期终点就分为两类情况。一类是建筑废物还存在某些循环再利用的价值，这时建筑废物生命周期终点就是从回收站被出售的时间点。另一种是建筑废物被资源化再加工，建筑废物成为再生产品的那一刻即建筑废物生命周期终点。就系

---

① 袁剑、曾现来、陈明：《基于灰色系统理论的济南市建筑废物产量预测》，《中国环境科学》2020 年第 9 期。

② 同上。

统输出而言，它的产品都是可以循环再生的，此外还有排放的各类污染物和惰性填埋物质。

（三）清单分析

济南市建筑废物处理处置模式全生命周期清单分析是指在整个建筑废物处理处置模式中，每个研究阶段所需能源和物质进入研究边界范围内的输入和输出的汇总统计，以及因此排放的影响环境的污染物数量的量化分析。本次研究的基础数据主要通过调研收集、文献查阅和通用生命周期评价数据库等方式获得。国内外开发了各类与固体废物相关的数据库，例如国外的Boustead、Franklin 等和中国的 CLCD 数据库。[①] 本次研究采用 GaBi 软件的数据库。GaBi 软件数据库将不同国家的相关研究机构和产业界的数据库汇集在一起，几乎包括欧洲所有相关工业生态和包装材料的相关数据。GaBi 软件数据库分为物质流与能源流和生产技术两大类别，总共有 1250 个工艺和 94 个方案的相关数据。[②] 但是由于建筑废物的相关研究数据有限，所以在使用该数据库时需要进行修正。

（四）影响评价

（1）影响类型以及参数选择

生命周期评价方法一般分为中间点法和终结点法两大类。[③] 中间点法是面向问题的评价方法，主要针对酸化潜力（AP）、全球变暖潜力（GWP）、富营养化潜力（EP）、人体健康损害毒性潜力（HTP）、光化学毒性物质潜力（POCP）等相关环境影响进行评价，常使用 EDIP97、EDIP2003、

① 方珂：《基于 LCA 的建筑垃圾管理模式研究—以大连市为例》，硕士学位论文，大连理工大学，2016；任辉：《食品生命周期评价研究与实证分析》，博士学位论文，吉林大学，2007。

② 刘鹏：《基于生命周期评价的废盐酸再生工艺比较研究》，硕士学位论文，大连理工大学，2015。

③ 段宁、程胜高：《生命周期评价方法体系及其对比分析》，《安徽农业科学》2008 年第 32 期，第 13923 ~ 13925 页、14049 页。

MPACT2002 + 和 CML2001 等体系作为评价体系。①

本次研究采用国际通用的 GaBi 8.0 教育版建立生命周期评价模型。在 GaBi 8.0 提供的评价模型库中，选择 CML2001 模型作为基本研究模型。该模型将环境影响类型分为三类：物质资源耗竭、生态危害和人类健康。CML2001 模型应用于面向问题的方法。由于列表分析的传统特征和标准研究方法，该模型易于操作，减少了假设的数量和模型的复杂性。但是，由于某些化学物质的生态毒性难以确定以及缺乏排放特性数据，一定程度上影响了评价结果的不确定性。② CML2001 模型包含 10 余种环境影响评价，本文只选择常用酸化、富营养化、全球变暖、人体健康损害毒性、光化学毒性物质等五类指标进行研究。

（2）济南市建筑废物处理处置模式生命周期评价特征化

经过上述处理后，需要将每种类型的排放物进行特征化。乘以特征化因子，将每种排放物的环境影响值折算为同一单位的影响类别特征化指标。本次研究采用 GaBi 8.0 自带的 CML2001 模型作为特征化模型，进行济南市建筑废物生命周期评价特征化研究。③ 该模型运用当量因子法，借助不同的环境影响因子对该类别的环境影响进行差异分析，从而找到以参照排放物为标准的当量大小。

---

① 段宁、程胜高：《生命周期评价方法体系及其对比分析》，《安徽农业科学》2008 年第 32 期，第 13923～13925 页、14049 页。

② Roland Hischier, Bo Weidema eds., *Implementation of Life Cycle Impact Assessment Methods*, Swiss Centre for Life Cycle Inventories, 2020.

③ 刘顺妮、林宗寿、张小伟：《硅酸盐水泥的生命周期评价方法初探》，《中国环境科学》1998 年第 4 期。钱宇、杨思宇、贾小平等：《能源和化工系统的全生命周期评价和可持续性研究》，《化工学报》2013 年第 1 期。Beijia Huang, Feng Zhao, Tomer Fishman, et al. "Building Material Use and Associated Environmental Impacts in China 2000－2015", *Environmental Science & Technology* 23, 52（2018）：14006－14014. 顾知晓：《生命周期评价及软件工具 GaBi 在低碳经济中的广泛应用国外案例介绍》，第五届全国循环经济与生态工业学术研讨会暨中国生态经济学会工业生态经济与技术专业委员会 2010 年年会论文集，第 36～39 页。Verena Göswein, José Dinis Silvestre, Guillaume Habert, et al., "Dynamic Assessment of Construction Materials in Urban Building Stocks：A Critical Review", *Environmental Science & Technology* 17, 53（2019）：9992－10006.

计算公式①如下：

$$EV(j) = \sum EV(j)_i = \sum [EF(j)_i \times Q_i] \qquad (1)$$

式中，$EV(j)$ 是指研究系统中对第 j 种环境影响类型的环境影响总值；$EV(j)_i$ 是指第 i 种排放物对第 j 种环境影响类型潜在影响贡献值；$EF(j)_i$ 是指第 i 种排放物对第 j 种环境影响类型的当量因子；Q_i 是指第 i 种排放物的产生量。

（3）济南市建筑废物处理处置模式生命周期评价标准化

在完成济南市建筑废物生命周期评价特征化计算后，为了更好地评估济南市建筑废物处理处置模式中的每种环境影响类型的数据，需要对特征化结果进行标准化处理。济南市建筑废物生命周期评价标准化是指量化处理所有环境影响分类特征化的影响因子，转换成统一值，以便在相同范围内比较和综合评估各个济南市建筑废物处理处置模式的环境影响。本文选择 CML2001 – Jan. 2016，world 评价标准对特征化结果进行标准化。

（五）结果解释

基于前三个研究阶段的成果，针对济南市建筑废物采用不同的处理处置模式进行环境影响评估，再比较分析出不同处理处置模式中对环境影响最小的一种，从而在环境影响角度确定适合济南市的建筑废物处理处置模式。该评估方式和所得建筑废物处理处置模式可进一步在全国范围内其他城市复制、推广并验证优化，形成符合中国国情的建筑废物综合式资源化利用模式。

三　结果分析与讨论

（一）清单分析

本部分研究主要针对济南市建筑废物三种不同处理处置模式做出环境影

---

① 刘丽：《基于 LCA 的 AAO 与 AO 污水处理工艺比较》，硕士学位论文，大连理工大学，2015。

响的对比分析。这三种建筑废物处理处置模式是济南市目前使用的直接填埋模式、目前常用的集中式建筑废物资源化模式和本次研究提出的综合式建筑废物分类处理处置模式。

1. 直接填埋模式的环境清单分析

经过现场实际调研，济南市目前建筑废物处理的主要方式是直接填埋。直接填埋模式的范围为从建筑废物装车运输到填埋完成，主要包括运输阶段和填埋阶段两个部分。尽管建筑废物中绝大多数都是惰性成分，在进行填埋处理的时候仅仅会出现一些污染；但是直接填埋的还有非惰性的组成成分，而此部分产生的污染是必须要考虑的。综上所述，完整的清单分析系统应包括填埋方式对环境的影响和过程能源的输入两个部分。

（1）运输阶段：经现场调研，济南市现在运行的建筑废物收纳场的服务半径都控制在 20 km 范围内。因此本次研究假定建筑废物的运输距离为20 km。通过调查，济南市建筑废物运输车辆主要是荷载 25 t 的重型渣土运输车，使用柴油。本次研究借鉴 GaBi 软件数据库中相关数据标准作为运输阶段能耗标准。

（2）填埋阶段：查询文献和现有环境数据库后均未发现有关济南市建筑废物填埋时排放污染物的种类和排放量的具体数据。而方珂论文中计算出了大连市直接填埋建筑废物排放的气体和渗透液的污染物成分和含量。由于济南市和大连市同为国家的 15 个计划单列市，经济发展进度相当；又同在北方，建筑特点和所用材料近似。故借鉴采用大连市建筑废物直接填埋式的数据对研究济南市建筑废物直接填埋式的环境影响具有相当重要的价值和意义。本文以大连市建筑废物直接填埋排放的填埋气体和填埋渗透数据作为济南市渣土建筑直接填埋式的污染物的排放数据。

（3）建立直接填埋式清单的 GaBi 软件方案：根据上文得出的建筑废物直接填埋模式的环境清单数据，在 GaBi 中建立济南市建筑废物直接填埋模式方案（Plans）、工艺过程（Process）和基础流（Flow），方案如图 1（A）所示。

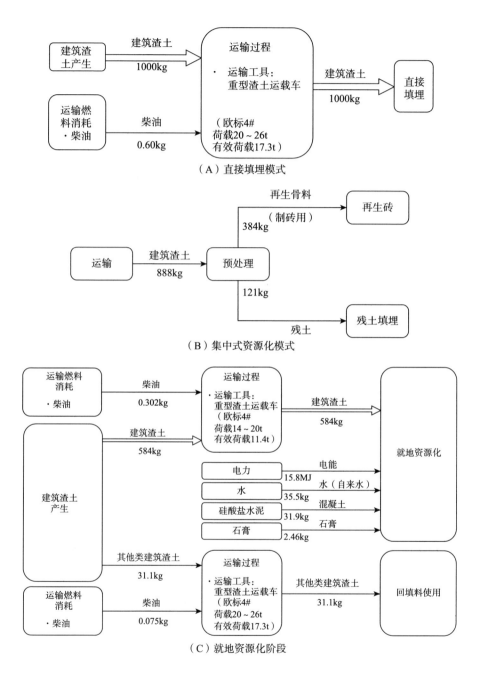

（A）直接填埋模式

（B）集中式资源化模式

（C）就地资源化阶段

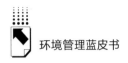

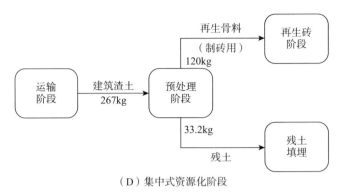

（D）集中式资源化阶段

图1 GaBi 软件方案

2. 集中资源化模式的环境清单分析

据第2.1节介绍，集中式建筑废物资源化模式研究范围是从建筑废物装车运输开始，到加工出建筑废物再生产品为止。主要包括运输阶段、预处理阶段、建筑废物资源化阶段、残土处置阶段四个阶段。对于建筑废物中木材、玻璃、废塑料、废钢筋、废钢材等可再生利用的部分，本次研究视为在施工现场人工分拣后，作为原材料汇集运输到另一个生产系统中。[①] 因其在建筑废物中占比过小，且再生利用后与相应生产工艺所需原材料无异，因此本次研究不将其纳入环境影响范围内。

（1）运输阶段的环境清单

为节约土地占用，假设集中式资源化模式在原有建筑废物填埋场建设相关处理设施和设备。因此与直接填埋式相似，建筑废物产生后先要运输至集中式资源化处理中心，再进行再生资源化处理。因此集中式建筑废物资源化模式运输阶段的环境影响分析数据与直接填埋阶段的一致，也是按20 km计算运输距离，采用荷载25 t的渣土运输车进行运输，同时借鉴 GaBi 软件数据库中全球通用的相关运输车辆和燃油排放数据标准作为运输阶段能耗标准。与直接填埋不同的是运输量，由于运输之前已将废钢筋和废钢材、木

---

① 王波：《基于生命周期评价的深圳市建筑垃圾处理模式研究》，硕士学位论文，华中科技大学，2012。济南市城市管理局：《济南市建筑垃圾资源化利用特许经营入库企业项目资料汇编》，2019。

材、废塑料、废玻璃进行分类处理，建筑废物中主要是混凝土和砂浆，砖、砌块、石材、陶瓷和瓦片以及其他类建筑废物参与运输及以后资源化的生产活动。按照2017年济南市建筑废物组成成分比例，可以推算出1 t建筑废物中有混凝土和砂浆467.1 kg，砖、砌块、石材、陶瓷和瓦片376.8 kg，其他类建筑废物44.5 kg，共计888.4 kg进入集中式资源化过程。

（2）预处理阶段的环境清单

预处理阶段主要是筛分出运到资源化处理厂的建筑废物中的竹木、塑料、包装纸袋等块状杂质并分类存放；随后按照强度进行类型划分，破碎为四类不同粒径的再生骨料备用。分类后的备用骨料进入资源化利用流程，剩余残土和其他有机物进入填埋场填埋。

从文献和实际情况调研可以得知，预处理阶段的能源消耗主要是预处理设备电力消耗和装载机燃油消耗。

①电力能源消耗

按照年消化100万t建筑废物的规模设计，相当于一年有84.39万t混凝土和砂浆、砖、砌块、石材、陶瓷和瓦片等进入到预处理阶段。每年除去检修停工时间，按照330天生产时间计算，预处理阶段日处理规模为2557 t。预处理阶段设备按每天工作8小时计算，则预处理1 t混凝土和砂浆、砖、砌块、石材、陶瓷和瓦片等所消耗电能为

$$W_1 = 预处理设备总功率 \times 设备工作时间 \div 建筑废物日处理量$$
$$= 478 \times 8 \div 2557 \approx 1.50 \ kW \cdot h/t。$$

因此1 t建筑废物预处理所消耗电能为：

$$1.50 \ kW \cdot h/t \times 84.39\% \approx 1.266 \ kW \cdot h/t。$$

②燃油消耗

由中国路面机械网数据知，一般选用的装载机功率为162 kW。每台工程在满负荷工作的情况下油耗约为13～17 L。本次研究按照15 L计算耗油量。根据以上条件可知预处理1 t混凝土和砂浆、砖、砌块、石材、陶瓷和瓦片等所耗燃油应为

装载机燃油消耗量 = 单位时间耗油量 × 工作时间 × 台数 ÷ 建筑废物日处理量

$$= 15 \times 8 \times 6 \div 2557 \approx 0.282 \text{ L/t}.$$

因此1 t 建筑废物预处理所消耗燃油为

$$0.282 \text{ L/t} \times 84.39\% \approx 0.238 \text{ L/t}$$

（3）资源化处理阶段的环境清单

资源化处理阶段研究范围是建筑废物制备再生免烧免蒸砖过程中产生的直接环境影响和消耗能源产生的间接环境影响。本次研究按照惯例，不考虑生产所用机械设备、基础设施和场内生活等产生的环境影响。资源化处理阶段的研究对象为建筑废物制备的免烧免蒸砖，研究功能单位为1 t 建筑废物。根据再生免烧免蒸砖制作工艺流程①，可知资源化处理阶段包括物质消耗和能源消耗两个部分。

①物质消耗

为了实现再生产品的多样化，满足不同的需要，设计预处理生产出的一半再生骨料用于生产再生免烧免蒸砖。另根据大连市和深圳市建筑垃圾处理模式的研究，资源化处理1 t 建筑废物会产生不能利用的残土76.5 kg 需要填埋。因此本次研究按照1 t 建筑废物中有383.37 kg 进入到集中式资源化过程中的比例，结合建筑垃圾制免烧免蒸砖的环境影响评价研究中对于生产1 块再生免烧免蒸砖需要建筑废物和各种原材料消耗量及所占百分比，最终可得出处理1 t 建筑废物用于生产免烧免蒸砖的材料消耗。

②能源消耗

资源化处理阶段的能源消耗主要是建筑废物再生产品设备的电力消耗与搬运设备装载机和叉车的燃油消耗。

a. 电能消耗

再生免烧免蒸砖生产线是按照年消化50 万 t 建筑废物的规模设计，每年除去检修停工时间，生产时间按照330 天计算，资源化处理阶段日处理规

---

① 傅梦、张智慧：《建筑垃圾制免烧免蒸砖的环境影响评价》，《工程管理学报》2010 年第5 期。

模约为1278 t。资源化处理阶段设备按照每天工作8小时计算，则实际每 t 建筑废物资源化处理所耗电能为

$$W_2 = 资源化处理设备总功率×设备工作时间÷建筑废物日处理量$$
$$= 651.2 \times 8 \div 1278 \approx 4.076 \ \text{kW} \cdot \text{h/t}。$$

因为再生免烧免蒸砖生产消化建筑废物的数量只是设计消化能力的一半，所以本次研究中功能单位1 t 建筑废物所耗电能按实际的一半计算，即

$$4.076 \ \text{kW} \cdot \text{h/t} \times 84.39\% \times 0.5 \approx 1.720 \ \text{kW} \cdot \text{h/t}$$

b. 燃油消耗

此处燃油消耗计算与预处理阶段计算方式相同。经调研，本次研究将按照15 L 计算装载机和叉车耗油量。结合装载机和叉车数量可知资源化处理阶段燃油消耗量为

$$装载机燃油消耗量 = 单位时间耗油量×工作时间×台数÷建筑废物日处理量$$
$$= 15 \times 8 \times 4 \div 1278 \approx 0.376 \ \text{L/t}。$$

与电能消耗原因一致，本次研究中，功能单位1 t 的建筑废物所耗燃油应按实际的一半计取，即

$$0.376 \ \text{L/t} \times 84.39\% \times 0.5 \approx 0.159 \ \text{L/t}$$

（4）残土处理阶段的环境清单

残土处理阶段主要是将建筑废物资源化后，不能被资源化的残土和残渣的填埋处理。功能单位1 t 的建筑废物中需要填埋建筑废物中其他类44.5 kg 和资源化后产生的残土76.5 kg，共计121 kg。残土填埋是按照 GaBi 软件数据库中欧盟28 国（EU－28）垃圾填埋场处理城市固体废物工艺的标准，包括填埋气体和渗滤液处理。

（5）建立集中式资源化模式清单的 GaBi 软件方案

根据上文得出的建筑废物集中式资源化模式的环境清单数据，在 GaBi 中建立建筑废物集中式资源化模式方案、工艺和基础流，方案如图1（B）所示。

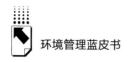

3. 综合资源化模式的环境清单分析

根据前文中构建的济南市建筑废物综合式分类处理处置模式，济南市建筑废物资源化处理分为两种模式：一种是旧建筑拆除固体废物资源化采用就地资源化模式；另外一种是新建筑施工固体废物和装修固体废物采用集中式资源化模式。依据这种模式设置，综合式建筑废物资源化模式的研究范围是从建筑废物就地破碎到加工出建筑废物再生产品。主要包括就地资源化阶段、运输阶段、固定式资源化阶段、残土处置阶段四个阶段。

按照 2017 年济南市三类建筑废物年产量的比例计算，研究系统中的功能单位为 1 t。建筑废物中约占 70% 的旧建筑拆除固体废物采用就地式资源化模式，余下 30% 的新建筑施工固体废物和装修固体废物采用集中式资源化模式。即功能单位为 1 t 的建筑废物中，700 kg 建筑废物采用就地资源化模式，300 kg 建筑废物采用集中式资源化模式。

与集中式建筑废物资源化模式假设一致，本次研究不将木材、废塑料、废钢筋、废钢材等纳入环境影响范围内。

（1）就地资源化阶段的环境清单

就地资源化处理阶段研究范围是从建筑物和构筑物被拆除成为建筑废物开始，直接在拆除现场利用移动设备生产再生建筑材料过程中产生的直接环境影响和消耗能源产生的间接环境影响。本文按照研究惯例，不考虑生产和运输所用机械设备、基础设施和场内生活等产生的环境影响。就地资源化处理阶段的研究对象为用建筑废物生产的再生建筑材料。根据赵平和陈梅丽在建筑垃圾就地资源化模式评价中所述移动设备生产再生建筑材料的工艺流程，可知就地资源化处理阶段包括物质消耗和能源消耗两个部分。[1]

①物质消耗

按照赵平等人的研究，50 t/h 移动式建筑废物资源化系统生产出来的再生骨料一半直接出售用于再生混凝土的制备或用于路基回填等，一半用于现场制备尺寸为 240 mm×115 mm×53 mm 的再生实心砖。由于功能单位 1 t

① 赵平、陈梅丽：《建筑垃圾就地资源化模式评价研究》，《环境工程》2013 年第 4 期。

的建筑废物中只有700 kg旧建筑拆除固体废物进行就地式资源化，并且700 kg旧建筑拆除固体废物中只有300.8 kg混凝土和砂浆与283.3 kg砖、砌块、石材、陶瓷和瓦片，共计584.1 kg可以采用移动式建筑废物资源化设备生产再生产品。根据文献研究，该套系统的合格出骨料率为80%。根据济南市三类建筑废物年产量的占比计算可知，使用292.05 kg的建筑废物的材料消耗为233.64 kg再生骨料，31.93 kg硅酸盐水泥，4.91 kg矿渣，2.46 kg石膏，35.48 kg水。并产生58.41 kg不能利用的残土，本文假设这些残土作为本地开发项目回填料使用。

②能源消耗

a. 电力消耗

从赵平等人的研究结果可以得知，就地资源化处理阶段能源消耗主要是建筑废物再生产品设备的电力消耗。功能单位1 t的建筑废物只有584.1 kg的建筑废物参与就地资源化模式。则采用就地资源化方式处理所耗电能为

$$(1800 \text{ kW} \cdot \text{h} + 1200 \text{ kW} \cdot \text{h}) \div (50 \text{ t/h} \times 8 \text{ h}) \times 58.41\% \approx 4.38 \text{ kW} \cdot \text{h/t}$$

b. 燃油消耗

就地资源化处理阶段能源消耗的另一部分为装载机和叉车的燃油消耗。本次研究将按照15 L计算装载机和叉车耗油量。功能单位1 t的建筑废物只有584.1 kg的建筑废物参与就地资源化模式。则采用就地资源化方式处理所耗柴油为

$$(15 \text{ L/h} \times 8 \text{ h} \times 2) \div (50 \text{ t/h} \times 8 \text{ h}) \times 58.41\% \approx 0.351 \text{ L}$$

（2）运输阶段的环境清单

综合式资源化模式运输阶段与直接模式的处理模式是一致的，只是运输数量发生变化。按照综合式资源化模式设计，需要运输的建筑废物主要包括两个部分：一个部分是旧建筑拆除固体废物中其他类建筑废物31.15 kg；另一部分就是需要集中式资源化的新建筑施工固体废物和装修固体废物，约300 kg。运输过程同样是按20 km计算运输距离，采用荷载25 t的渣土运输车进行运输，同时以GaBi软件数据库中全球通用的相关运输车辆和燃油排

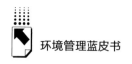

放数据标准作为运输阶段能耗标准。

（3）集中资源化阶段的环境清单

综合式资源化模式集中资源化阶段与集中式建筑废物资源化模式的处理模式是一致的，只是数量发生变化。按照综合式资源化模式设计，可以得知功能单位 1 t 的建筑废物中有 266.52 kg 的建筑废物需要运输至集中资源化场地进行处理。主要包括两个环节，266.52 kg 的建筑废物要经过预处理环节，除 13.35 kg 其他类建筑废物需要填埋处理外，其余约 129.9 kg 的建筑废物都必须采取集中资源化的方法进行处理。

①物质消耗

集中资源化的过程里，物质消耗主要由生产再生免烧免蒸砖工艺产生。根据济南市三类建筑废物年产量的占比计算可知，使用 129.9 kg 的建筑废物的材料消耗为 119.97 kg 再生骨料，17.755 kg 硅酸盐水泥，2.73 kg 矿渣，1.365 kg 石膏，19.725 kg 水。并产生 9.935 kg 不能利用的残土。

②能源消耗

集中资源化阶段的能源消耗主要是预处理和再生资源化两个环节产生的。每个环节的能源消耗都包括电力消耗和燃油消耗两种类型。

a. 电力消耗

由济南市三类建筑废物年产量的占比计算可知，处理 1 t 建筑废物生产免烧免蒸砖，预处理环节需要消耗电力 1.266 kW·h，资源化环节需要消耗电力 1.720 kW·h。按照生产质量比例换算预处理环节需要消耗电力为

$$1.266 \ kW \cdot h \times (259.80 \div 843.90) \approx 0.390 \ kW \cdot h$$

资源化环节需要消耗电力为

$$1.720 \ kW \cdot h \times (129.90 \div 405.95) \approx 0.550 \ kW \cdot h$$

因此，固定资源化阶段的电力消耗合计约 0.94 kW·h。

b. 燃油消耗

济南市三类建筑废物年产量的占比计算可知，处理 1 t 建筑废物用于生产免烧免蒸砖，预处理环节需要消耗燃油 0.238 L，资源化环节需要燃油

0.158 L。按照生产质量比例换算预处理环节需要消耗燃油

$$0.238 \text{ L} \times (259.8 \div 843.90) \approx 0.073 \text{ L}$$

资源化环节需要消耗燃油

$$0.158 \text{ L} \times (129.9 \div 405.95) \approx 0.051 \text{ L}$$

因此，集中资源化阶段的燃油消耗合计：0.073 L + 0.051 L = 0.124 L。

（4）残土处理阶段的环境清单

综合式资源化模式残土填埋与集中式建筑废物资源化模式的处理模式是一致的，只是数量发生变化。功能单位 1 t 的建筑废物中需要填埋的主要包括建筑废物中其他类 44.5 kg 和集中资源化后产生的残土 19.87 kg，共计 64.37 kg。同样是以 GaBi 软件数据库中相关建筑废物填埋数据标准作为填埋阶段的能耗标准。

（5）建立综合式资源化模式清单的 GaBi 软件方案

如前文所述，济南市建筑废物综合式分类处理处置模式分为就地资源化和集中式资源化两个互不干涉且同时进行的部分。根据这个特点，综合式资源化模式的 GaBi 软件方案也分为就地资源化和集中资源化两个部分分别计算。其中包含了两个部分所涉及运输环节和各自的残土处理。具体方案如图 1（C）和（D）所示，上述清单数据见表 1 至表 5。

表 1　直接填埋模式环境清单

原材料	用量（kg）
建筑渣土*	1000
混凝土和砂浆	467.1
砖、砌块、石材、陶瓷和瓦片	376.8
废钢筋、废钢材	33.1
木材	63.8
塑料	6.1
玻璃	8.6

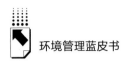

续表

原材料	用量（kg）
其他成分	44.5
柴油	0.6

* 根据济南市建筑废物实际成分确定。

表2　单位建筑废物填埋气体排放量*

单位：kg/t 建筑废物

成分	CO_2	CH_4	CO	H_2S	HCl	HF	NH_3
产量	117.04	51.23	0.16	0.46	1.01	8.55×10^{-3}	1.71×10^{-3}

* 基于大连市建筑废物直接填埋气排放实际情况。

表3　单位建筑废物渗滤液各物质含量

成分	产生量 （kg/t 建筑废物）	成分	产生量 （kg/t 建筑废物）
COD	0.755	Cl^-	0.158
TOC	0.307	Mg^{2+}	0.118
碱度（$CaCO_3$）	0.965	K^+	0.101
氨氮	0.0204	SO_3^{2-}	0.163
Ca^{2+}	0.274	Na^+	0.254
Pb	3.7×10^{-5}	Cd	8.13×10^{-6}
Cr	3.2×10^{-6}	Hg	3.49×10^{-7}

* 基于大连市建筑废物直接填埋污染物排放实际情况。

表4　集中资源化模式环境清单

原材料		用量
运输阶段	建筑渣土	888 kg
	柴油	0.6 kg
预处理阶段	建筑渣土	888 kg
	电力	1.266 kW·h/t
	燃油	0.238 L/t
资源化处理阶段	建筑渣土	384 kg
	电力	1.720 kW·h/t

原材料		用量
资源化处理阶段	燃油	0. 158 L/t
	残土处理*	
	建筑渣土	121 kg

* 残土填埋处理污染物排放数据同表2、表3。

表5 综合资源化模式的环境清单分析

原材料		用量
就地资源化阶段	建筑渣土	584 kg
	其他类建筑渣土	31. 1 kg
	柴油	0. 377 kg
	电力	4. 38 kW·h/t
	燃油	0. 351 L/t
运输阶段	建筑渣土	267 kg
	柴油	0. 302 kg
集中资源化阶段	建筑渣土	120 kg
	电力	1. 012 kW·h/t
	燃油	0. 124 L/t
	残土处理*	
	建筑渣土	33. 2 kg

* 残土填埋处理污染物排放数据同表2、表3。

（二）清单分析结果

结合前文中对三种建筑废物处理处置模式清单分析的结果，运用 GaBi 软件分析三种建筑废物处理处置模式的生命周期评价结果。按照前文中建立的济南市建筑废物处理处置模式生命周期评价模型，首先对三种建筑废物处理处置模式选定酸化潜力、富营养化潜力、全球变暖潜力、人体健康损害毒性潜力、光化学毒性物质潜力五类指标进行研究；其次将每个类型的排放物进行特征化换算；最后再将特征化结果进行标准化处理，比较出三种建筑废物

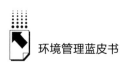
处理处置模式生命周期评价结果的优劣。

1. 特征化

特征化的目的在于将不同排放物对环境影响的差异，比照相应环境影响类型下的参照物，统一转化成可以比较的环境影响值。特征化主要与污染物排放量与参照物的当量因子有关。本次研究采用 CML2001 – Jan. 2016，world 评价标准中的特征因子，运用生命周期评价特征化方法分析了三种建筑废物处理处置模式的环境影响，其结果如表6、表7所示。

表6　特征化结果

单位：kg

序号	环境影响类型	标准参照物	直接填埋式	集中式资源化	综合式资源化
1	CML2001 – Jan. 2016 酸化	SO_2	1.516	0.163	0.152
2	CML2001 – Jan. 2016 富营养化	磷酸盐（PO_4^{3-}）	0.144	0.122	0.056
3	CML2001 – Jan. 2016 全球变暖	CO_2	1553.660	164.694	95.123
4	CML2001 – Jan. 2016 人体健康损害毒性物质	二氯苯（DCB）	25.055	8.802	9.062
5	CML2001 – Jan. 2016 光化学毒性物质	乙烯（Ethene）	0.308	0.035	0.019

2. 标准化

表7　标准化结果

单位：kg

序号	环境影响类型	标准参照物	直接填埋式	集中式资源化	综合式资源化
1	CML2001 – Jan. 2016 酸化	SO_2	6.34×10^{-12}	7.04×10^{-13}	6.34×10^{-13}
2	CML2001 – Jan. 2016 富营养化	磷酸盐（PO_4^{3-}）	6.79×10^{-13}	6.58×10^{-13}	3.54×10^{-13}

序号	环境影响类型	标准参照物	直接填埋式	集中式资源化	综合式资源化
3	CML2001 – Jan. 2016 全球变暖	CO_2	3.68×10^{-11}	3.56×10^{-12}	2.25×10^{-12}
4	CML2001 – Jan. 2016 人体健康损害毒性物质	二氯苯（DCB）	9.71×10^{-12}	3.42×10^{-12}	3.51×10^{-12}
5	CML2001 – Jan. 2016 光化学毒性物质	乙烯（Ethene）	8.38×10^{-12}	7.88×10^{-13}	5.22×10^{-13}

得出特征化值后，需要将特征化结果进行标准化处理，以便比较三种建筑废物处理处置模式环境影响的优劣。本次研究采用 CML2001 – Jan. 2016，world 评价标准中的量化基准值，将酸化、富营养化、全球变暖、人体健康损害毒性、光化学毒性物质五类指标归一量化，以便进行比较。

（三）分析与讨论

从表 6 中可以看出三种建筑废物处理处置模式在各个环境影响的特征值大小。通过对比可以发现，直接填埋造成的环境影响最严重，而本文构建的济南市建筑废物综合式处理处置模式造成的环境影响最小。按照处理处置功能单位 1 t 的建筑废物计算，与直接填埋模式相比，综合式资源化模式可以减少排放酸化气体 1. 365 kg（SO_2 当量），富营养化物质 0.088 kg（PO_4^{3-} 当量），温室气体排放 1458. 537 kg（CO_2 当量），人体健康损害毒性物质 15. 993 kg（DCB 当量），光化学毒性物质 0. 289 kg（Ethene 当量）。与集中式资源化模式相比，综合式资源化模式可以减少排放酸化气体 0. 012 kg（SO_2 当量），富营养化物质 0. 066 kg（PO_4^{3-} 当量），温室气体排放 69. 571 kg（CO_2 当量），光化学毒性物质 0. 015 kg（Ethene 当量），但人体健康损害毒性物质排放略微增加 0. 260 kg（DCB 当量）。

经过标准化处理后，三种建筑废物处理处置模式处理处置功能单位为 1t 的建筑废物的中点破坏型指标结果显示，三种模式在酸化潜力、富营养化潜力、全球变暖潜力和光化学毒性物质潜力方面环境影响的排序为直接填埋模

式＞集中式资源化模式＞综合式资源化模式，在人体健康损害毒性物质潜力方面集中式资源化模式略低于综合式资源化模式。综合来看，三种建筑废物处理处置模式中综合式资源化对环境影响最小。相较于直接填埋模式，采用综合式资源化模式可以有效减少酸化物质排放量的 90.01%；富营养化物质排放量的 47.83%；全球变暖物质排放量的 93.88%；人体健康损害毒性物质排放量的 63.83%；光化学毒性物质排放量的 93.77%。相较于集中式资源化模式，可以有效减少酸化物质排放量的 9.88%；富营养化物质排放量的 46.13%；全球变暖物质排放量的 36.69%；光化学毒性物质排放量的 33.77%，但人体健康损害毒性物质排放量增加 2.73%。由此可见采用综合式资源化模式对减少环境影响最大的贡献是能有效减少全球变暖物质、酸化物质和光化学毒性物质的排放。

针对综合式资源化模式，比较不同环境影响类别所造成的环境影响标准值，得到排序：酸化物质＞光化学毒性物质＞富营养化物质＞人体健康损害毒性物质＞温室气体，详见表7。说明综合式资源化模式造成的环境影响中对酸化物质影响最大，其次是光化学毒性物质和富营养化物质。从清单分析中可以看出，水泥是造成综合式资源化模式排放酸化物质和光化学毒性物质的主要原因。今后应改进再生资源化工艺，尽量减少水泥用量，以降低对环境的影响。

从城市角度对三种常用的建筑废物处理处置模环境影响进行比较，可以更加直观地展现综合式资源化模式的优势。根据济南市 2019 年度固体废物污染环境防治信息公告显示，济南市 2019 年建筑垃圾清运量为 6022 万 t，以此为基数，计算显示综合式资源化模式相较传统直接填满模式能够有效减少酸化物质排放 9153 t、富营养化物质排放 3372 t、全球变暖物质排放 572.8 万 t、人体健康损害毒性物质排放 54.6 万 t 和光化学毒性物质排放 1144 t，具有显著的环境效益。

建筑垃圾综合式资源化模式是对可持续发展理念的落实，能够真正提升建筑经济，实现绿色发展。相较传统的直接填埋方式，建筑垃圾资源化利用消耗的原料和能源相应减少，并显著减少了环境污染，同时二次开发生产出用于生态建筑的板材，减少相应的原料开采。与此同时，推行建筑垃圾综合式资源化模式，在双碳与双循环背景下，由政府统筹规划并制定政策导向，能够充分调动建筑产业与固体废物再生产业绿色发展的积极性，创造直接和间接的经济效益、生态效益和社会效益，对拉动内需、稳定经济增长以及新技术开发和产业结构升级发挥重要作用。

综上所述，通过对比三种常用的建筑废物处理处置模式生命周期评价结果发现，建筑废物综合式资源化模式是对环境最友好的一种建筑废物处理处置模式。

四　结论

本研究基于济南市建筑废物年产量的构成和济南市建筑废物综合式分类处理处置模式，运用生命周期评价法，建立了济南市建筑废物处理处置模式生命周期评价模型。

对目前常用的直接填埋模式、集中式资源化模式以及本文构建的综合式资源化模式进行对比分析，经过目标和范围确定、清单分析、环境影响评价和结果解释各个生命周期评价环节，得出了对比结果。

通过 GaBi 软件计算，得出三种建筑废物处理处置模式处理处置功能单位为 1 t 的建筑废物的全生命周期评价在酸化潜力、富营养化潜力、全球变暖潜力和光化学毒性物质潜力这四方面环境影响为直接填埋模式 > 集中式资源化模式 > 综合式资源化模式，而集中式资源化模式会产生的人体健康损害毒性潜力略低于综合式资源化模式。最终得出，本文所构建的综合式资源化模式是目前最适合济南市建筑废物处理处置的环境友好型的方式，能够为中国建筑废物资源化提供示范作用。

实践案例篇

Case Studies

B.11
农村生活垃圾分类处理的问题与对策

——以仪征市青山镇为例

孙　华*

摘　要：　我国农村生活垃圾分类处理方面的研究起步较晚，深度研究
成果不多。伴随着改革深入和经济快速发展，农村生活垃圾
处理不规范频频引发问题，甚至已经造成部分地区的环境不
同程度地恶化，影响了农民的生产生活和农业的正常发展，
因此也更值得关注和研究。本文通过收集农村生活垃圾分类
处理相关资料和实地走访、问卷调查的方式，指出了现阶段
仪征市青山镇在推动农村生活垃圾分类处理工作过程中存在
的问题和原因。并针对其实际情况，从法律法规、责任机
制、资金配套和宣传教育四个方面提出了相应的对策建议，
这些对策措施对青山镇政府推动农村生活垃圾分类处理的过

* 孙华，土壤学博士，南京农业大学公共管理学院教授、博士生导师，研究方向为资源环境
规划管理。

程中具有一定的指导意义。同时，可对江苏其他地区的农村生活垃圾分类处理工作提供一些帮助。

关键词： 农村　生活垃圾　垃圾分类

改革开放以来，我国经济高速发展，同时物质文明水平也得到快速提升。但随之产生了日趋严重的环境问题，特别是我国大多数城乡地区愈发感受到前所未有的"垃圾围城"的痛苦。多年来追求经济发展使得农村地区人均纯收入持续增长、物质生活水平极大提升，然而居民对环境保护的长期忽视、传统生活习惯难以改变以及政府对垃圾分类管理缺位等因素，致使农村的生态环境遭受持续破坏。① 自 2018 年党的十八大提出"大力推进生态文明建设"的战略决策，再到党的十九大明确乡村振兴战略，农村"三生"发展的要求逐步提高，都更加重视农村生态发展。② 农村生活垃圾分类处理问题逐渐成为制约我国农村地区生态环境和经济社会发展的重要因素，也对农村居民追求健康和谐的生活方式产生重大影响。③ 因此，研究落实农村生活垃圾分类处理工作，不仅有利于我国农村地区的可持续发展，也符合乡村振兴战略的内在要求。④

一　文献综述

由于西方发达国家的经济社会总体发展水平较高，城市化起步比中国

---

① 洪银兴、刘伟、高培勇等：《"习近平新时代中国特色社会主义经济思想"笔谈》，《中国社会科学》2018 年第 9 期。
② 李艳芳：《习近平生态文明建设思想研究》，博士学位论文，大连海事大学，2018，第 45～56 页。
③ 祝林林：《新时代中国农村垃圾分类处理的困境与改革出路》，《改革与战略》2019 年第 11 期。
④ 伊庆山：《乡村振兴战略背景下农村生活垃圾分类治理问题研究——基于 S 省试点实践调查》，《云南社会科学》2019 年第 3 期。

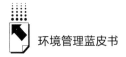
早、程度比中国高。相较于中国的农村地区，西方发达国家的农村人口数量少、密度低，因此国外的垃圾分类处理难度较低，基本由政府承担。经过多年发展，国外的农村垃圾分类和回收方式已经形成了相对完善的体系，因此垃圾分类管理对国外来说相对简单，管理难度比国内小得多，相关的关注和研究也相对较少。国内关于垃圾分类处理的探索基本开始于改革开放以后，因为 1978 年后中国的城市化快速发展，但这些研究仅限于针对城市垃圾分类处理。针对基层农村相关方向的研究论述较少，起步也较晚。

国外关于农村生活垃圾分类处理的相关研究多数为欧洲、北美、日本、韩国等发达国家和地区有关方面的研究，研究的内容和焦点大体集中在当地一些相关工作的政策法规、市场及运营机制、群众参与和态度等情况。首先，在政策法规方面，欧美国家从 1970 年前后开始出台相关政策法规，比如《固体废物处理法》《污染控制法》《资源保护与回收法》等；在运营模式方面，美国有废弃物处理及再资源化奖金制度、德国有废弃物输送车免税制度、日本有垃圾收费政策等。其次，在运营机制方面，市场化的运营模式要真正发挥其优势功能需要以社会群众广泛形成垃圾分类处理意识为前提，但在这个前提下，市场失灵的情况也会偶尔出现。政府部门通常在市场有预兆会出现异象时主动采取补贴奖励、行政处罚等行政措施加以干预，从而达到科学合理调控的目的。再次，国外众多学者觉得充分动员社会群体"自愿"参与才是有效解决问题的最终途径，而这些都可以通过政策层面的设计来实现。最后，国内多数学者对此项工作的研究分析起步比西方发达国家晚得多。我国大多数学者认为现阶段我国农村的垃圾分类工作处于才起步阶段，绝大多数仍然依靠行政措施管理，且管理不善，效果不好。在加强生态文明建设与实现乡村振兴战略的大背景下，生活垃圾分类处理问题应当充分结合我国广大农村地区的现实情况，积极深入地探索出一条以政府为主导，以"减量化、无害化、资源化"为目标，能够充分调动公众参与积极性和市场化运营支持的多元化治理路径，把这项公共事务真正做到从管理到治理的转变。

青山镇处于长三角中心地带，宁波、镇江和扬州的地理几何中心，自

2019年跃进村创建成美丽宜居乡村和省级生态文明建设示范村、青山镇创建成国家卫生镇，农村生活垃圾分类处理已经成为基层治理的核心工作稳步推进，并取得了显著成果，因此选取青山镇为研究区域具有一定的典型性和代表性。现阶段有关青山镇垃圾处理相关的研究不多，本文作为当地首次有针对性的项目研究，以期为长三角地区广大农村区域的生活垃圾分类处理工作提供参考借鉴。

二　研究内容和方法

1. 研究内容

（1）基本内容

本研究首先阐述研究背景，继而指出问题焦点，阐明探索意义并确定研究目的、思路和技术路线。其次，通过文献研究、调查问卷和深度访谈等方法分析青山镇区域的生活垃圾分类处理的现实情况，然后归纳总结当地居民对落实此项工作的认识和态度，进而对该地区目前在生活垃圾分类方面存在的问题和诱因进行深入分析。最后，基于以上研究过程和结果，结合相关文献理论，有针对性地提出科学合理、具有建设性的建议，并展望下一步的研究探索。

（2）研究对象

本次研究以仪征市青山镇为具体研究对象，运用文献研究、调查问卷和深度访谈等研究方法，分镇政府、村居、农民三个视角，调研观察当地农村生活垃圾分类处理工作的现状，探索分析当地在此项工作中面临的主要障碍和产生的具体原因，进而尝试提出科学合理的对策建议。

2. 研究方法

（1）文献研究法

通过搜集相关方向的国内外研究文献，网罗农村生活垃圾分类处理相关的科学严谨的理论成果和典型的先进事例，找到具有借鉴意义的实践经验和成果，进而产生具有针对性和科学性的建议措施。

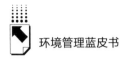
（2）深度访谈法

充分利用工作机会主动与仪征市青山镇的居民和政府相关职能部门负责人进行深入沟通交流，探索发现农村垃圾分类处理工作中存在的问题以及分析出现这些问题的原因，为建构理论模型和提出策略建议夯实基础。

（3）调查问卷法

通过对当地村民进行发放问卷并填写，对村民的基本情况、对待垃圾分类的认知和态度、农村生活垃圾分类处理的实施现状和效果以及期待做出的改进等方面均进行了全面了解。

三　青山镇概况

1. 地理区位概况

仪征市青山镇是扬州市的"西大门"、南京市的"后花园"，东面与仪征市城区的真州镇接壤，西边为国家级南京江北新区的六合龙袍，南边与南京市栖霞区隔江相望，北连 2018 年省园博会和 2021 年世园会的落户地枣林湾生态园。镇区倚靠省级龙山森林公园而建，区域自然环境优美，生态资源丰富多样。青山镇到南京市中心只有 50 公里车程，境内有宁通高速、沿江高等级公路等多条交通要道，正在建设中的龙潭过江通道更是从青山镇镇区穿行而过，地理与交通条件优越。全镇总面积约 56.42 千米^2。

2. 生态环境概况

青山镇境内有两大"天然氧吧"，一是龙山森林公园，它被称为"扬州地区保存最为完好的原生态地区"，2015 年被批准评为省级森林公园。龙山森林公园与长江相距不足千米，山川辉映，垄秀倾城。2016 年，龙山省级森林公园作为扬州重大项目，总投资 5 亿元，于 2016 年 8 月对市民开放。二是临江湿地公园，总面积约 1400 亩，是该地区一处自然沿江湿地江滩，区域内有大片芦苇滩、油菜花田、方亩池塘等，还有成片水杉林、杨柳林等具有地方特色的木林，整体生态环境优越，鱼水资源丰富，具有纯天然的乡野气息。青山镇境内农村地区生态环境相对保存较为完好，经过多年庄台环境整治和打造，农户周边环境得到较大改善。

3. 经济社会发展概况

仪征市青山镇下辖9个行政村（农歌、沙洲、滨江、肖山、砖井、跃进、团结、官山、沙窝）、5个居委会（龙山、河口、中桥、巴庄、甘草），有76个农村自然庄台（其中有2个行政村因园区规划建设需要已全拆全迁），还有一个场圃（蚕种场）。

截至2018年12月底，青山镇总户数和总人口情况如表1所示，从数据的变化趋势可以看出，随着国内城镇化进程加快，青山镇2014~2018年的总户数和总人口数不断下降，农村的实际人口数在不断减少，存在广大农村地区面临的劳动力流失的共同问题。

表1　2014~2018年青山镇总户数及总人口情况

年份	总户数（户）	总人口（人）
2014	11866	32096
2015	11739	31859
2016	11644	31649
2017	11519	31328
2018	11347	30876

资料来源：2014~2016年的《仪征市统计年鉴》。

2014~2018年青山镇国内生产总值（GDP）及各产业情况如表2所示。数据显示，2014年至2018年，青山镇地区生产总值稳步高速增长，除第一产业产值基本稳定在0.8亿元，第二产业和第三产业均保持连续增长，整体经济发展水平较高。

表2　2014~2018年青山镇国内生产总值情况

单位：亿元

年份	国内生产总值	第一产业	第二产业	第三产业
2014	17.3	0.8	10.5	6
2015	18.4	0.8	10.8	6.8

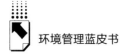
续表

年份	国内生产总值	第一产业	第二产业	第三产业
2016	19.5	0.8	11.9	6.8
2017	21.1	0.8	12.8	7.5
2018	22.4	0.8	13.7	7.9

资料来源：2014～2016 年的《仪征市统计年鉴》。

四 青山镇农村生活垃圾分类处理现状

1. 当前生活垃圾处理方式

经过实地调研与深度访谈得知，目前青山镇的生活垃圾仍然沿用过往的处理方式，未进行明确的垃圾分类处理。各村、社区、蚕种场负责组织安排垃圾清运车从各庄台、小区按时收集生活垃圾后，统一运往青山镇垃圾收集中转站。青山镇卫管办统一调派垃圾托运车将生活垃圾从青山镇垃圾中转站运输至仪征市垃圾中转站，根据垃圾重量计价收费，费用由镇财政承担。最终，仪征市卫管处负责将从各镇收集的生活垃圾统一运输至扬州市邗江区杨庙镇的环保产业园的垃圾焚烧发电厂焚烧，实现有效利用。

2. 农村生活垃圾总量情况

如表 3 所示，2014 年青山镇生活垃圾的总量是 3111 吨，2015 年、2016 年、2017 年、2018 年分别为 3432 吨、4400 吨、6381 吨和 7598 吨，后期增速明显提升。从数据变化趋势上可以看出，2014 年至 2018 年，青山镇生活垃圾总量在逐年快速增长，这也从侧面反映出了农村居民的生活水平有所提升。

表3　2014～2018 年青山镇农村生活垃圾总量情况

年份	农村垃圾总量（吨）
2014	3111
2015	3432
2016	4400

年份	农村垃圾总量（吨）
2017	6381
2018	7598

资料来源：仪征市青山镇卫管办官网。

3. 垃圾分类工作实施情况

2017 年扬州市政府印发了《扬州市城乡生活垃圾分类和治理三年行动计（2018－2020）》，同时仪征市也印发了《关于进一步加快城乡生活垃圾分类和治理工作实施方案》。2018 年青山镇制定了《青山镇城乡生活垃圾分类和治理三年行动计划（2018－2020）》，并着手推动落实垃圾分类示范乡镇建设，明确此项工作由镇污防攻坚办牵头，镇卫管办组织实施，各村、各社区密切配合实施。① 目前为止，全镇 9 个村全面实现农村生活垃圾集中收运，收运率高达 100%，早在 2019 年即建成有机易腐垃圾处理中心、可回收垃圾收集点和有毒有害垃圾暂存库；并配备 2 辆 5.6 吨压缩式环卫收集车，4 辆电动压缩环卫车。先后设置垃圾分类收集亭 29 座（古湄家苑 5 座、沿江小区 10 座、胥浦家园 14 座），订购 5 辆垃圾分类车，添置垃圾分类收集桶 200 个，添置果壳箱 20 个。镇内垃圾分类亭共有 153 座，跃进村、胥浦家园、古湄家苑和沿江小区实现垃圾分类亭全覆盖。

4. 年人均地区生产总值与年人均垃圾产生量

通过表 1、表 2 和表 3 可以推算出 2014～2018 年青山镇的人均地区年度生产总值与人均垃圾年产量，如表 4 所示。

表 4　2014～2018 年青山镇人均地区年度生产总值与人均垃圾年产量

年份	人均地区年度生产总值（万元）	人均垃圾年产量（kg）
2014	5.4	96.9
2015	5.8	107.7

---

① 《实施乡村振兴 打造特色"青山"》，百家号，2019 年 5 月 31 日，https://baijiahao.baidu.com/ s？id＝1635009092267057957。

续表

年份	人均地区年度生产总值（万元）	人均垃圾年产量（kg）
2016	6.2	139.0
2017	6.7	203.7
2018	7.3	246.1

假设以人均地区年度生产总值来衡量青山镇整体的经济发展水平，则由表4可以推断出青山镇人均垃圾年产量随着当地经济发展水平的不断提升而增加，当经济从低水平发展到高水平时，人均垃圾年产量会快速增长；当经济发展到一定的阶段后，人均垃圾年产量增长趋势变得缓慢，此结果对制定农村生活垃圾分类处理相关政策具有一定指导意义。

五 青山镇农村生活垃圾分类处理中存在的问题

1. 政策落实与管理强度不足

江苏省已出台许多事关垃圾分类的政策，各市县也结合自身情况制定了相关计划方案，《扬州市城乡生活垃圾分类和治理三年行动计划（2018－2020）》的通知中更是详细规定了各部门在垃圾分类工作中的职责与计划。[①]然而在基层执行时仅仅按照文件要求配置如分类垃圾桶、垃圾运输车等相关设施，对居民缺少强有力的管理措施的问题屡见不鲜，"家长制"作风难以有效提升公众参与度，甚至会激化政府与群众之间的矛盾，执行效果大打折扣。同时，具有法律约束力的地方法规迟迟没有出台，针对农村生活垃圾分类处理的法规更是少之又少，导致基层行政组织在推行垃圾分类政策的过程中无法可依、缺少强有力的执行抓手。加上基层政府推进农村垃圾分类试点庄台打造局限于对基础设施建设程度的考核查验，缺乏对群众知晓率、参与率等指标的量化考核机制和操作依据，为虚报造假留下空间，难以取得实效。

---

① 《市政府办公室关于印发〈扬州市城乡生活垃圾分类和治理三年行动计划（2018－2020）〉的通知》，扬州市人民政府网，http://www.yangzhou.gov.cn/zfgb/gb04/2018－01/05/content_b87097a156234ffaa0460095d7591df1.shtml。

2. 专项补贴资金及产业链延伸投入不足

在深入镇政府相关部门及村（居）委会座谈调研时，相关人员反映，农歌村邹云组垃圾分类试点消耗了大量财力。尽管镇级财政补贴了一部分，但对于村集体来说仍是一笔不菲的支出。虽然《扬州市城乡生活垃圾分类和治理三年行动计划（2018－2020)》中对各县市区的垃圾分类工作进行了细致的目标量化，但在财政支持方面仍然较为模糊。仪征市《关于进一步加快城乡生活垃圾分类和治理工作实施方案》中尽管强调了市财政局要会同相关部门积极探索垃圾分类处理补贴激励机制，但是具体准则尚处于研究制定中。在镇政府相关部门及村（居）委会的座谈调研中了解到，目前该镇日常垃圾均由卫管办统一收集后送往扬州垃圾填埋场统一处理。而该镇在前端分类设施和中端运输设施方面虽已初步具备垃圾分类的条件，但在末端处置方面还未形成有效分类处置，产业链的延伸也不够完整。此外，绝大部分受访村民认为，实施分类积分制兑换现金和日常生活用品可以在一定程度上推动和引导村民落实垃圾分类，但对基层组织来说工作量太大，可实施性有待商榷。

3. 农村生活垃圾分类宣传普及力度不足

从对相关职能部门的调查访谈中了解到，该镇自启动农村生活垃圾分类处理工作以来，已经在不同的村、社区多次举办了农村生活垃圾分类及环境整治的宣讲、培训会，也在农业农村考核会上多次强调加强对该项工作的考核，但一直收效甚微。在垃圾分类的知识和培训方面，年纪较轻、知识水平相对较高以及企事业单位的从业人员这三种人群接触得较多，年纪较大、知识水平相对较低以及务农务工等人群接触较少，由此可见生活垃圾分类处理的宣传普及面仍需进一步扩大。根据大多数受访村民的反馈，除了平时能够在电视、手机了解到关于垃圾分类的相关报道和知识，线下几乎很少能接触及时的宣传和培训；虽然居住地的分类垃圾桶已经配备，但没有相关人员介绍如何进行生活垃圾分类。由此可见，相关职能部门在政策宣传与知识普及上存在不足，宣传流于形势、方法枯燥单一，如此使得群众知晓率、覆盖率和参与率都不足以有效推动农村垃圾分类工作的持续发展。

4. 农村生活垃圾分类意识缺乏

近些年各级政府大力推行打好污染防治攻坚战，在一定程度上提升了老百姓保护环境的意识和信心。调查显示所有受访村民对生活垃圾分类处理的态度都是肯定的，都能够意识到落实生活垃圾分类处理对保护环境的突出作用。但涉及每个家庭、每个人的生活时，仍有相当一部分农村居民受传统生活方式的影响，环境意识淡薄、价值观念滞后；很多人对垃圾分类的思想认识不到位，都扮演着观望者的角色，有垃圾分类烦琐、不会操作的顾虑。虽然深知垃圾分类是好事，但是政府不强制执行就不会主动进行垃圾分类，主观能动性不足从根本上影响了农村垃圾分类的实施。除此之外，从仪征市到青山镇再到村居委会，各级相关部门在忙于日常工作的时候就对农村垃圾分类不够重视，以至于无法真正发动群众力量参与生活垃圾分类处理工作。

六 青山镇农村生活垃圾分类处理的对策建议

农村生活垃圾分类治理是一个复杂的综合系统，并非简单的技术层面或经济层面的问题，它的顺利推进有赖于垃圾治理的民间动力与社会基础、公共财政投入与社会资本重建、科学技术创新与协调运用等因素的综合作用。政府作为公共政策的制定者、公共服务的提供者、公共设施的建设者，应当做到全局把控，做好政策的实施，应多角度、全方位地统筹规划垃圾分类的每一个环节，完善垃圾分类过程中的配套设施。而在当前农村垃圾治理的大背景下，农村居民扮演的角色也起到了主观作用，是完善农村垃圾治理体系中的重要一环。因此在垃圾分类中需要政府和农村居民共同努力，相互配合。

1. 建立健全相关法律法规体系

垃圾分类工作是一项系统性工程，它包含初始分类、打包投放、有效收集、分开运输、资源回收、分类处理等多个环节。因此需要立足当前环保形势和绿色发展要求，因地制宜地补齐垃圾分类相关法规短板，厘清垃圾分类工作与法律法规的衔接关系，顺应新时代下大力推进落实农村生活垃圾分类工作的现实需要，建立健全相关制度和机制。政府机构在制定政策和酌情立法的时候，需考虑到该项工作的各个环节，设计完备创新的政策规定与法律规范，简化相关治理政策与分类操作流程，构建出一套相对健全且可操作性强的政策与制度体系。在法律的设置中应明确对垃圾投放、收集、处理等环节实施主体形成奖惩规定，做到垃圾分类有法可依，违法必究。依托当地经济环境、人文现状与垃圾结构适当建立垃圾分类奖惩机制，结合新公共服务理论中"以人为本""重视责任"以及"强调服务"的核心价值理念，出台相关法规条例，规范和引导广大农民自觉做好农村生活垃圾的分类存储和投放，方可做到全面、系统而且环环相扣。农村居民也要积极遵守法律规定，积极响应政策号召，违法的事不做、鼓励的事多做，如此上行下效才能提升垃圾分类工作的整体效果。

2. 建立长效管护及责任分工机制

农村生活垃圾分类工作不可一蹴而就，需建立长效管护管理机制及明晰的责任机制。执政者应充分考虑并发挥政府在推动农村生活垃圾分类工作中的引导作用，着力完善以群众利益需求和生活品质为追求的传导机制，逐步形成对政府机构的决策行为具有足够约束和监督的运行体系，充分保障在公共利益的基础上规范政府的决策行为。如将垃圾分类工作目标纳入地方政府政绩考核指标体系，基层领导挂钩联系相关村（社区）等基层组织，深入基层开展生活垃圾分类投放常识、方法的宣传、教育、培训，做好管理引导，并且加强督促检查和考核评比等工作；有针对性地采取定向检查、日常巡查等形式，督促农村居民在日常生活中做到遵守垃圾分类的相关制度，充分调动农村居民积极参与的自觉性；将垃圾分类列入乡镇、村干部考核，进行此项工作的"网格化"管理，责任层层下沉、落实到人，真正做到齐抓共管，群抓群管，防范形式主义与"一阵风"现象的出现；广泛收集整理个人及群体的先进案例和典型经验，开展评先评优等表彰活动激励先进、树立典型；运用奖励机制促进农户从被动应付转化为自觉行动，不断提高垃圾分类工作的知晓度与参与度，保障垃圾分类工作的有效性和持续性。

3. 完善相关资金与设施配套服务

做好垃圾分类工作不是简简单单的"嘴上功夫"，而是要依托当地生活垃圾产生和处理的现状，在资金投入与设施配套方面下足功夫，从垃圾产生、分类投放、收集打包、分开运输到分类处理的整个过程都必须层层把关、有效落实。处理环节需要投入足够的财政支撑、人员配备、物资供给等方面的配套工作，保障垃圾分类工作的顺利运转。在资金投入方面，要充分运用多元化治理模式，通过研究出台财政奖补和配套政策、引导鼓励社会及境外资本投入等方式扩大资金来源，帮助基层政府和组织运用好以奖代补的财政配套经费和村级集体资金，鼓励成功企业家和乡贤人士捐献资金或直接参与投资；设置垃圾分类专业指导员，帮助农村居民将生活垃圾科学分类，正确投放以及定时定点集中收集生活垃圾，实行"卡片式"管理，对正确投放行为进行记录，积累文明积分，给予适当奖励；加快延伸垃圾分类处置的产业链，因地制宜建立垃圾分拣站、资源回收中心、垃圾焚烧发电厂、有害垃圾无害化处理厂等配套站点，完善垃圾分类的后端产业链，变废为宝，物尽其用。

七 结语

落实农村生活垃圾分类处理关乎我国基层农村整体环境提升，对乡村振兴战略举足轻重。通过对仪征市青山镇农村生活垃圾分类处理的调查研究，可以为基层政府推动该项工作提供范例和参考，尤其是在出台有关农村民生的政府政策时，如何切实提供好农村公共服务、处理好角色定位等方面问题，具有很大的现实借鉴意义和参考价值。针对农村垃圾分类处理的推进过程中面临的诸多困难，本文从以下四个方面提出了相应的对策：一是"以法为本"，完善农村生活垃圾分类处理的相关法律法规，让基层执行者有法可依；二是"重视责任"，建立健全农村生活垃圾分类处理的长效管护机制，责任到人；三是"强调服务"，探索运用社会、公民和资本的力量来充实该项工作的活力，完善垃圾分类的后端产业链；四是"多元共治"，构建公共服务的合作网络，发挥地方政府、社会和公民的主动性和联动性，实现互相合作、彼此监督的良好循环。经过全方位的探索分析形成的合理化建议，能够在一定程度上提高政府管理的有效性和公众参与的积极性，对青山镇政府在推动农村生活垃圾分类处理的过程中更有针对性，具有一定的指导意义；同时也为江苏省及全国其他地区的农村生活垃圾分类处理工作提供一些帮助。

B.12

国家可持续发展议程创新示范区案例分析

——以太原市资源型地区转型升级为例[*]

汪　涛　张家明　刘炳胜　陈培忠[**]

摘　要： 推进2030可持续发展议程，实现可持续发展目标（Sustainable Development Goals, SDGs）已经成为全球共识，城市是实现可持续发展的重要阵地。资源型城市为国家和地区的经济建设与发展提供了能源资源的有力保障，是国民经济持续健康发展的重要支撑，但通常面临着产业和能源结构单一、接续替代产业发展滞后、创新能力和水平低、环境破坏严重等问题，可持续发展压力较大。因此，找出制约资源型城市发展的瓶颈、探寻其深层原因，并为不同发展阶段的资源型城市设计可持续的城市发展路径，具有重要的理论和现实意义。本文首先对中国现有不同发展阶段的资源型城市现状和存在的问题进行梳理，基于此设计了资源型城市实现可持续发展的框架和路径，并以"太原市国家可持续发展议程创新示范区"为案例对提出的框架和路径进行了实证检验。本文认为，推动中国不同发展阶段的资源型城市走可持续发展道路

* 国家自然科学基金项目"城市实现可持续发展目标的机理、路径与行动决策研究"（批准号：72074034），国家自然科学基金项目"基于数据融合的重大基础设施项目风险决策动态元网络分析理论与实证研究"（批准号：71871235），中央高校基本科研业务费"国家可持续发展议程创新示范区SDGs实现路径研究"（批准号：2020CDJSK01PY16）。

** 汪涛，博士，重庆大学公共管理学院教授，研究方向为城市可持续发展；张家明，博士生，重庆大学公共管理学院，研究方向为城市韧性与风险管理；刘炳生，博士，重庆大学公共管理学院教授，院长，研究方向为社会治理、可持续建设管理与政策、资源环境管理；陈培忠，太原市科学技术局，三级调研员，研究方向为城市可持续发展。

需要首先实现创新驱动的城市转型升级。通过发展理念、关键技术、政策体制、服务体系等方面的创新，驱动资源型城市经济、社会和环境的全面转型升级，以"增长、生态、低碳、宜居、幸福"为主题，全面关注产业支撑、生态保护、能源利用、城市综合功能提升、社会民生保障等领域。同时加强对外开放、多边合作，是资源型城市转型升级，实现经济、社会与环境全面协调可持续发展的重要手段。

关键词：　资源型城市　可持续发展　转型升级　国家可持续发展议程创新示范区

一　引言

2015年9月，联合国通过《变革我们的世界：2030年可持续发展议程》，提出了17项可持续发展目标和169项具体目标，覆盖减贫、健康、教育、环保等可持续发展社会、经济和环境的各个方面。[1]中国是可持续发展的坚定支持者和实践者，2016年9月开始推动建立落实国家可持续发展议程创新示范区，为落实2030议程积累经验。[2] 随后又进一步提出，"在'十三五'期间创建10个左右国家可持续发展议程创新示范区，打造一批可复制、可推广的可持续发展现实样板，提供可持续发展的中国方案"。[3]

城市的可持续发展将是我国内落实2030年可持续发展议程的重要内容。

---

[1] United Nations, *Transforming our world: the 2030 agenda for sustainable development*, The General Assembly, 2015.

[2] 《中国落实2030年可持续发展议程国别方案》，2016，http://www.gov.cn/xinwen/2016-10/13/5118514/files/4e6d1fe6be1942c5b7c116e317d5b6a9.pdf。

[3] 《国务院关于印发中国落实2030年可持续发展议程创新示范区建设方案的通知》（国发〔2016〕69号），中华人民共和国中央人民政府网，http://www.gov.cn/zhengce/content/2016-12/13/content_5147412.htm。

我国有超过 600 个不同级别、不同类型的城市，其中有 262 个资源型城市——资源型城市是以开采、加工本地区矿产、森林等自然资源为主导产业的城市——占比超过全国城市数量的三分之一。① 这些城市因资源开发而兴起，做出了巨大历史贡献。然而随着全国大量资源型城市相继进入成熟期与衰退期，② 不同城市地理区位、经济实力、社会状态、政府治理理念和治理能力存在差异，转型和可持续发展进程也不同步。有基本摆脱资源依赖的徐州、宿迁等再生型城市，也存在大量转型效果不理想、经济社会问题突出的衰退型城市，例如鹤岗、七台河、伊春等，仍面临经济增长动力不足、发展缓慢甚至停滞、劳动年龄人口流失严重、空城现象等问题。这些问题进一步导致了收入不对等、就业不充分，维持社会稳定压力增大。③ 习近平总书记提出"资源枯竭地区经济转型发展是一篇大文章""要贯彻新发展理念，坚定不移走生产发展、生活富裕、生态良好的文明发展道路"，十九届五中全会提出要深入实施可持续发展战略，构建生态文明体系，促进经济社会发展全面绿色转型。贯彻可持续发展的理念是推进资源型城市转型发展的应有之义。

因此，本文首先梳理了当前城市在可持续发展领域的研究进展，对中国资源型城市走可持续发展道路的现状进行了总结，并分析了资源型城市可持续发展的主要瓶颈问题；设计了以创新驱动的转型升级为方式、以"科学规划、制度保障、多元参与、开放共享和多边合作"为支撑的"增长、生态、低碳、宜居、幸福"的五维可持续发展路径；并以煤炭等资源丰富的山西省太原市为案例，分析了太原市在建设"可持续发展议程创新示范区"过程中的行动举措和经验，对本文提出的资源型城市可持续发展路径模型的

---

① 《国务院关于印发全国资源型城市可持续发展规划（2013–2020年）的通知》（国发〔2013〕45号），中华人民共和国中央人民政府网，http://www. gov. cn/zhengce/content/2013–12/02/content_4549. htm。

② 徐君、李巧辉、王育红：《供给侧改革驱动资源型城市转型的机制分析》，《中国人口·资源与环境》2016年第10期。

③ 王巍、路春艳、王英哲：《黑龙江省资源型城市人口流失问题与对策》，《中国人口·资源与环境》2018年第S2期。

有效性进行了实证。

二 资源型城市可持续发展问题分析

1. 城市的可持续发展问题

随着城市化加速，城市的可持续发展将成为落实可持续发展议程的主要阵地。联合国《2019 年全球可持续发展报告》指出，2007 年以来，全球已有超过一半的人口生活在城市，到 2030 年该比例预计将达到 60%，城市和都会地区是经济增长的引擎，贡献了全球国内生产总值的约 60%。[1] 然而，迅速城市化对可持续发展造成的压力也逐渐增大，城市地区造成了约 70%的全球碳排放和超过 60% 的资源使用，在推动经济增长的同时也带来了贫民窟增加、环境污染和气候变化加剧、基础设施和服务不堪重负等问题。[2]城市发展模式的选择对环境保护、气候变化等人类可持续发展的关键问题起到决定性作用，建设包容、安全、有抵御灾害能力和可持续的城市和人类社区也是 17 项联合国 2030 年可持续发展目标之一，探究不同类型城市的可持续发展路径和方式对推动国家和全球范围的可持续发展，实现可持续发展目标具有重大意义。

城市的可持续发展是指，在一定的时空尺度上，以长期持续的城市增长及其结构优化实现高度发达的城市化与现代化，从而既满足当代城市发展的现实需求，又满足未来城市的发展需求。[3] 研究资源型城市需要先厘清城市层面可持续发展的内涵。从整合物质、自然、人力和社会资本的可持续性科学[4]，到涵盖减贫、教育、健康和全球合作等社会发展问题的千年发展目

① United Nations, Sustainable Development Goals Report 2019, New York, 2019.
② 潘家华、单菁菁、武占云：《城市蓝皮书：中国城市发展报告 No.12》，中国社会科学院城市发展与环境研究所，2019。
③ 吕永龙、曹祥会、王尘辰：《实现城市可持续发展的系统转型》，《生态学报》2019 年第 4 期。
④ William C. Clark, Alicia G. Harley, "Sustainability Science: Toward a Synthesis", *Annual Review of Environment and Resources* 45, 1（2020）: 331 – 386.

标①，再到可持续发展目标②，可持续发展已经成为涉及经济、社会和环境各个维度的综合性议题。吕永龙等人认为城市可持续发展的核心内涵主要表现在消费需求与资源供给量的协调和人口与资源环境的协调两个方面。③ 建设包容、安全、有抵御灾害能力、可持续的城市和人类社区也是 17 项可持续发展目标之一，这一目标进一步提出了城市可持续发展中社会公平、城市规划与治理、城市韧性、环境治理等具体内涵。④

2. 资源型城市可持续发展现状

资源型城市是以开采、加工本地区矿产和森林等自然资源为主导产业的城市。⑤ 新中国成立以来，资源性城市的生产总值长期占国内生产总值的 24% 以上，尽管近年来有所下降，但其对国民经济的贡献率仍高达 60%。⑥ 资源型城市因资源开发而兴起，因资源耗竭而衰落，是其生命周期发展的必然趋势。截至 2013 年，全国资源型城市中，成长型城市 31 个，成熟型城市 141 个，衰退型城市 67 个和再生型城市 23 个，其中地级行政区的数量占我国地级行政区总数的 45%。资源型城市具有一般城市的集聚、带动、辐射功能，但由于城市对资源的依赖性强，受到资源耗竭和生态环境脆弱的制约，表现出独特的城市发展规律。随着城市化进程加快和资源开发力度加大，这些城市逐渐暴露出人口过多、交通拥堵等一般性城市发展问题，同时也面临着路径依赖、产业结构单一、产能过剩、环境污染严重等突出问题，甚至存在"资源诅咒"现象，因此要寻求城市转型升级的根本出路。⑦

① United Nations, Millennium Declaration, 2000.

② United Nations, *Transforming our world: the 2030 agenda for sustainable development*, The General Assembly, 2015.

③ 吕永龙、曹祥会、王尘辰：《实现城市可持续发展的系统转型》，《生态学报》2019 年第 4 期。

④ United Nations, Sustainable Development Goals Report 2019, New York, 2019.

⑤ 《国务院关于印发全国资源型城市可持续发展规划（2013－2020 年）的通知》（国发〔2013〕45 号），中华人民共和国中央人民政府网，http://www. gov. cn/zhengce/content/2013－12/02/content_4549. htm。

⑥ 张传波、于喜展、隋映辉：《资源型城市产业转型：发展模式与政策》，《科技中国》2019 年第 5 期。

⑦ 韩喜平、崔伊霞：《中国特色资源型城市转型发展的路径思考》，《西北工业大学学报》（社会科学版）2020 年第 2 期。

当前学界对资源型城市相关问题的研究已经涉及经济发展、城镇化、转型升级、脆弱性和道路选择等不同主题，但较少对资源型城市可持续发展的范围和内涵进行讨论。[①] 研究人员指出，可持续发展涉及的经济、社会和环境因素之间存在协同或制约关系。[②] 但现有研究仍缺乏对于城市经济、社会和环境发展的整体性思考，也忽略了经济、社会和环境之间复杂的动态关系，这可能使得突出因素弥补了发展短板，隐含了只要经济增长的成效能够超过资源环境的退化，那么在总体上就仍是可持续发展的不符合现实的结论。[③] 对资源型城市可持续发展转型路径设计和政策制定的指导意义有限。

3. 资源型城市发展瓶颈问题分析

破解资源型城市转型升级和可持续发展难题，必须对这些城市的发展模式和面临的瓶颈问题进行分析诊断。本文通过文献分析法，对已有文献、报告、政府文件、规划方案等进行分析，基于可持续发展的经济、社会和环境维度，并结合《全国资源型城市可持续发展规划（2013－2020年）》与《可持续发展议程创新示范区建设方案》，对资源型城市可持续发展的瓶颈问题进行了梳理，发现制约资源型城市向可持续发展转型的主要问题是城市转型升级的内生性动力不足和生态环境制约，其原因主要是资源型城市产业结构层次低，城市制度、机制体制不完善和发展理念滞后。

产业结构方面，尽管大量资源型城市在发展资源接续、资源替代产业方面取得了一定成绩，但尚未完全解决产业结构层次低、能源结构单一的问题，多元化的新兴产业处于发展初期，对城市整体转型支撑能力有限，受长

①　郭淑芬、裴耀琳：《中国资源型城市研究 20 年回顾与展望》，《科技管理研究》2020 年第 19 期。

②　Patrick Schroeder, Kartika Anggraeni, Uwe Weber, "The Relevance of Circular Economy Practices to the Sustainable Development Goals", *Journal of Industrial Ecology* 23, 1 (2019): 77 – 95; David Lusseau, Francesca Mancini, "Income-based variation in Sustainable Development Goal interaction Networks", *Nature Sustainability* 2, 3 (2019): 242 – 247.

③　诸大建：《可持续性科学：基于对象—过程—主体的分析模型》，《中国人口·资源与环境》2016 年第 7 期。

期粗放发展和路径依赖等影响，资源型产业发展创新不足，缺乏向技术密集、高附加值方向延伸发展的动力。产业结构进一步影响城市布局和内在功能，导致城市布局不合理、资金、技术和人才等要素聚集效应差，难以发挥规模效应，对资源型产业的过度依赖导致城市生产功能突出，社会、文化等重要功能弱化，相关产业发展缓慢，创新发展意识不强，对人力资本的投入和积累较少，人才流失现象严重。

城市发展机制体制方面，发展机制不合理、体制不完善以及自然资源在城市发展中的突出作用有可能引发腐败、寻租行为，造成资源过度、低效开发，加剧资源枯竭。[①] 而重工业占比突出也对城市生态、环境造成了严重影响。同时，受制于发展理念的滞后和部分城市地理位置和自然条件差等原因，城市管理者对可持续发展认识不足，难以充分发挥不同主体的优势、对外开放与合作程度低，也导致了城市影响力不足、社会、文化等重要功能弱。

三 路径设计

依据上文对资源型城市可持续发展现状和瓶颈问题的分析，本文设计了以"创新驱动的城市转型升级"为方式，以"科学规划、制度保障、技术创新、开放共享、多边合作"为支撑的资源型城市可持续发展综合路径（如图 1 所示），从可持续发展的社会、经济和环境三个维度入手，将"增长、绿色、低碳、宜居、幸福"作为资源型城市实现可持续发展的主题，全面落实资源型城市产业转型、生态环境保护、能源效率提高、城市综合功能提升、民生福祉保障等举措，以破解资源型城市转型升级难题，为这类城市的可持续发展提供新思路。

---

① 杜辉：《资源型城市可持续发展保障的策略转换与制度构造》，《中国人口·资源与环境》2013 年第 2 期。

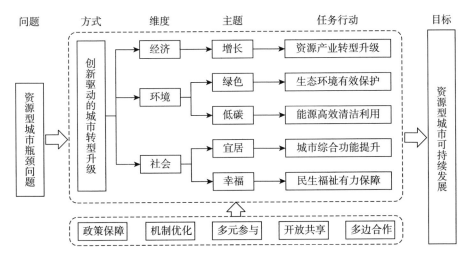

图 1　资源型城市可持续发展路径

四　案例分析

为了进一步检验文中提出的资源型城市可持续发展路径和框架，本文选取太原市的可持续发展转型行动和经验为案例进行分析。太原市是山西省省会，面积 6988 千米 ^{2}，城镇化率 84.55%，也是中国能源、重工业基地之一，矿产资源丰富，以煤、铁、石膏为最，煤炭保有储量 171 亿吨，铁矿 6.05 亿吨，为全国资源供应做出了重要贡献。然而长期以来资源低效利用和低质发展使得结构性、体制性和素质性矛盾突出，进而导致经济增长日趋乏力、生态环境日益恶化。尽管太原市在城市发展和转型升级方面已经取得了一定成效，但历史遗留问题长期存在，短期内难以完全解决，对经济转型和可持续发展仍有迫切需求。2018 年 2 月，国务院正式批复同意太原市以资源型城市转型升级为主题建设国家可持续发展议程创新示范区，主要为水污染、大气污染等环境问题探索系统解决方案。

1. 太原市可持续发展行动

为了实现太原市作为国家可持续发展议程创新示范区的主要目标，为解决水污染、大气污染等生态治理问题提供经验和模板，太原市委、市政府以

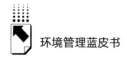

西山前山区为试点积极探索体制机制创新和政策先试先行，取得了一定成果。在原为煤矸石沟、工业和生活垃圾堆积区的西山前山区，规划了 20 多个城郊森林公园，占地约 200 千米², 制定了"二·八"政策，即企业投资完成修复面积的 80%，剩余 20% 的土地企业可自行开发建设，以激励企业积极参与生态修复治理。目前，已有 16 家企业对约 140 千米² 采煤塌陷区和垃圾堆积区开展了生态修复治理，西山生态环境得到了有效改善，并形成了"政府引导、市场运作、公司承载、园区打造"的生态治理西山模式。

（1）政府引导。太原市委、市政府对西山生态修复治理给予了高度重视，专门成立了西山地区综合整治办公室，由市级领导牵头，协调各方，有序推进，确保该模式的可持续性；制定了多项产业发展、空间利用、生态保护有关规划，出台了以地换绿、绿化考核、林地林木认养、土地流转、绿化补助等一系列政策。同时政府还封堵了大量私挖滥采煤矿，建设了配套的绿化用水工程和道路工程。

（2）市场运作。通过实施"二·八"政策，运用市场机制，实现了西山山水资源资本化、市场化和要素化。市场化的整改方案可以确保西山地区的资源得到合理分配，提高资源利用率，从而增加经济效益；资源合理分配避免了资源浪费和环境污染，可以最大限度地减少环境压力，从而增加环境效益；市场运作的过程也使西山项目最大限度地考虑到了公众的实际需求。以社会需求为导向，满足社会公众的需求，增加西山地区的实际影响力，从而增加公众满意度，为政府提高公信力，最终增加社会效益。

（3）公司承载。生态治理市场化政策极大激发了参与企业的积极性。已经有 7 家参与企业通过该模式取得了超过 200 公顷建设用地，用于公园开发建设，并已处于投资回报期。公司承载的最大好处是使当地企业发挥极大用处，增加企业积极性，不仅为企业增加经济收益，更是为企业增加活力，提高自主权。政府承担更少的实际建设任务，减少政府行政压力，增加收入，缓和政府和企业之间的关系，企业和政府实现双赢，从而增加社会收益和经济收益。

（4）园区打造。一个园区一个特色，一个公园一个主题，主题定位明确，景观各有特色，在西山生态修复的基础上形成了"一企一园、一园一题"产业发展模式。这种模式实现了多样化建设，为西山项目建设提供了多种思路和建设方案。一个企业负责一个项目和一个主题，可以激发企业的积极性和创造活力，对企业的建设能力是一种挑战，更是一种发展。多样化的主题特色，为社会公众增加多样化体验，优化观赏感受，丰富娱乐生活，从而增加社会收益。

2. 太原市可持续发展成效分析

太原市通过西山模式，进一步协调政府、企业与人民之间的良好合作，在生态和环境治理方面取得了显著成效。

（1）生态环境持续修复，环境质量显著改善。西山生态破坏得到有效遏制，煤矿和涉煤企业全部关停退出，区域内工业、建筑、生活固体废弃物得到科学治理，新增能源消费100%由新能源和清洁能源供应，绿色建筑占比达到100%，污水处理率100%，中水回用率100%，垃圾分类占比达到100%和最大化循环利用。在区域内人类建设行为与区域环境承载容量相平衡，消除大气、水体、固体废弃物污染，对太原全市域大气、水体、固体废弃物的污染贡献率比2008年减少一半以上。

（2）绿色能源加快发展，创建国家新能源示范区。在多个主题公园内建立了分布式能源站项目、新能源供热项目和供水泵站新能源微电网项目等，解决超过10万米^{2}建筑的供热及生活热水供应等。

（3）社会效益逐步提升，经济效益显著增加。目前，企业向农民支付土地流转费用、土地征用补偿和地上附着物补偿等费用近4亿元，增加了农民收入。西山地区有3个行政区、100余个行政村。通过西山生态修复，引导区域内农民发展生态观光农业，发展庭院经济如特色种植养殖业、传统手工业、家庭旅游服务业；城郊森林公园建设给村民提供保洁、保安、养护等工作岗位近1万个；完善区域内教育设施、市政基础设施、商业服务设施和道路体系等，促进了西山地区城乡统筹发展，提升了当地村民生活质量。

（4）承办大型体育赛事，引发社会广泛关注。西山旅游公路是2019年环太原国际公路自行车赛主赛道，受到国家体育总局、国际自行车联盟的赞誉。在粉煤灰池上建成的奥申公园成为第二届全国青年运动会足球比赛场地。修建的太原市首条专业山地自行车赛道（越野赛道5.5公里、速降赛道1.5公里）和中国航空运动协会航空飞行营地等体育设施，承接了国家级山地自行车赛和滑翔伞邀请赛等赛事。西山生态建设和产业发展得到了国内外以及省市媒体的广泛关注，新华社、中央电视台等多家媒体对西山生态治理经验和成效进行了报道，2018年2月13日，国务院批复太原成为国家可持续发展议程创新示范区，此项目作为示范区重点工程，2018年四次在境外国际平台展示取得的成效，分享"政府引导、市场运作、公司承载、园区打造"的生态治理模式，引起国际社会广泛关注，成为"绿水青山就是金山银山"的典型案例。

3. 太原市可持续发展面临的主要问题

尽管在生态环境治理方面取得了一定成效，但在平衡社会、经济和环境三方面发展的过程中仍存在一定问题，本文通过对各类政府文件①、《太原市可持续发展规划（2017 - 2030 年)》等进行梳理，整理了太原市转型升级和可持续发展面临的主要问题。

（1）产业结构层次低、不合理，能源利用效率偏低。产业延续方面，煤炭深加工、煤炭开采和粗加工等传统产业比重仍然偏高，煤炭先进产能占比低，煤炭等能源的清洁高效开发利用水平有待提高、供应能力仍需进一步加强。产业多元化方面，新兴产业和高科技产业仍处于发展初期，对城市可持续发展支撑动力不足，服务业发展层次不高，接续替代产业发展缓慢。

（2）生态环境脆弱，水、大气等污染问题仍旧突出。SO_2、NO_2、PM10、PM2.5等平均浓度值仍超过国家标准，空气污染问题频发。水资源稀缺，水生态脆弱，难以承担高强度社会经济活动的用水排水需要，然而地表水污染严重，污水排放量远超河道自洁能力。

---

① 《国务院关于支持山西省进一步深化改革促进资源型经济转型发展的意见》（国发〔2017〕42号），中华人民共和国中央人民政府网，http://www.gov.cn/zhengce/content/2017 - 09/11/content_5224274.htm。

（3）科技创新能力弱，人才资本积累不足。科技创新、技术进步对经济社会环境可持续发展的贡献不足，高新技术产业所占 GDP 比重偏低，高新技术企业和平台数量少。人才总量不足、高层次人才短缺，人才流失严重。技术、人才、资本等要素与市场结合度低，科技研发与成果应用长期处于离散状态，创新需求和动力不足。

（4）资源型经济转型的机制体制支撑不足，有待制度转型和创新。政府职能转变不到位、公共服务体系不完善等问题依然存在；同时，市场体系建设不完善，国有企业改革尚未取得实质性突破，营商环境有待优化。

（5）城市综合功能空间不足，社会事业发展滞后。基础设施建设和公共服务供给滞后于城市开发建设，城市规划滞后，土地利用效率低。结构调整下就业压力持续加大，教育不均衡、城乡差距大。作为老工业基地和国企占比较大的典型城市，其医疗卫生、养老体系、社会保障制度等社会事业的发展面临巨大压力。

4. 太原可持续发展路径分析

通过分析太原市可持续发展经验、成效和发展面临的问题，在提出了资源型城市可持续发展路径的基础上，本文提出了基于增强关键技术创新、提升自主创新能力、优化创新服务体系和构建创新交流平台的创新驱动的转型升级路径，以"增长、生态、低碳、宜居、幸福"为主题，制定了产业支撑、能源利用、经济增长、生态保护、功能提升等不同方面多项具体任务行动，同时构建了资源型城市转型升级综合支撑保障体系，如图2所示。

针对太原市产业层次不高、能源结构单一以及由此引起的经济发展受限、转型驱动力不足等问题，提出了疏解低端产业、建设高新技术和新兴产业的任务行动，以期构建多元化、高技术、可持续的继续替代产业结构。另外充分发挥资源优势，依托产业基地和科研院所，建设能源技术密集的高能级创新功能聚集区，实现煤炭等资源产业链向技术密集、高附加值方向的发展和延伸。

对制约太原市可持续发展的严重生态环境问题，从提升用能效率和生态修复治理两方面入手，从源头和表现两方面同时发力，解决长期煤炭过度开

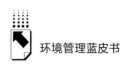
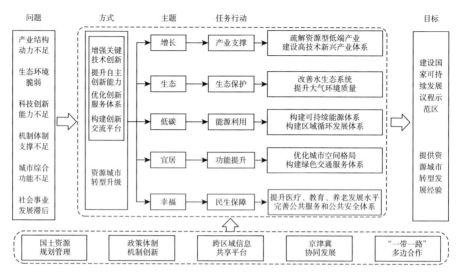

图 2　太原市可持续发展路径

采使用、重工业粗放发展导致的大气污染和水污染问题。具体举措包括水体重构、提高用水效率、限制燃煤使用、构建区域循环发展体系等。

在经济、环境可持续发展的同时，兼顾城市社会的可持续性，提升城市宜居性和人民幸福感。具体行动举措包括优化城市空间格局、加强灾害防御基础设施建设以增强城市韧性，全面提升教育、医疗养老服务水平等。

城市的可持续发展是多层次、多维度、多主体的复杂问题，需要外部因素的支撑和配合，并从外部寻求可持续发展的推动力。太原市地处东、中、西部经济板块的交汇处，是拱卫首都北京的生态屏障，也是承接京津冀、环渤海产业转移的战略基地，在全国总体布局中具有重要位置。建立地方政府间合作机制，联合多个城市建立联防联控和联席会议制度，通过技术共享和数据共享等方式推动区域环境整体改善。

五　结论

本文提出了"发展经验总结—问题分析诊断—可持续发展路径设计"的思路，为资源型城市可持续发展提供借鉴。首先针对资源型城市存在的产业结构不合理、发展制度不完善、生态环境压力大、可持续发展内生动力不足等问题进行了深入分析；基于资源型城市发展现状和问题，制定了资源型城市走可持续发展之路的一般性发展路径和框架，为我国众多资源型城市推进可持续发展、落实《2030 年可持续发展议程》提供新的思路和建议。并以太原市为例，对太原市进行西山生态综合整治的案例进行深入剖析，对政府引导、市场机制引领下的资源型城市环境治理方案进行了详细介绍，进一步证实了政府实施利益相关方协同治理政策的有效性，并为其他资源型城市转型升级提供了借鉴和样板经验。

通过研究得出以下结论。

（1）增强城市创新能力是推动城市可持续发展的主要驱动力。创新能力包括制度创新、技术创新等多个方面。在产业转型升级、生态环境修复治理等方面，引进先进技术、搭建技术创新平台能够有效助力城市实现落后产能退出、产业多元化发展、生态环境有效恢复。在社会发展和文化建设过程中，需要对传统机制体制进行改革，提高政府部门办事效率和公共服务供给效率。

（2）长期以来的粗放、无序发展导致的生态脆弱和环境污染是制约城市可持续发展的主要问题。水污染、大气污染是太原市作为国家可持续发展议程创新示范区的重点工作，也是大量资源型城市发展的瓶颈和短板问题，通过制度、管理模式和技术创新，充分发挥政府和市场的积极作用，构建"政府主导、市场运作、公司承载、园区打造"的市场化、多元化参与方式，能够取得突出的生态建设成绩。

（3）实现资源型城市的可持续发展需要加强各有关部门之间的合作。城市转型是复杂的系统性问题：既涉及生态保护问题，又涉及区域生态修复问题；既涉及区域转型问题，又涉及区域社会发展问题；既涉及政策问题，又涉及技术问题；既涉及国家利益，又涉及农民集体利益。需要成立专门机构，责成专人完成区域生态保护修复、区域经济转型发展任务。建立完善的工作机制：一是建立市发改、规划、国土、环保、林业、文物等跨部门联动机制；二是建立市区分工负责机制；三是建立考核监督工作机制，保障项目

的持续推进。

（4）资源型城市实现可持续发展需要完善内部功能、提升内生动力，同时也需要加强对外开放和多边合作。对外部而言，在区域一体化加速、城市群不断形成的局面下，可持续发展已经成为一个跨区域问题，需要联合周边城市，建立区域内政府间合作机制，建立数据、资源共享平台，最小化城市间资本、技术、人才等资源竞争，共同推进区域可持续发展。

B.13
生态环境损害赔偿磋商制度完善研究

陈海嵩　李荣光*

摘　要： 我国自实施生态环境损害赔偿制度以来，赔偿磋商制度得到
了长足发展。在我国当前的生态环境治理实践当中也出现了
一系列典型案例。这些案例的处理在很大程度上推动了生态
环境损害赔偿磋商制度的发展，同时也暴露出存在的磋商程
序启动条件、内容、磋商期限规范不完善，第三方主体参与
磋商的实施方式不具体，磋商程序中信息公开与公众参与未
充分落实，磋商程序与司法救济衔接不协调等缺陷。完善生
态环境损害赔偿磋商制度，应当规范磋商范围、完善磋商程
序，完善第三方作为磋商主体的制度规范，健全信息公开和
公众参与制度，落实磋商程序与司法救济的衔接。

关键词： 生态环境损害　损害赔偿　磋商制度　案例分析

　　为进一步完善中国的生态文明建设进程，弥补以往仅以行政手段处理生
态环境损害问题的局限与不足，中共中央办公厅、国务院办公厅于 2015 年
12 月联合发布了《生态环境损害赔偿制度改革试点方案》（简称《试点方
案》），以两年为限在吉林、山东等七省市进行生态环境损害赔偿制度的试

* 陈海嵩，博士，中南大学人权研究院研究员、武汉大学环境法研究所教授，研究方向为环
境法基础理论及生态文明制度建设；李荣光，中南大学法学院博士研究生，研究方向为环
境法基础理论及生态文明制度建设。

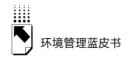

点工作。在结合各省市试点实践中积累的经验与探索的基础上，中共中央办公厅、国务院办公厅于 2017 年 12 月联合发布《生态环境损害赔偿制度改革方案》（简称《改革方案》），由此开始了中国生态环境损害赔偿制度的全面试行。《改革方案》明确要求从 2018 年到 2020 年，力争使生态环境损害赔偿制度达到责任明确、途径畅通、技术规范、保障有力、赔偿到位、修复有效的要求，同时还要求最高院在结合全国各级人民法院审理生态环境损害赔偿诉讼过程当中的积极探索和成功经验，通过制定诉讼规则的方式进一步规范生态环境损害赔偿审判工作的有序进行。最高院于 2019 年 6 月 5 日发布了《最高人民法院关于审理生态环境损害赔偿案件的若干规定（试行）》（简称《若干规定》），这也是自 2015 年 12 月开始进行生态环境损害赔偿制度探索以来，首次以制度规则的形式对生态环境损害赔偿案件的审判工作进行规范，同时也在一定程度上加快完善生态环境损害赔偿制度体系。截至《若干规定》发布前夕，全国各级人民法院共受理省级、市地级人民政府提起的生态环境损害赔偿案件 30 件，其中受理生态环境损害赔偿诉讼案件 14 件，审结 9 件；受理生态环境损害赔偿协议司法确认案件 16 件，审结 16 件。[1]

一　典型案例的审视分析

《试点方案》将"主动磋商"确定为处理生态环境损害赔偿案件的重要原则，《若干规定》发布前夕全国各级法院受理的共 30 件生态环境损害赔偿案件在进入审判程序之前都进行了不同程度的磋商，就磋商的结果而言可以分为磋商成功、部分磋商成功与磋商失败三种情形。本文将选取贵州息烽排污案、山东章丘排污案、浙江新昌排污案分别作为磋商成功、部分磋商成功与磋商失败的三个典型代表，以此为分析视角，在研究典型案例包含的探

---

[1] 《最高法发布审理生态环境损害赔偿案件司法解释首次将修复生态环境作为生态环境损害赔偿责任方式》，搜狐网，https://www.sohu.com/a/318891498_120024433。

索性意义的基础上，同时指出生态环境损害赔偿磋商制度在实践当中面临的问题，并有针对性地提出完善建议。

（一）典型案例案情介绍

第一例：贵州息烽排污案。① 贵州开磷化肥公司于 2012 年 6 月与息烽劳务公司签订合同，合同约定由息烽劳务公司清运开磷化肥公司在生产过程中产生的废石膏渣。合同要求息烽劳务公司应将废渣运送至拥有合格处理资质的磷石膏渣场并进行无害化处理。但是息烽劳务公司从 2012 年 12 月开始便没有按照合同约定将废渣运送至正规处理场所，而是运往大鹰田地内非法倾倒。到被贵州省环境行政主管部门发现时，已经形成累计占地 100 亩存量 80000m³ 的废渣堆积，对当地生态环境造成严重损坏。由于该案造成了强烈的社会反映，引起贵州省环境保护厅的高度重视。贵州省环境保护厅立即委托专门机构对息烽违法废渣倾倒案件造成的环境损害进行评估，并根据《试点方案》要求出具《环境污染损害评估报告》。根据专业评估机构的评估显示息烽违法废渣倾倒案件共产生应急处置费、废渣转运及生态环境修复费用共计约 891 万元。贵州省人民政府于 2017 年 1 月根据《试点方案》的要求指定贵州省环境保护厅作为代表人，在贵州省律师协会的主持下就息烽违法废渣倾倒案件产生的生态损害赔偿费用与息烽劳务公司、开磷化肥公司进行磋商，经过多轮磋商，双方就生态环境损害赔偿的范围以及赔偿方式达成一致意见，并形成《生态环境损害赔偿协议》。为保证该损害赔偿协议充分履行，贵州省环境保护厅与息烽劳务公司、开磷化肥公司向清镇市人民法院申请对该协议进行司法确认。该案件是全国首例对生态损害赔偿协议进行司法确认的案件，这一创造性举措得到了《改革方案》认可，并作为生态损害赔偿制度探索的成功经验向全国推广。

---

① 《贵州省人民政府、息烽诚诚劳务有限公司、贵阳开磷化肥有限公司生态环境损害赔偿协议司法确认案》，中国法院网，https://www.chinacourt.org/article/detail/2019/06/id/4004419.shtml。

第二例：山东章丘排污案。① 弘聚公司、麟丰公司、金诚公司、万达公司、利丰达公司这 5 家公司在生产过程中长期存在违反国家废弃危险品处理规定以及环境保护法律的活动，自 2015 年 8 月开始委托无废弃危险品处理资质的人员陆续将 640 吨废弃酸性液体、23 吨废弃碱性液体以及其他工业生产废液运至济南章丘区普集镇上皋村的废弃煤井内，与矿井的废弃液体发生剧烈化学反应，最后破坏了当地生态环境，严重污染了周边的土壤和地下水。事发之后山东省人民政府指定山东省生态环境厅作为代表人启动生态环境损害赔偿程序，山东省生态环境厅对上述 5 家公司进行行政处罚的同时还委托山东省环境保护科学研究院对该起非法排污案件进行生态环境损害评估，并制定《环境损害评估报告》。山东省生态环境厅依据该报告与上述五家公司进行生态环境损害赔偿磋商，其中麟丰公司、万达公司、利丰达公司陆续与山东省生态环境厅签订生态损害赔偿合同书，对约定的赔偿金额进行赔偿。另外 2 家公司与山东省生态环境厅就生态环境损害赔偿的磋商没有达成一致意见，所以山东省生态环境厅及时终止磋商并依据《环境损害评估报告》向济南市中级人民法院提起诉讼，法院在该案审理过程中邀请制作评估报告的专业人员出庭解释专业性问题，同时依职权聘请相关专家参加庭审就该案涉及的专业问题发表意见，原告和被告也分别申请专家辅助人就相关专业问题从技术角度发表意见。本案在很大程度上充分体现了公众参与生态环境损害赔偿的要求，也成为我国生态环境损害赔偿制度探索当中就损害赔偿问题未完全取得成功、剩余部分由生态环境损害赔偿诉讼解决的典型案例。

第三例：浙江新昌排污案。② 绍兴市新昌县某胶囊生产企业于 2016 年 3 月将该公司的桥梁建造工程发包给吕某，吕某在组织桥梁建设过程中不慎损

---

① 《山东省生态环境厅诉山东金诚重油化工有限公司、山东弘聚新能源有限公司生态环境损害赔偿诉讼案》，中国法院网，https://www.chinacourt.org/article/detail/2019/06/id/4004383.shtml。

② 《绍兴审结首例环境公益诉讼案》，中国法院网，https://www.chinacourt.org/article/detail/2017/02/id/2547851.shtml。

坏桥墩基础，造成桥墩附近的污水管断裂，使污水管中的含油废水流入新昌江中。但该胶囊生产企业与吕某均未及时对破损的污水管进行修复处理，致使含油废水在新昌江中造成一定面积的生态环境损害。后经当地生态环境行政管理部门调查，污水管中的含油废水是由新昌县某轴承生产企业私自排放。新昌江排污案的整个过程就是轴承生产企业将未经处理的含油废水偷排到污水管中，桥梁施工方在为胶囊生产企业施工过程中破坏了排污管，造成含油污水流入新昌江破坏生态环境，桥梁施工方与胶囊生产企业未及时对排污管破坏问题进行处理，导致环境损害扩大。绍兴市生态环境保护局及时启动生态环境损害赔偿程序，积极与桥梁施工方、胶囊生产企业、轴承生产企业进行生态环境损害赔偿磋商，同时委托专业评估机构对本次排污造成的环境损害赔偿结果进行鉴定评估，经评估本次新昌江非法排污案件共产生污水处理费及生态环境修复费、评估鉴定费共计约 8 万元。但是由于造成生态环境损害的三方在确定赔偿金时相互推诿，迟迟未履行赔偿协议，最终该磋商程序失败。该案由此进入诉讼程序。在绍兴市生态环境局的支持下由绍兴市生态文明促进会向绍兴市中院提起环境公益诉讼，最终使生态环境损害赔偿费用得到履行。本案也是由生态环境损害赔偿磋商转入诉讼程序的全国首例。

（二）典型案例案情分析

贵州息烽排污案作为成功进行生态环境损害赔偿磋商的全国首例，对生态环境损害赔偿诉讼制度的探索做出的最大贡献就是首次邀请第三方主持磋商活动，这一举措不仅体现了磋商程序的中立性与公平性，同时第三方具备的专业知识还可以为磋商程序提供支持，赔偿权利人与赔偿义务人在第三方的协调下，就赔偿的范围、赔偿责任的承担方式以及赔付磋商期限充分交换意见，有效保障了磋商程序的有序进行。并且将磋商达成的损害赔偿协议进行司法确认，有效保证了赔偿协议的履行，这一成功经验也被《若干规定》采纳成为生态环境损害赔偿制度的重要组成部分。尽管该案有一些首创性探索，但是就磋商制度的启动条件、磋商过程、终止条件、磋商期限等重要内

容都是在"摸着石头过河",没有形成一个完整的具有典型代表意义的操作规范。

山东章丘排污案涉案当事人数量较多,生态环境损害影响较大,赔偿涉及的专业技术种类相对广泛。由于处理难度较大,为充分实现对生态环境的修复活动和赔偿事宜的落实,山东省生态环境厅在启动磋商程序之前,委托专业机构制作评估报告。同时在审判过程当中,不管是原被告双方还是法院都邀请了具备相关专业知识的专家出庭就案件涉及的专业问题提供意见,这些意见对案件事实的认定起到了重要作用。邀请专家辅助人、咨询专家以及评估报告的制作人员出庭充分体现了公众参与在生态环境损害赔偿制度中的重要作用。在程序结束之后,督促签订赔偿协议的赔偿义务人履行赔付义务,对未签订赔偿协议的赔偿义务人提起诉讼,体现了磋商制度适用的灵活性,同时也完善了磋商制度与诉讼制度的衔接,提高了案件处理的效率。由于该案是我国生态环境损害赔偿实践中较早的案例,对磋商制度的监督问题、磋商范围涉及的信息公开、磋商范围以及磋商主体的具体范围等制度都缺乏相关探索。

浙江新昌排污案就磋商程序向诉讼程序转化的具体条件提供了可参考的成功案例,签订损害赔偿协议不代表则磋商程序的终结,同时明确不履行损害赔偿协议作为磋商失败的认定条件,有效规范了磋商程序向诉讼程序转变的要求。由于案发时仍处于生态环境损害赔偿制度的试点期间,相较于前两起案件,本案创造性地提出由社会组织作为起诉主体启动诉讼程序,实现了生态环境损害赔偿制度与环境公益诉讼之间的衔接,同时也节省了案件处理时间,还确保生态环境及时修复。不可否认本案有积极意义的探索,但由于比起前两起案件,本案对生态环境造成损害较小、涉案赔偿金额比较少、生态修复难度较低,该案经法院审判后结果也履行得较好。但如果涉案金额相对较多、修复难度较大,如何确保修复方案的有效执行以及赔偿及时到位、如何确保修复方案被充分落实以及赔偿金被合理使用是完善生态环境损害赔偿制度的过程中不可回避的一个问题。

经过对上述三个案例的分析可以发现,生态环境损害赔偿磋商制度的完善仍面临着诸多挑战，目前较为明显的需要解决的问题就包括如何科学规范磋商程序的启动条件以及磋商的磋商期限才能确保生态环境的及时修复又能提高受损生态环境治理的效率。如何充分发挥第三方主体参与磋商程序，保障磋商过程的中立性、公平性与专业性。为实现维护公共利益的目标，在磋商程序中充分进行信息公开确保公众参与，保障磋商程序公平、公正与合法，仍需要从规范制定角度进行完善。磋商程序如何实现与司法救济的衔接，其中包括在磋商程序的不同阶段应当如何与环境民事公益诉讼实现衔接。另外，检察机关作为重要的司法部门如何在磋商过程中发挥其法律监督的作用，保障磋商过程的合法性与规范性。

二 生态环境损害赔偿磋商制度的困境

（一）磋商程序的内容规范不明确

磋商程序的内容应包括程序启动条件、磋商范围、磋商期限以及终止情形，通过对上述案例的分析可以发现进行生态环境损害赔偿评估与鉴定是进行磋商的重要基础条件，赔偿权利人通常会以评估报告为启动磋商程序的重要依据。无论是现实中的磋商实践还是《改革方案》都缺乏规范评估活动的内容，在具体实践中制作评估报告耗费的时间也各不相同。由此也不可避免地产生一些问题，诸如评估报告完成后间隔多长时间启动磋商程序？如果制作评估报告耗费较长的时间，磋商程序是否要在评估报告完成之后再行启动？就磋商程序的适用范围而言，《改革方案》规定发生此三类[①]情形才能启动磋商程序，由于这些太过原则性的规定导致权利人在决定是否启动磋商程序时拥有较大的裁量权，缺乏细致的操作规范可能会导致因不同赔偿权利

---

① 《生态环境损害赔偿制度改革方案》规定：有下列情形之一的，按本方案要求依法追究生态环境损害赔偿责任：发生较大及以上突发环境事件的；在国家和省级主体功能区规划中划定的重点生态功能区、禁止开发区发生环境污染、生态破坏事件的；发生其他严重影响生态环境后果的。各地区应根据实际情况，综合考虑造成的环境污染、生态破坏程度以及社会影响等因素，明确具体情形。

人的认定标准不一而使受损的生态环境得不到及时修复。另外当前诸多磋商实践也很少对评估报告、生态修复方案制定活动进行明确规范，这些不足也限制了生态环境损害赔偿磋商制度修复生态环境功能的发挥。不同省份就磋商程序规定的磋商期限也各不相同，但大多数省份为了及时实现对受损生态环境的修复，通常规定磋商次数在两次以内，非重大疑难案件原则上不可以增加协商次数。同时两次协商之间的间隔时间也各不相同，如何科学地规范磋商期限以及两次磋商之间的间隔时间才能既保证受损生态环境得到及时修复又能真正发挥磋商程序在纠纷解决时具有的灵活、高效的特点依然值得思考。另外，相较于复杂冗长的诉讼程序，磋商程序的启动成本较低且处理结果的内容与方式更加灵活，减少了赔偿权利人与赔偿义务人的对抗性交流，以相对平等自由灵活的方式进行沟通协商更有利于调动双方处理问题的积极性。但是如果磋商过程久拖不决，导致生态环境损害扩大甚至恶化，则违背了设置磋商制度的初衷，以此及时明确磋商程序的终止情形是提高磋商效率，节约公共资源的必然选择。①

（二）参与磋商的第三方主体不明确

通过分析贵州息烽排污案的案情可以发现，该案能够顺利进行生态环境损害赔偿磋商程序的重要原因之一就是贵州省律师协会作为独立的第三方参与到磋商程序当中，相对中立的第三方更能保障磋商程序的公平性。因此这一成功经验也被《贵州省生态环境损害赔偿磋商办法（试行）》（简称《赔偿磋商办法》）采纳，独立的第三方参与磋商程序更有利于促进赔偿权利人与赔偿义务人之间的平等交流与意见互换，增进双方对损害赔偿事实的认识以及修复方案的执行。贵州省这一创造性举措也被浙江省与江苏省学习借鉴，随后两省都在各自的《赔偿磋商办法》当中规定了第三方参与的磋商程序的相关内容。但是三省在各自的《赔偿磋商办法》中规定的第三方

① 郭海蓝、陈德敏：《生态环境损害赔偿磋商的法律性质思辨及展开》，《重庆大学学报（社会科学版）》2018 年第 4 期。

主体的范围又各不相同，贵州省规定"调解组织和受邀参与磋商人"① 可以作为第三方参与到磋商程序当中，并且将"受邀参与磋商人"作为概括性的规定，扩大了实际能够作为第三方参与磋商程序的主体范围，增加了可操作性。浙江省规定"生态环境损害鉴定评估机构、高校、科研院所"② 能够作为第三方主体参与到磋商程序中，这彰显了第三方主体的专业性，突出强调第三方凭借其专业知识为磋商程序提供技术保障。而非像贵州省那样突出磋商程序的公平性与中立性。江苏省则将第三方主体的范围严格限制为"赔偿权利人所对应的同级人民法院、人民检察院"③，这一规定难以确保公众有效参与磋商程序，同时也在很大程度上不利于社会公众监督磋商程序。《改革方案》中没有明确规定第三方参与磋商程序的具体内容，但第三方参与磋商程序具有的优势是有目共睹的，如何确保第三方在磋商程序中发挥的积极作用也是完善生态环境损害赔偿磋商制度的一大难题。④

（三）磋商程序中信息公开和公众参与不明确

生态环境是最普惠式的公共产品，生态环境一旦遭到破坏，生态功能必然减损，也就导致不特定社会公众的环境利益受损。生态环境损害赔偿磋商程序是否健全与社会公众享有的环境权益密切相关，确保公众对磋商程序相关活动享有完整的知情权与参与权则是落实磋商程序公平性、公正性与正当

---

① 《贵州省生态环境损害赔偿磋商办法（试行）》第五条：生态环境损害赔偿磋商的主体包括生态环境损害赔偿权利人、赔偿义务人、生态环境损害第三人、调解组织和受邀参与磋商人。

② 《浙江省生态环境损害赔偿磋商管理办法（试行）》第五条：本办法所指的受邀参与磋商人，是指赔偿权利人及其指定的部门或机构从生态环境损害侵权行为地县级以上人民政府相关部门、生态环境损害鉴定评估机构、高校、科研院所以及与生态环境损害有利害关系的单位中选择的参与磋商的人。

③ 《江苏省生态环境损害赔偿磋商管理办法（试行）》第五条第二款：赔偿权利人指定的部门或机构依据鉴定意见书、评估报告和修复方案组织编制磋商方案，书面报请赔偿权利人同意后，告知赔偿义务人启动磋商，并书面告知同级人民法院、同级人民检察院。

④ 郭海蓝、陈德敏：《省级政府提起生态环境损害赔偿诉讼的制度困境与规范路径》，《中国人口·资源与环境》2018年第3期。

性的重要内容。行政机关作为赔偿权利人代表社会公众与赔偿义务人就生态环境损害赔偿问题进行磋商，公众同样有权知晓赔偿权利人在磋商过程中是否充分行使权利、履行职责、保证社会公共利益，因此将赔偿磋商过程中的相关信息进行公开也是公众行使参与权的重要基础。通过对上述案例的分析可以发现各省在制定《赔偿磋商办法》的过程中对信息公开内容规范各不相同，不同省份对信息公开的范围、公众查询信息的渠道以及信息公开的时效都缺乏相关规定，这种情形也限制了公众参与磋商的积极性与便利性。《改革方案》包括明确要求保障公众参与生态损害赔偿活动的内容，要求政府及其相关职能部门应当依法将磋商范围以及赔偿过程中的重要内容及时对社会公开，同时允许公众表达合理诉求，使磋商程序在公开、公正的环境下进行。如何将这一抽象的指导性规则细化为具体的可操作规范，《改革方案》未作规定，这也使得现实的实践操作缺乏规范依据。为充分实现对受损生态环境的修复以及落实后续修复方案，确保社会公众尤其是其中利害关系人通过科学方式参与磋商程序也就显得尤为重要。在当前公众参与活动中较为常见的参与方式主要是听证会、论证会、咨询会，如何实现常规的公众参与方式与磋商程序的衔接，落实社会公众意见的表达方式，体现磋商程序的公正性与正当性是完善生态损害赔偿磋商制度不可回避的一个问题。[①]

（四）磋商程序与司法救济衔接不明确

《改革方案》明确要求为保障损害赔偿协议的有效落实，可对其进行司法确认，同时将损害赔偿诉讼作为磋商失败的司法救济方式。具体实践中由于《改革方案》没有对申请司法确认以及磋商转诉讼的具体标准进行明确规范，赔偿权利人与赔偿义务人将双方签订的赔偿协议交由法院进行司法局确认时，法院对赔偿协议的审查应当如何进行？法院对赔偿协议审查的范围、标准以及审查磋商期限将如何规范？另外是否将所有损害赔偿协议无差

---

① 刘巧儿：《生态环境损害赔偿磋商的理论基础与法律地位》，《鄱阳湖学刊》2018 年第 1 期。

别适用司法确认程序，如果一律适用司法确认难免会造成司法资源的浪费。最高院的《若干规定》① 也是抽象地规定"当事人可以向人民法院申请司法确认"，因此为节约司法资源就有必要对提起司法确认的案件设置一定的标准，损害条件与金额达到要求的案件才能进行司法确认。《改革方案》明确要求"经磋商未达成一致"则可以启动生态环境损害赔偿诉讼程序，将磋商程序作为提起生态环境损害赔偿诉讼的前置条件，由此实现磋商与生态环境损害赔偿诉讼的衔接，但环境民事公益诉讼的启动则无前置性限制。生态环境损害赔偿诉讼属于行政权以司法方式实现其行政目的的一种，② 从这一角度分析，生态环境损害赔偿诉讼优先于环境民事公益诉讼。

山东章丘排污案的环境民事公益诉讼部分也体现了这一特点。但是在实践中仍面临着如何协调磋商程序与环境民事公益诉讼启动的顺序问题：在磋商程序启动之前相关主体可否提起环境民事公益诉讼；磋商过程中如果环境民事公益诉讼起诉主体认为磋商程序未能实现对环境公共利益的保护，能否以此为由提起诉讼。磋商达成的赔偿协议未得到充分实施时相关主体能否提起环境民事公益诉讼，此类问题是制约生态环境损害赔偿磋商程序与环境民事公益诉讼衔接的重要障碍。作为我国宪法规定的监督法律实施的机关，在上述三个案例当中鲜有发现检察机关在生态环境损害赔偿磋商程序过程中发挥其监督作用，检察机关通过提出检察建议等方式督促赔偿权利人及时修复受损生态环境的作用长期以来多被忽视。在磋商过程中以行政机关为代表的赔偿权利人是否及时依法履行法定职责，磋商程序久拖不决时检察机关如何发挥督促作用推动磋商程序的进程或向诉讼程序转变，另外就赔偿协议内容是否符合法律以及公共利益的要求，在很大程度上都依赖于检察机关行使监督权。

---

① 最高人民法院《关于审理生态环境损害赔偿案件的若干规定（试行）》第二十条：经磋商达成生态环境损害赔偿协议的，当事人可以向人民法院申请司法确认。
② 潘佳：《生态环境损害赔偿磋商制度解构》，《法律适用》2019 年第 6 期。

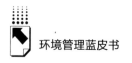

三 生态环境损害赔偿磋商制度的完善建议

（一）规范磋商范围，完善磋商程序

如上文所述，磋商程序的内容应包括程序启动条件、磋商范围、磋商期限以及终止情形，因此对磋商程序的内容规范也应当从这四个方面入手。首先要明确启动条件的具体情形。生态环境损害赔偿程序的主要目的就是实现对受损生态环境的修复，使生态环境的正常机能免于减损。因此使用这一制度的前提就是出现了生态环境损害事实，并且有清晰的损害行为和因果关系，同时能够确定具体的行为人。在正常情况下，赔偿权利人会希望通过程序相对简单的磋商来实现对受损生态环境的治理修复，但磋商程序决定了双方是以相对平等的地位进行交流协商，所以赔偿权利人与赔偿义务人双方同时具有磋商的意愿时磋商程序才能启动。① 分析上述案例的成功经验可发现，完成《生态环境损害鉴定评估报告》是磋商程序能够进行的重要依据，由于在实践当中评估报告制作时间和难度也各不一致，同时可以规定为避免在评估报告制作期间生态环境损害结果扩大以及未及时对重大或突发案件进行合理处置，可以先行启动磋商程序，就突发行为的紧急处理方式以及责任承担方式等内容进行磋商。② 其次，磋商范围应包括以下三类具体情况。第一，双方以平等交流的方式对损害事实进行认定，保障赔偿义务人有表达意见的权利，确保双方进行平等且实质性的交流。第二，赔偿义务人有对评估报告提出异议并举证证明的权利，必要时赔偿义务人可以要求对评估报告制作者进行询问或与赔偿权利人协商重新进行评估。第三，还应当包括赔偿范围、制定修复方案以及修复方案的执行过程、修复磋商期限，并且对受损的生态环境确定灵活的责任承担方式。再次要明确磋商期限。为避免因磋商程序久拖不决而造成受损生态环境无法及时恢复，应当明确磋商的具体磋商期

① 程雨燕：《生态环境损害赔偿磋商制度构想》，《北方法学》2017 年第 5 期。
② 张锋：《我国协商型环境规制构造研究》，《政治与法律》2019 年第 11 期。

限。① 通过考察我国当前地方磋商中对磋商期限的规定可以发现，大多数省份规定磋商的次数为两到三次，每两次磋商的间隔时间为七到十天。因此为及时实现对受损生态环境的治理，同时又确保赔偿权利人进行磋商获得的相应的灵活性与自主性，可以将磋商次数规定为两次，遇到重大疑难案件可以延长一次。每两次磋商的间隔时间为七天，遇到重大疑难案件可以将间隔时间延长三天。最后，明确磋商的终止情形应包括以下三类具体情况。第一，磋商程序久拖不决，磋商期限达到法定磋商期间次数的上限。第二，在磋商过程当中赔偿权利人与赔偿义务人一方或双方当事人表示自愿放弃磋商或不同意再进行磋商。第三，发现作为赔偿权利人的行政机关工作人员在磋商过程当中有滥用职权、违法犯罪等行为，为避免社会公共利益受损而终结磋商。②

（二）完善第三方作为磋商主体的制度规范

在赔偿磋商程序当中，赔偿权利人凭借拥有的行政权力通常占据着程序运行的主动权，这势必会出现赔偿权利人"作为自己案件的法官"的情形，进而严重损害磋商程序的公正性与正当性，也不利于赔偿义务人充分有效地进行实质性磋商。第三方主体不同于赔偿权利人与赔偿义务人那样与赔偿内容有着密切的利害关系，第三方作为独立的主体参与磋商程序主要运用其专业知识为磋商过程提供意见和建议。第三方主体也不以公众参与的方式参与磋商，在磋商过程中普通公众的公众参与通常是以列席或旁听的形式进行，公众一般不会对磋商的内容发表意见。第三方能作为独立的磋商主体参与磋商程序，是因为对其身份有着相对较高的专业限制，只有掌握了足够的某一领域的专业知识才有资格以第三方的身份参与磋商程序，这也是第三方作为磋商主体与普通公众以公众参与的方式参与磋商的重要区别。另外通过分析贵州排污案的处理过程可以发现，贵州省在赔偿磋商过程中创造性地提出由

---

① 陈小平：《生态环境损害赔偿磋商：试点创新与制度完善——以全国首例生态环境损害赔偿磋商案为视角》，《环境保护》2018 年第 8 期。
② 程雨燕：《生态环境损害赔偿磋商制度构想》，《北方法学》2017 年第 5 期。

省律师协会以第三方的身份主持磋商程序，并在磋商程序中提供专业法律支持，有力地推动了磋商程序的进程，其成功经验值得借鉴。[①] 另外在全国其他省市的《磋商办法》中也有邀请第三方以主持人或咨询专家的身份参与磋商过程的规定。为充分发挥第三方主体对磋商程序进行组织、建议、平衡各方利益的作用，选取第三方主体首先要保证第三方与磋商处理内容无利害关系，以保持其中立性。结合我国现有的磋商实践和各省市政在赔偿磋商程序过程中对第三方主体身份的要求，可以将具备专业技能的社会环保组织、省市级律师协会、人民调解委员会以及具备生态环境治理相关专业知识的高校学者作为第三方主体的主要选择对象。[②]

（三）完善信息公开和公众参与制度

1. 完善信息公开制度

信息公开的主要内容包括信息公开的范围、公开方式以及公开的及时性与时效性。信息公开贯穿生态环境损害赔偿磋商的全过程，作为行政机关的赔偿权利人应在磋商程序启动之前将磋商的事由、调查鉴定评估、参与主体、进行磋商的时间地点以及申请参与磋商过程的方式与条件向社会进行公示。在磋商过程中应将每次磋商达成的阶段性意见以及磋商进程等相关信息向社会公示。另外作为赔偿权利人的行政机关接受国家的委托获得了对生态环境损害的索赔权，[③] 在磋商过程中赔偿权利人不能任意放弃或变更具有明显公共利益色彩的磋商范围等其他影响社会公共利益的内容，这些内容如需变动应当及时向社会公示，接受社会监督。磋商程序结束之后应将磋商达成的损害赔偿协议以及生态修复方案等重要内容向社会公布。信息公开必须要满足即时性与时效性的要求，除涉及国家秘密和商业机密的信息都要及时公

[①] 张林鸿、葛曹宏阳：《生态环境损害赔偿磋商的法律困境与制度跟进——以全国首例生态环境损害赔偿磋商案展开》，《华侨大学学报》（哲学社会科学版）2018 年第 1 期。

[②] 李树训、冷罗生：《生态环境损害赔偿磋商中的第三者：功能与保障——聚焦七省改革办法》，《华侨大学学报》（哲学社会科学版）2019 年第 4 期。

[③] 陈海嵩：《生态环境损害赔偿制度的反思与重构——宪法解释的视角》，《东方法学》2018 年第 6 期。

开。赔偿权利人所属的地方政府可以在其官方网站以及辖区内有影响力的网站、报纸、电视媒体将相关的赔偿磋商相关信息向社会公布，并且可以建立完善的网络信息公布平台专门负责向社会集中公布赔偿相关信息。同时在生态环境损害赔偿发生地设置公告栏张贴公告以及免费向社会提供各类赔偿进展相关文件材料，满足公众获取相关信息的需求。在网络技术发展日新月异的今天，赔偿权利人充分利用网络技术采用电视直播、网络直播的方式向社会公开磋商程序的进程，还可以开发和公众参与赔偿磋商相关的手机 App、开设相关微信公众号或小程序等方式，以多样的信息公开方式与途径覆盖不同年龄段社会群体。

2. 优化公众参与路径

目前制约公众参与磋商制度的问题包括了参与磋商范围不明确、主体不清晰、方式不具体。参与磋商的范围通常由作为行政机关的赔偿权利人决定，但是为了充分发挥磋商制度的积极作用，应当规定公众参与生态环境损害赔偿事件的损害调查、损害评估、修复方案的具体制定方式。赔偿权利人应当明确将听证会、论证会以及座谈会作为公众参与的重要方式，积极听取并收集公众表达的意见和建议，并及时对公众意见进行反馈处理。[①] 完善公众意见向磋商活动的反馈途径，还要健全参与人员的选取与发言机制，明确磋商参与人员的选取标准及方式，在社会各阶层各职业群体中规定相应的比例，保证听证参与人员组织的科学性。建立科学的赔偿权利人联系群众制度，完善相应的磋商联系规则，明确赔偿权利人收集公众对磋商的意见与建议的职责、打通公众与磋商主体沟通联系的渠道，确保民意能够到达磋商主体，以此提高磋商活动的科学性、规范性与民主性。另外，将参与磋商的时间、地点及时向社会公布，允许媒体对听证进行报道、直播，给社会公众提供参与磋商的途径以及获取信息的方式。并且要优化公众通过网络参与磋商的途径，制定相关的网络参与规则，规范网络参与方式，通过多种方式提高公众在网络中参与磋商的积极性和网络文明素质，塑造科学有序的网络参与

---

① 康京涛：《生态环境损害赔偿磋商的法律性质及规范构造》，《兰州学刊》2019 年第 4 期。

磋商机制。[1]

（四）落实磋商程序与司法救济的衔接

1. 明确磋商转诉讼规则

为保障环境行政机关能够充分运用行政手段完成生态环境治理的任务，应当规定只有行政机关在穷尽行政手段仍无法达到恢复受损生态环境的情况下才能启动生态环境损害赔偿诉讼。[2] 如前文所述，赔偿义务人拒绝磋商，在磋商过程中双方未达成一致意见或者磋商次数达到上限导致磋商程序终止，由此转入诉讼程序。无论是环境民事公益诉讼还是生态环境损害赔偿磋商，两者都有着实现对受损生态环境进行救济的共同目标，实现两者之间的协调也更有利于落实对生态环境的全面保护。尽管损害赔偿磋商程序相较于环境民事公益诉讼更有利于节约司法资源，提高案件处理效率，但我国现行法律并未禁止同时适用磋商程序与环境民事公益诉讼。因此无论是在磋商程序启动之前、磋商进行中还是磋商完成之后都不会影响法院对环境民事公益诉讼的受理。[3] 赔偿权利人在磋商失败之后可依法提起生态环境损害赔偿诉讼，生态环境损害赔偿诉讼与环境民事公益诉讼之间的顺序可以按照《若干规定》的第 17 条规定中止环境民事公益诉讼案件的审理，由此可见我国立法者在生态环境损害赔偿与公益诉讼的衔接方面采取了生态环境损害赔偿优先的做法。另外，在磋商失败之后赔偿权利人怠于提起生态环境损害赔偿诉讼时，检察机关可以通过督促程序督促赔偿权利人及时履行职责，若赔偿权利人经检察机关督促仍不积极提起生态环境损害赔偿诉讼，此时为实现对受损生态环境的及时救济，检察机关可作为适格原告直接提起环境民事公益

① 董正爱、胡泽弘：《协商行政视域下生态环境损害赔偿磋商制度的规范表达》，《中国人口·资源与环境》2019 年第 6 期。

② 陈海嵩：《生态环境损害赔偿制度的反思与重构——宪法解释的视角》，《东方法学》2018 年第 6 期。

③ 王腾：《我国生态环境损害赔偿磋商制度的功能、问题与对策》，《环境保护》2018 年第 13 期。

诉讼，以此实现磋商程序与诉讼程序的衔接。①

2. 完善检察机关监督制度

检察机关作为我国宪法规定的法律监督机关，在监督保障法律实施方面具有重要的作用。生态损害赔偿磋商制度相较于诉讼模式具有低成本、高效率、低对抗等优势，作为一种新兴的制度设计在生态环境治理领域具有不可估量的生命力。为确保此项制度能够在法制规范的道路上有序发展，应当加强检察机关的助力作用，实现这一制度的成熟。在赔偿磋商制度运行过程当中应当加强检察机关对磋商过程的参与、强化对磋商范围和损害赔偿协议的监督，确保公共利益及时得到维护。如果检察机关发现作为赔偿权利人的行政机关在相关案件处理过程中未及时启动生态环境损害赔偿磋商程序，检察机关应及时发出检察建议督促赔偿权利人积极履行职责，启动磋商程序。在磋商过程中，检察机关可以派代表出席磋商会议监督磋商过程，监督作为赔偿权利人的行政机关依法履行法定职责，确保磋商流程以及磋商范围都在法律框架内有序进行，保证磋商程序的合法性。同时监督发现赔偿权利人与赔偿义务人在磋商过程中出现违法行为时应及时采取相应措施制止违法行为，避免社会公共利益受损。磋商失败后检察机关应当督促赔偿权利人及时提起诉讼，在重大疑难案件处理过程中检察机关可以派出代表支持起诉。在后续的损害赔偿协议执行过程以及修复方案实施过程当中发现赔偿义务人有不积极履行协议职责的情况时，检察机关应当督促赔偿权利人及时申请强制执行，确保受损生态环境得到有效修复。②

---

① 刘慧慧：《生态环境损害赔偿诉讼衔接问题研究》，《法律适用》2019 年第 21 期。

② 黄锡生、韩英夫：《生态损害赔偿磋商制度的解释论分析》，《政法论丛》2017 年第 1 期。

B.14
新疆焉耆盆地绿洲区土壤环境
质量监测与分析

贾海霞　汪　霞　李　佳　赵云飞　史常明*

摘　要：　中国经济快速发展的同时，人与生态环境的矛盾也越来越
大。土壤肥力也因此受到了很大影响。随着当前中国农业城
市化建设进程的不断加快，中国的综合耕种利用土地也被广
泛用于其他方面，多重土壤污染使得耕地土壤肥力大大降
低，这给当前中国的现代农业经济生产发展带来了不良影
响。为了使农业生产适应并减缓气候变化、实现农业减排、
推进农业现代化进程。本文以焉耆县为主要研究对象，评价
了焉耆县耕地土壤肥力发展状况，土壤肥力存在的一些问题
以及提出改善耕地土壤肥力的几种方式，并将综合适应与研
究减缓全球气候变化农田土壤管理技术措施从2013年到2019
年在焉耆县实施，并连续定点农田监测，综合利用 DNDC 模
型模拟50%秸秆还田和测土配方在未来30年里对耕地土壤有
机碳的影响，研究结果得到：利用秸秆还田和测土配方技术
有助于促进焉耆盆地绿洲农用地区的土壤肥力大幅提升；通
过研究，该地区绿洲农田0～20cm 土层土壤有机碳密度和碳储
量未来30年里将呈显著增加趋势，单位农田面积土壤有机碳增

---

* 汪霞，博士，兰州大学教授、博导，研究方向为生态修复及其环境效应；贾海霞，兰州大
学在读硕士生，研究方向为生态修复及其环境效应；李佳，博士，兰州大学，研究方向为
生态修复及其环境效应；赵云飞，兰州大学在读博士生，研究方向为生态修复及其环境效
应；史常明，兰州大学在读硕士生，研究方向为生态修复及其环境效应。

幅为 -7% ~29%；全年新增碳储量$3.708 \times 10^8 t$ ~ $1.978 \times 10^9 t$，增幅为 -5% ~48%，呈现出"碳汇"趋势，这对有效恢复焉耆县农田土层土壤有机碳的平衡和促进绿洲盆地农业健康可持续发展至关重要。

关键词： 焉耆耕地　土壤有机碳　秸秆还田　农田管理

一　引言

随着"碳中和""碳达峰"概念的提出，碳循环再次成为热点问题，其中陆地碳循环管理相关研究备受瞩目。[①] 农田生态系统是陆地上人类参与活动最为频繁的一种生态系统，农田生态系统固定二氧化碳（CO_2）的量占全球光合作用总量的15%。[②] 其中耕地作为一种只有人类生产活动的土地利用类型，在开展人为的、科学的管理措施后，能有效减少土壤碳损失。[③] 但实际情况是，为了不断提高农田的生产力，频繁实施农业耕作，这对农田生态系统碳循环造成了严重干扰。陈广生等人的研究表明，对农田生态系统实施合理的管理措施（如秸秆还田、合理轮作、改进施肥灌溉技术、降低农耕强度），能有效改善农田生态系统碳蓄积量。[④] 研究表明合理的管理措施能

① 黄玫、王娜、王昭生等：《磷影响陆地生态系统碳循环过程及模型表达方法》，《植物生态学报》2019 年第 6 期，第 471 ~481 页。
② Carolyn M. Malmström, Matthew V. Thompson, Glenn P. Juday, et al., "Interannual variation in global-scale net primary production: Testing model estimates", *Global Biogeochemical Cycles* 11, 3 (1997): 367 -392.
③ 王进：《玛纳斯河流域农田生态系统碳动态及其驱动因素研究》，博士学位论文，石河子大学，2017。
④ 陈广生、田汉勤：《土地利用/覆盖变化对陆地生态系统碳循环的影响》，《植物生态学报》2007 年第 1 期。

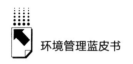
使每年吸收固定的碳量达到 0.4～1.2Pg，[①] 能抵消 5%～15% 的 CO_2 排放量，[②] 重新固定 60%～70% 的陆地碳库损失量。[③]

当前，农田生态系统管理措施有秸秆还田、灌溉、改变轮作方式、施肥等，不同措施会对土壤有机碳产生物理、化学和生物多角度的影响。[④] 现有研究对于不同管理措施对土壤碳循环和碳平衡效应的影响都做了深入分析，秸秆还田可以直接增加土壤有机碳的总量，并且改善土壤团聚结构，使有机碳更好地被封存。[⑤] 施肥也可以改变土壤团聚结构，还会影响到微生物活性和作物产量，最终通过植物还田量影响土壤有机碳含量。[⑥]

不同于森林、草地等其他生态系统，农田生态系统由于人类参与充满复杂性。其中耕地土壤循环除了受到地形、气候等自然因素的影响外，还深受土地利用、施肥方式、耕作方式等人为因素的制约。[⑦] 研究人员已经对农田碳循环进行了大量实验室与野外观测相结合的研究，但是因为农田生态系统的复杂性，目前尚无法清晰地阐明我国农田生态系统碳循环的时间、空间分布。因此，建立一个结合了环境因素和人为因素的农田生态系统碳循环模型，利用模型探究和预测农田生态系统碳循环过程对全球碳循环研究尤为重要。[⑧]

为有效提高焉耆县土壤肥力，从中总结出更好的长期农田土壤管理措施，本文以焉耆县为研究区域，通过长期农田定位实验分析化肥有机肥配

---

① 林赤辉、郭小雨、康文慧等：《耕地不同管理措施对土壤碳循环的影响研究》，《西部资源》2020 年第 2 期。

② 张海林、孙国峰、陈继康等：《保护性耕作对农田碳效应影响研究进展》，《中国农业科学》2009 年第 12 期。

③ R. Lal, "Soil carbon dynamics in cropland and rangeland", *Environmental Pollution* 116, 3 (2002): 353–362.

④ 林赤辉、张艳丽：《浅析巴彦淖尔市城乡建设用地特征》，《北方经济》2012 年第 11 期。

⑤ 周江明、徐大连、薛才余：《稻草还田综合效益研究》，《中国农学通报》2002 年第 4 期。

⑥ 张亚丽、萧金庆、马瑞峻等：《秸秆覆盖对农田土壤磁化率测量结果的影响》，《华南农业大学学报》2018 年第 4 期。

⑦ 陶波、葛全胜、李克让等：《陆地生态系统碳循环研究进展》，《地理研究》2001 年第 5 期。

⑧ 于贵瑞、伏玉玲、孙晓敏等：《中国陆地生态系统通量观测研究网络（China FLUX）的研究进展及其发展思路》，《中国科学：地球科学》2006 年第 S1 期。

施、秸秆还田管理措施下耕地土壤有机碳储量的变化状况，以得出最为合适的长期耕地管理措施。焉耆盆地位于焉耆回族自治县，是典型的新疆干旱区绿洲盆地，作为传统农业区，耕地面积占全县总面积的 35%。① 作为天山南坡绿洲农业发展的核心示范区，该地区土壤状态深受人类活动影响。② 焉耆盆地的经济主要依靠农业，③ 因此农耕土壤质量影响着焉耆盆地的经济发展。④ 焉耆盆地需要不断改善、扩大农副产品和农业生产资料，增加耕地的土壤有机碳，以发展当地实体经济。

二 农田管理措施

土壤有机碳是土壤肥力的核心物质，农田管理措施通过影响土壤的物理、化学、生物性质来影响土壤有机碳的动态，进而影响土壤肥力。⑤ 不同农田管理措施对农田生态系统碳循环影响显著，进而制约土壤肥力、农业生产及粮食安全，也会影响气候变化和环境健康。⑥

（一）不同施肥方式对农田土壤碳储量的影响

土壤有机碳和作物产量表现了协同效应，⑦ 尤其在作物产量和施肥水平

① 贾海霞、汪霞、李佳等：《新疆焉耆盆地绿洲区农田土壤有机碳储量动态模拟》，《生态学报》2019 年第 14 期。
② 祖皮艳木·买买提、玉米提·哈力克、肉孜·阿基等：《基于生态系统服务价值变化的焉耆盆地环境与经济协调发展》，《应用生态学报》2015 年第 3 期。
③ 加拉力丁·比拉力、王晓君：《焉耆盆地绿洲规模与经济发展关系研究》，《新疆大学学报》（哲学·人文社会科学版）2013 年第 3 期。
④ 曾秀芹：《关于新疆焉耆回族自治县葡萄产业化发展的几点思考》，《劳动保障世界》2018 年第 15 期。
⑤ 丛萍：《秸秆高量还田下东北黑土亚耕层的培肥效应与机制》，博士学位论文，中国农业科学院，2019。
⑥ 汪洋、杨殿林、王丽丽等：《农田管理措施对土壤有机碳周转及微生物的影响》，《农业资源与环境学报》2020 年第 3 期。
⑦ R. Lal, "Food security in a changing climate", *Ecohydrology & Hydrobiology* 13, 1 (2013): 8-21.

较低的情况下，施肥可以提高作物产量和土壤有机碳的含量。[①] 非洲有研究证明，适度灌溉和施肥可以增加非洲小型农业土壤的碳储量。[②] 土壤碳库积累因施肥方式不同而存在差异。[③] 黄晶的研究表明无机肥和有机肥共同施用的方式会促进农田生态系统的碳汇功能。[④] 田康等人的实验结果表明，不同的施肥措施都能提高农田土壤有机碳储量，但是不同施肥措施下土壤有机碳的增幅不同，其中有机肥与无机肥配施时土壤有机碳增速最快（0.38 g·kg^{-1}·a^{-1}），而单独施用磷肥时增加速度最慢（0.032 g·kg^{-1}·a^{-1}）。[⑤] 不同的碳组分变化对不同施肥处理的响应存在差异。综上所述，不同的施肥方式影响土壤碳库积累的速度，对不同碳组分变化的影响也存在差异，但施肥量与土壤碳库存在阈值效应，应注意合理施肥，过量施肥并不有利于农田土壤碳库的积累。

（二）不同耕作模式对农田土壤碳储量的影响

Rattan Lal 等人对当前全球碳固定进行了深入分析，揭示了各种农田管理措施对土壤碳固定的重要影响。[⑥] 陆地土壤碳库的重要组成部分之一是农田土壤有机碳库，对农田土壤有机碳的研究已成为全球气候变化研究的重点。[⑦]

---

① 王进：《玛纳斯河流域农田生态系统碳动态及其驱动因素研究》，博士学位论文，石河子大学，2017。

② E. Alavaisha, S. Manzoni, R. Lindborg, "Different agricultural practices affect soil carbon, nitrogen and phosphorous in Kilombero-Tanzania", *Journal of Environmental Management* 234, 15 (2019): 159 – 166.

③ 张俊丽：《耕作和施氮措施下旱作夏玉米田土壤呼吸与土壤碳平衡研究》，博士学位论文，西北农林科技大学，2013。

④ 黄晶、李冬初、刘淑军等：《长期施肥下红壤旱地土壤 CO_2 排放及碳平衡特征》，《植物营养与肥料学报》2012 年第

⑤ 田康、赵永存、徐向华等：《不同施肥下中国旱地土壤有机碳变化特征——基于定位试验数据的 Meta 分析》，《生态学报》2014 年第 13 期。

⑥ Rattan Lal, W. Michael Griffin, Jay Apt, et al., "Managing Soil Carbon", *Science* 304, 5669 (2004): 309.

⑦ P. Loveland, J. Webb, "Is there a critical level of organic matter in the agricultural soils of temperate regions: a review", *Soil & Tillage Research* 70, 1 (2003): 1 – 18.

与其他传统农田管理措施相比，秸秆还田是增加土壤有机碳含量最有效的措施。[①] 秸秆还田一直是一个影响农田生态系统是成为碳源还是碳汇的重要因素。[②] 免耕秸秆还田的保护性耕作模式是增加农田土壤碳储量的有效手段之一，应该得到推广。[③] 研究表明，与传统深耕相比，免耕能提升土壤有机质停留时间，所以土壤有机质的流失也会减少。免耕结合其他措施管理能显著改善土壤理化性质。[④] 当耕作土壤恢复到天然植被时，能有效提高耕地土壤固碳能力。

（三）提升土壤肥力措施

本研究涉及的农业措施包括平整土地、深松土壤、测土配方施肥、秸秆还田及田间病虫害防治、无公害农产品建设、农田防护林建设、作物良种推广和新技术示范等。

1. 优化施肥结构，选择适宜施肥时期，实施测土配方施肥。采用测土配方平衡施肥技术，采集土壤样品进行实验室测定，掌握土壤肥力状况，根据不同作物的特性和需肥规律，做到有机肥、化肥（氮肥、磷肥、钾肥、微量元素肥）适量配比，均衡施肥。[⑤]

2. 平衡大量元素与微量元素之间的关系。在施肥过程中，通常只增加氮、磷、钾等大量元素，忽视了微量元素施用。增加微量元素、喷施微量元素或复合生物生长剂，平衡供应养分，促进作物体内营养快速转化，减少有

① Annette Freibauer, Mark D. A Rounsevell, Pete Smith, et al. , "Carbon sequestration in the agricultural soils of Europe", *Geoderma* 122, 1（2004）: 0 – 23.

② 管奥湄：《减量施氮与大豆间作对甜玉米农田生态系统碳氮循环特征的影响》，硕士学位论文，华南农业大学，2016；禄兴丽：《保护性耕作措施下西北旱作麦玉两熟体系碳平衡及经济效益分析》，博士学位论文，西北农林科技大学，2017。

③ 杨艳：《不同耕作措施对农田土壤理化性质和作物产量的影响》，硕士学位论文，西北农林科技大学，2017；周江明、徐大连、薛才余：《稻草还田综合效益研究》，《中国农学通报》2002年第4期。

④ 张仁陟、罗珠珠、蔡立群等：《长期保护性耕作对黄土高原旱地土壤物理质量的影响》，《草业学报》2011第4期。

⑤ 王光海：《过量施用化肥的危害及对策》，《山东科技报》2008年12月22日，第6版。

害物质的积累。但是它们对土壤也有危害，如磷酸钙含有较多游离酸，不断施用会引起土壤酸化。适量施用磷肥会促进作物对钼的吸收，过量则会使磷和钼失去营养平衡，影响作物对钼的吸收，导致"缺钼症"。且当过多施用的肥料量超过土壤的保持能力时，在雨水冲刷下可能造成地表径流污染和地下水污染。

3. 增加微肥和生物肥的使用。微肥能平衡作物需要的各种养分。生物能通过养分中的微生物分泌出的液体平衡土壤生理活性和矿物质。能有效除磷固氮、除钾脱磷、除钠去钾，使土壤能有效提供足够作物使用的各种微量元素，促进作物健康生长，提高农作物产品产量并提高产品质量。并且能有效分解土壤产物中的有害有机化学物质，杀死有害化学细菌，减少化肥、农药的药物残留。建议长期采用喷施有机肥、秸秆固化还田、畜禽食物粪便和各类食物残渣混合发酵等施肥方式，可有效减少畜禽食物粪便发酵造成的各种非点源化学污染物，减少化肥的使用。

4. 要加强和完善配方施肥中的各项技术措施。增加新的土壤环境污染影响分析技术项目（如水质、土壤有害物质、氮、农药环境污染等），不断丰富和完善各种施肥技术参数，优化施肥配方组合施肥。

三　案例分析

焉耆回族自治县位于天山南麓，焉耆盆地腹地，东经85°15′00″－86°43′57″，北纬40°21′32″－42°16′00″，是典型的中温带干旱荒漠气候，有夏季盆地蓄热、冬季寒潮的气候特征。县域总面积1780千米^2，耕地面积532千米^2。地势西北高，东南低。年日照时数4440.1小时（h），年平均降水量为74.4mm，年均温8.2℃，主要作物有辣椒、番茄、玉米，小麦等。土壤类型主要为潮土、灌耕土、草甸土、棕漠土、沼泽土、盐土、风沙土。①

① 贾海霞：《不同气候情景对焉耆盆地土地利用变化下土壤有机碳储量影响的模拟研究》，硕士学位论文，兰州大学，2020。

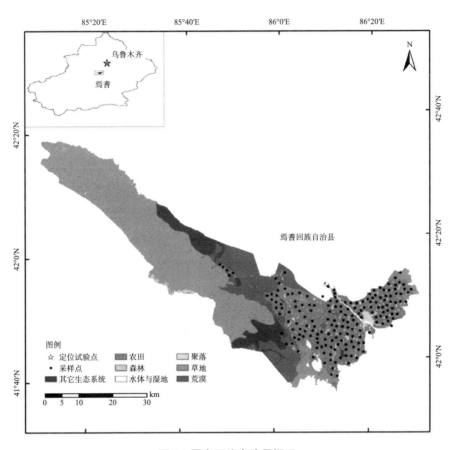

图1　焉耆回族自治县概况

（一）材料与方法

1. 试验设计

点位定点实验设置在焉耆盆地中部的焉耆回族自治县，主要选择了包尔海乡、查汗采开乡、北大渠乡三个乡，试验开始于2013年，共有9个处理（如表1所示），土壤质地为粉砂质壤土、壤土、砂质壤土，土壤类型为湿潮土。选取的农作物均为当地的主要经济作物，每年都通过测土配方施肥，且平整土地、深松土壤、田间病虫害防治、农田防护林建设和作物良种推广。

表1　试验处理描述

类别	处理								
	FF	FL	FY	RF	RL	RY	SF	SL	SY
种植作物	番茄	辣椒	玉米	番茄	辣椒	玉米	番茄	辣椒	玉米
土壤质地	粉砂质壤土	粉砂质壤土	粉砂质壤土	壤土	壤土	壤土	砂质壤土	砂质壤土	砂质壤土
种植日期	4月上旬	4月中旬	4月上旬	4月上旬	4月中旬	4月上旬	4月上旬	4月中旬	4月上旬
收获日期	9月中旬	9月下旬	10月上旬	9月中旬	9月上旬	10月上旬	9月中旬	9月下旬	10月上旬
测土配方施肥	尿素、二胺	尿素、二胺、钾肥	尿素、二胺	尿素、二胺	尿素、二胺、钾肥	尿素、二胺	尿素、二胺	尿素、二胺、钾肥	尿素、二胺
秸秆还田比例	50%	50%	50%	50%	50%	50%	50%	50%	50%
初始有机碳含量（g·kg^{-1}）	11.89	2.51	13.69	8.65	2.5	10.84	11.05	2.72	15.72

2. 样品采集

采样时间为2013~2017年每年的7月和12月。按照"S"形采样法，在每个样点收集0~20 cm土壤样品，分为0~10 cm和10~20 cm两层，并分层取样，将每个样点采集得到的15个样品混匀；混合土壤采用四分法，取1 kg土样放入样品袋。每个采样点记录相应的样点信息，并测定含水率、容重、土壤机械组成、全盐量、有机质、pH值等指标。

3. 样品处理及测定分析

采集的土壤样品经风干后研磨，制备测定所需样品。土壤有机碳用重铬酸钾－硫酸氧化法测定。[1] 利用遥感数据验证和现场追踪对各类土壤分布面积进行统计分析。

---

[1] 蒋武毅、邵歆、赵勇等：《微波加热样品－重铬酸钾氧化法测定土壤有机质》，《浙江农业科学》2012年第9期。

（二）研究区2013年土壤肥力特征

表2　2013年焉耆县土壤肥力特征

监测项目	包尔海乡		永宁镇			北大渠乡			查汗采开乡		全县平均值
	开来提村	包尔海村	九号渠村	黑疙瘩村	新居户村	十号渠村	太平渠村	北大渠村	哈尔布热村	阿尔莫墩村	
pH值	7.56	7.45	7.32	7.89	8.11	8.09	8.17	8.15	8.21	8.08	7.90
有机质（g/kg）	8.05	15.97	13.88	16.82	7.94	14.57	9.51	11.09	9.46	11.09	11.84
全氮（g/kg）	0.55	0.72	0.50	0.70	0.49	0.51	0.43	0.66	0.63	0.70	0.59
碱解氮（mg/kg）	45.06	27.50	26.90	32.70	32.50	27.90	34.00	35.00	24.30	40.10	32.60
速效磷（mg/kg）	6.54	5.09	3.70	19.70	28.50	6.70	15.60	19.50	12.10	15.30	13.27
速效钾（mg/kg）	273.70	302.31	289.60	288.0	300.00	274.80	370.00	415.00	385.00	304.0	320.24
全盐量（g/kg）	0.451	0.460	0.580	0.705	1.047	1.356	0.929	0.611	0.495	0.229	0.69

　　土壤肥力能反映土壤肥沃程度。参考《全国土壤肥力分级指标》和《土壤环境质量标准》（GB15618－1995），焉耆县土壤肥力的各项指标的特征为：

　　1. 土壤有机质和全氮含量偏低，适宜作物生长。土壤有机质是土壤团粒结构的重要组成部分，其含量是土壤肥力和团粒结构的一个重要指标。

　　2. pH普遍偏高。pH值是植物营养最重要的参数，pH值过高，阻碍微量元素吸收，导致缺铁失绿等不良后果。

　　3. 速效磷、速效钾含量偏高，土壤磷含量较高。作物吸收磷较多时，会引起植株呼吸作用旺盛，消耗大于积累，致使繁殖器官提前发育，过早成熟，会使作物籽粒小，产量低。

（三）2013年焉耆县土壤肥料养分投入量指标特征

表3　2013年焉耆县土壤肥料养分投入量指标特征

单位：mg/kg

监测项目		包尔海乡		永宁镇			北大渠乡			查汗采开乡		全县平均值
		开来提村	包尔海村	九号渠村	黑疙瘩村	新居户村	十号渠村	太平渠村	北大渠村	哈尔布热村	阿尔莫墩村	
化肥投入量	N	11.78	11.23	14.23	14.55	12.34	13.01	12.89	12.45	11.02	11.67	12.51
	P_2O_5	8.89	7.88	8.08	9.02	9.34	8.04	10.23	11.02	10.56	10.29	9.33
	K_2O	18.89	22.09	19.99	30.05	31.33	25.31	24.06	26.43	32.01	29.00	25.91
有机肥投入量	N	41.78	41.53	44.53	44.05	52.56	50.01	42.81	42.40	51.00	41.07	45.17
	P_2O_5	9.09	8.08	8.18	9.52	8.78	9.23	8.82	10.06	9.20	9.00
	K_2O	18.09	22.89	24.09	21.65	14.53	22.54	21.23	22.03	15.01	19.09	20.11
合计肥料养分投入量	N	53.56	52.76	58.76	58.6	64.9	63.02	55.7	54.85	62.02	52.74	57.69
	P_2O_5	17.98	15.96	16.26	18.54	18.38	16.82	19.46	19.84	20.62	19.49	18.33
	K_2O	36.98	44.98	44.08	51.7	45.86	47.85	45.29	48.46	47.02	48.09	46.03

在研究区，土壤肥料养分投入量的各项指标的特征为：

1. 土壤肥料养分的投入量中，氮肥的投入量适中。氮（N）元素是构成人体主要蛋白质的主要营养元素，蛋白质中的氮也是构成人体整个细胞内原生质的主要组成转化过程的一种基本组成物质。增施氮肥可以有效促进形成叶内蛋白质和叶绿素，使植株的叶色逐渐变得深绿，叶片上的表面积也随之增大，促进了叶内二氧化碳的大量共聚，有利于促进农作物氮肥产量的不断增加，品质也可以得到很大改善。但氮肥过量会引起作物植株生长较高、茎秆柔弱、叶片浓绿、易倒伏和感染病虫害等问题。

2. 磷肥的投入量偏高。磷脂是构成人体细胞核的脂蛋白、卵磷脂等不可或缺的营养元素。磷酸盐和二氧化碳等多元素合物可以有效加速植物细胞的良性分裂，促使植物根系和地上植物部分的增殖并从而加快其果实生长，促进其他果实及其花粉和芽的快速分化，提早成熟，提高其他果实的营养品质。但是过量使用土壤磷肥却可能会影响庄稼土壤中的微量元素，使得这些农作物和其他庄稼必需的各种营养元素之间完全失去了平衡，甚至可能导致一些庄稼出现多种表现为微量元素缺乏和养分匮乏的症状，影响其他农作物的经济产量与生长品质。

3. 钾肥投入量偏低。钾（K）元素的主要营养活性和作用功效既能够有助于有效提高各类植物光合作用的活性和作用强度，促进各类农作物体内的各类淀粉及各种葡萄糖的正常生长，增强各类农作物对恶劣环境的自然抗逆性和环境耐受性，还有助于有效提高各类农作物体内尿素氮的转化吸附和综合利用率。

（四）2013～2017年秸秆还田和测土配方施肥对土壤有机碳含量的影响

对9个处理进行长期稳定观测和土壤理化性质分析。如下图所示，根据实际观测的数据，在耕作措施施加50%的秸秆还田和测土配方施肥后，土壤有机碳含量增加。

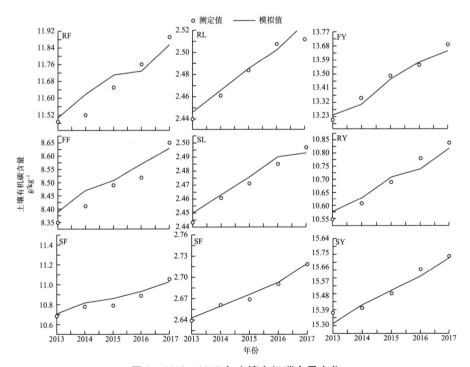

图2　2013～2017年土壤有机碳含量变化

本研究无论是点位还是区域模拟都设定施加50%的秸秆还田措施，测土配方施肥。实地监测的9个处理，有机碳含量逐年增加。在FY处理下，SOC含量相比2013年增长103.63%。在RL处理下，SOC含量增长102.21%。9种处理5年后的土壤有机碳含量相比原来增加102%～106%。在研究区域尺度上，在特定气候模式下，未来30年，农田土壤碳储量增加109%～148%，证明50%的秸秆还田和测土配方施肥能促进土壤有机碳含量的增长。

（五）2017～2047年秸秆还田和测土配方施肥对土壤有机碳的影响

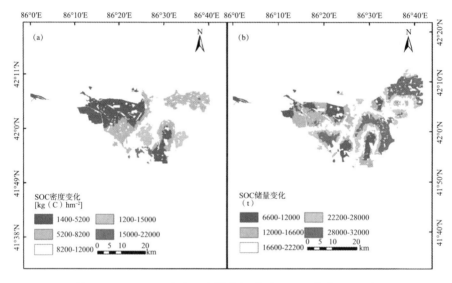

图3　2017～2047年农田土壤有机碳（SOC）密度（a）和储量（b）绝对变化值的空间分布

土壤有机碳的周转过程非常缓慢，可利用DNDC模型预测农田管理措施对未来土壤有机碳的影响。选取2017年的气象数据，气象数据来自IPCC AR5报告中的BCC－CSM1.1 m模式下的气温和降水，秸秆还田比例设定为点位模拟中的一致的比例为0.5，化肥用量和点位模拟中均相同，化肥用量设定为当下的数值，其他均相同。图3为2017～2047年农田表层土壤有机碳储量和土壤有机碳密度的空间变化分布，2017～2047 年农田 0～20 cm 土层 SOC 密度和储量呈现显著的增加趋势。30 年后的土壤碳储量比 2017 年增加 109%～148%，新增固碳量是 3.708×10^8 t C–1.978×10^9 t C；2047 年的土壤有机碳密度相比 2017 年增长了 23%～53%，土壤有机碳密度变化为 1025～11440 kg C/hm²。

空间分布上土壤有机碳密度和有机碳储量也呈现显著差异。2017～2047 年，SOC 密度变化范围在 8200～12000 kg C/hm² 的面积最大，主要分布在焉耆东北部和焉耆中部，且自东北向西北依次减小；其次，SOC 密度变化范围在 15000～25000 kg C/hm² 的占比最小，集中分布在焉耆南部，且自南向西北方向依次减小。

四　讨论

（一）建议

土壤肥力和土壤微量元素指标的评价应参考《全国土壤肥力分级指标》和《土壤环境质量标准》（GB15618－1995）。研究区当前土壤环境质量状况较 2013 年得到了逐步改善：

1. 土壤 pH 值数据显示项目区土壤偏碱性，与中国北方大部分地区土壤 pH 状况相同，等级评价为弱碱性土壤。土壤 pH 值是较为稳定的指标，该年度测量值与以往监测值相比变化不大。

2. 土壤有机肥施用量逐步增加，土壤化肥施用量缓慢减少，由于项目区逐渐解决了作物种植单一和施肥元素不协调的困境，项目区土壤微量元素和土壤养分含量趋于合理化。由当地气候条件所决定，项目区内有机质普遍偏低，但因 2017 年度施用了有机肥，项目区土壤有机质含量略微上升，在农业生产过程增加有机肥的投入，从而确保元素的协调性和肥力的稳定性。

3. 土壤微量元素的含量较上一年度有所降低。土壤微量元素含量过高可能使土壤中单盐离子浓度过高，产生盐害或造成土壤盐渍化，导致速效磷

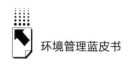

和钾含量减少。土壤中磷元素过量，促使作物吸磷增强，导致作物呼吸过程强烈，消耗的物质多于积累的物质，造成农作物早熟并且产量偏低。农业生产过程中采用轮耕制和科学适度施用微量元素可以克服上述问题，以有效发挥营养元素的协同交互效应。

项目区土壤环境质量自项目实施以来取得了明显的改善和提升，但针对现有状况，为更好地提高项目区农业生产对气候变化的适应性，对于项目区土壤环境质量的提高仍需进行以下改进：

1. pH值是植物营养最重要的参数，pH值过高，阻碍微量元素吸收，产生缺铁失绿等问题。针对研究区土壤偏碱性的特点，选择合适的作物种植，并采取一定措施对土壤土质进行改良，有利于作物的增产和作物种植的多样化。

2. 氮肥高效调控。通过对农田供氮量的实时监控，对氮肥施用量和不同时间段施用量进行分段调控的测土施肥措施。氮肥在土壤中累积后效低，当季施肥在土壤中残留量极低，但是施肥后见效速度快，施肥过量容易造成作物贪青晚熟和养分流失，施肥量不足后期又易造成脱肥，因此在不同生长生育期，施肥前有必要对土壤营养元素进行实时测定便于高效调控。

3. 增加微肥及生物肥的投入。微肥能平衡作物所需营养元素，而生物肥可以通过所含微生物分泌活性物质，起到固氮并促进养分释放、增加有机肥利用率、改良土壤结构等作用。

4. 磷钾恒量监控。通过定期测定和调控土壤有效磷、钾含量，确保土壤有效磷、钾含量在合适范围，避免其限制农田粮食生产量。例如，当土壤有效磷含量处于中等偏上水平，当季磷肥用量可以是目标产量的磷元素需求量的100%~110%；当土壤有效磷含量增多，应减少磷肥量；若有效磷含量减少，应该适当增多磷肥投入；在3年后再次测定土壤养分，根据实时土壤磷含量和产量，对土壤肥力进行合适调控。在一般条件下，大田作物全部使用磷、钾肥或大部分做基肥，再适量施用化肥，并逐渐减少直至停止使用化肥，仍能够保持并稳步增加土壤有机质含量，在保证农作物生产和增收的情况下，提高项目区应对气候变化的适应性。

（二）农田管理措施影响

土壤类型、气候和管理影响土壤有机质输入及其周转或分解，此外二氧化碳浓度、土壤的 pH 值、土壤微生物含量等也是调控有机碳储量的重要因子。在 IPCC AR5 报告中的 BCC－CSM 1.1 m 气候情景下，在当前农田管理方式下，焉耆县农田土壤有机碳储量和密度呈上升趋势，2017 年 0～20 cm 土壤有机碳密度为 20527 kg C/hm²，低于西部区域土壤碳含量，30 年后的表层有机碳密度为 31967 kg C/hm²，与西部区域平均值无显著差异，这表明合理的农田管理措施有助于焉耆县的农耕土壤积累有机碳。①

五　结论

本文通过实例分析研究结果得出，在相应农业措施实施下，焉耆县农田 0～20 cm 土壤有机碳密度和储量呈增加趋势，农田具有重要的"碳汇"功能。土壤有机碳储量在 2017 年是 0.44 Tg C，到 2047 年增加了 0.17 Tg C，SOC 的单位面积增量是 2550 kg C/hm2，这表明完善的农田管理措施对未来气候背景下土壤有机碳的固存具有重要意义。

---

① 张杰、李敏、敖子强等：《中国西部干旱区土壤有机碳储量估算》，《干旱区资源与环境》2018 年第 9 期。

创新探索篇

Explorations

B.15
环保管家服务模式的探索与实践

刘国云*

摘　要：　近年来，强势环保推动企业环保合规，但企业环保管理基础
薄弱，多轮督查问题仍层出不穷。国家积极推动建立完善环
境服务市场机制，鼓励引进"环保管家"，提供一体化环保
服务和解决方案。发展以环保管家为代表的环境综合服务，
是环保设施建设和运营专业化、产业化的有效途径，也是环
境服务业发展的助推器。本文阐述了基于协同模式的环保管
家服务模式，分析了现状与问题，分享了河北省环境科学学
会的实践与探索。

关键词：　环保管家　环境综合服务　一体化环保服务和解决方案

---

* 刘国云，河北省环境科学学会副秘书长、经营中心总经理、河北省环境科学学会清洁生产
分会副主任委员，研究方向为企业环保规范化管理、环保管家服务。

一 研究背景

（一）政策依据

2014 年 12 月，国务院办公厅发布的《关于推行环境污染第三方治理的意见》对推进环境公用设施投资运营市场化、创新企业第三方治理机制等方面提出具体要求，"鼓励打破以项目为单位的分散运营模式，采取打捆方式引入第三方进行整体式设计、模块化建设、一体化运营"①，为环境污染第三方治理的推进提供了政策基础。

环保部于 2015 年发布《关于加强工业园区环境保护工作的指导意见》征求意见稿，要求推动建立完善环境服务市场机制，鼓励园区通过向社会购买环境监测、污染治理等第三方环境服务，提升环境管理水平。

2016 年 4 月，环保部发布《关于积极发挥环境保护作用促进供给侧结构性改革的指导意见》，推进环境咨询服务业发展，"鼓励有条件的工业园区引进'环保管家'，向园区提供监测、监理、环保设施建设运营、污染治理等一体化环保服务和解决方案"。②

（二）背景：对环境管理的高要求呼唤高质量的环境咨询服务

2015 年 1 月 1 日起实施的新环保法被称为"史上最严环保法"。环境立法趋于严格，执法刚性增强，督察常态化机制建立，倒逼工业企业达标排放和绿色转型，环保合规及全过程环境友好已成为企业在环保新态势下必须做出的战略选择。

在更加严苛的排放标准、持续的环保督察、空前的政策出台频率面前，

---

① 《国务院办公厅关于推行环境污染第三方治理的意见》（国办发〔2014〕69 号），中华人民共和国中央人民政府网，http://www.gov.cn/zhengce/content/2015 - 01/14/content_9392.htm。

② 《关于积极发挥环境保护作用促进供给侧结构性改革的指导意见》（环大气〔2016〕45 号），中华人民共和国中央人民政府网，http://www.gov.cn/zhengce/2016 - 05/22/content_5075678.htm。

企业凭自身能力已无法满足环保合规和可持续发展的要求，对环境管理和污染治理的高要求呼唤高质量的环境咨询服务。企业亟待环境咨询机构能够基于全面深入的政策、法规、技术标准研究，以风险防控为切入点，以环保合规为核心，以持续达标排放为目标，以污染治理智能化手段和先进技术为支撑，以可量化的环境产出作为服务成果的衡量标准，提供跨阶段、综合性、一体化的环境咨询服务，这是环保管家出现的内在需求。

二 环保管家服务模式提出及主要问题

（一）环保管家服务模式的提出

环境咨询服务业是环保产业中不可或缺的重要环节。受益于大气、水、土三个"十条"及环保相关政策的密集出台，环境服务业发展领域不断拓展和细分，形成了环境工程咨询、环境咨询服务、环境检测、清洁生产审核、污染治理设施运营服务、环保信息化、绿色金融等专业化咨询服务业态。

随着我国环保监管执法升级和企业环境治理主体责任的落实，为提高环保设施建设、运行质量，项目单位在环保项目技术决策、项目施工、项目运行及日常管理中，对综合性、全流程、一体化的咨询服务需求日益增强，环境服务的综合化已经成为环境服务发展的必然趋势。这种需求与现有的单一项目服务供给模式之间的矛盾日益突出。

与传统的管理模式相比，以环保管家为代表的环境综合服务整合了投资、项目前期技术咨询、建设施工以及运营等阶段，以一个责任主体对接企业，以达标排放、环保合规等最终效果为考核目标，更能体现结果导向和服务成效。以环保管家为代表的综合环境服务既是环保项目管理模式的一种创新，也将是未来环保服务业的发展趋势之一，将全面提升环保投资效益、工程建设质量和运营效率，推动环保高质量发展。

（二）环保管家服务面临的问题

环保管家服务是国家一系列政策调整下的一种新兴第三方环境服务模式，是一体化的环保服务总承包，是专业的第三方一体化环保服务和解决方案。其特点是以环保合规为核心，以持续达标排放和环境质量改善为目标，结合政策前瞻性，从全局角度统筹解决环保问题，提供全方位的综合服务。环保管家作为一个新生事物，在推进中仍存在较多问题，主要表现在以下方面。

1. 企业全方位需求与服务机构技能单一的矛盾

环保行业市场分散，细分领域多，涉及水、气、噪声、固体废物、土壤等多种环境要素，工业企业中不同行业的原料、工艺千差万别，导致了环保工作的复杂性。环境问题的复杂性、多样性与服务机构相对单一的技能结构是一对矛盾。如何化解环保工作复杂性与服务机构技能结构单一化之间的矛盾，就成为能否提升环保管家服务水平的重要前提。

2. 服务过程中项目成员单位之间的高效协同问题

以环保管家为代表的环境综合服务强调的是一站式、一体化和全流程，其难度在于环保管家要以一个主体对接客户，同时必须要整合多个主体成为一个有机整体。从项目运作的角度，需要通过项目合作实现单位间优势互补和叠加，通过服务前置或相互嵌入带来服务质量、效率的倍增，才能更好地为客户创造价值。因此，环保管家需要建立以客户需求为导向，以针对性、实效性服务为目标，以整合优势资源为手段，实现产业链条各环节的无缝衔接和高效协同，实现各参与主体的高度融合。不同主体间的高效协同需要有效的组织、良好的沟通和相互磨合，需要在具体操作中整合好项目参与各方的优势，做好职责和权限分配，设定好项目规则。

3. 人员能力需要适应项目综合性的需求

环保管家就是要实现设计、技术咨询、设备采购、施工、运营服务、检测等主体的高度融合和连接，让各方主体在一个平台上相互交流和协作，环保管家单位则承担起平台搭建、维护、协调、控制、推动的职责。环保领域

的专业细分导致了环保从业人员能力的局限，环保管家综合服务需要熟悉政策、知识面广、熟悉多个专业领域、有较强组织协调能力的项目负责人。项目负责人负责服务内容的规划，承担组织、推动项目的职责，是决定项目成败的关键因素。另，长期以来，环境服务业特别是咨询行业多是以提供环境影响评价、竣工验收、排污许可、应急预案等报告编制服务为主，以通过行政批复为目的，实际解决问题能力较差。尤其欠缺解决现场的复杂问题的能力，适应结果导向、综合性的服务需要较长转型期。

三 河北省环境科学学会环保管家服务模式介绍

环保管家服务与单一咨询服务的区别是环保管家打破了针对单一事项的委托模式，基于环保合规和持续达标排放这一目标，整合了环保工程咨询、环境影响评价、环境监理、环境检测、环保仪器、环保工程施工、环保设施运营维护等多个服务领域，体现出一站式、综合性、跨阶段、结果导向等特点，要想达到较高的服务水平，需要建立机构间的协同模式。基于此，河北省环境科学学会打造了基于互动、共享的一站式环境保护创新服务共享平台，作为环保管家服务的顶层设计。

（一）一站式环境保护创新服务共享平台

环保一站式创新服务共享平台的推出基于企业对环保一站式服务的需求和环保行业高度的专业细分。河北省环境科学学会是一个非营利的社会组织，作为一个连接政府和企业的服务平台，非常有整合产业上下游资源的优势，打造一个打通服务与治理、衔接产业链条各环节的开放式公共服务平台。为满足环保管家服务的要求，河北省环境科学学会投资建设了一站式环境保护创新服务共享平台，并于2018年6月5日正式上线运行。

一站式环境保护创新服务共享平台目的是实现环保各专业领域的跨界整合，打破单一企业、机构在专业上的局限性，将专家、科研院所、产业内的优势企业等资源整合到环保服务工作中来，实现技术、专业上的互补和业务共享。

环保一站式创新服务共享平台的定位是环保产业综合服务技术支撑及业务协同平台，是整合项目、人才、技术、服务的共享平台。平台的主要作用有

1. 深入挖掘优秀技术、专业机构和人才，为环保管家提供优势资源，围绕主导产业和共性难题提供咨询服务，开展技术对接，推动技术落地应用。

2. 服务环保企业及从业人员，为咨询机构及环保从业人员提供政策资讯及技术、专业技能培训。利用"互联网＋"手段，通过环保实时问答、圆桌会议、专家付费咨询、视频课程等功能实现用户、技术单位、专家和平台的高效互动。

（二）环保管家的主要服务内容

环保管家服务主要从政策、合规、技术、管理四个层面为企业提供服务。

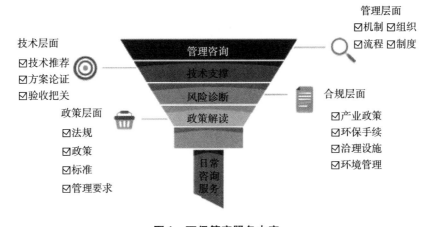

图1　环保管家服务内容

1. 政策层面

在生态文明体制改革中，排污许可制度成为固定污染源管理的核心制度，要求企业通过自我承诺、自行监测、管理台账、执行报告和信息公开等

制度落实实现自我约束，自主守法成为对企业环境管理的主要模式。

2019 年 4 月，生态环境部发布《关于做好引导企业环境守法工作的意见（征求意见稿）》，明确要优化监管执法方式，落实企业环保主体责任，引导企业自我管理，推动守法成为常态。环保管家开展工作的基础就是推动法治宣传教育，组织形式多样的环境守法培训、政策解读、标准宣贯。宣传生态环境执法规章制度，引导企业防范法律风险，解读行业守法规范，帮助企业第一时间了解环保管理要求，推动环保政策要求在企业落地。

2. 合规层面

随着环境管理从行政执法向执法、司法、社会信用、经济手段综合运用转变，企业环境合规不仅要满足法律、法规、制度层面的要求，在环保管理上必须做到全过程环境友好及精细化管理，避免因环保处罚、环境事故影响企业正常经营和长远发展。

环保管家为企业合规方面的服务包括全方位的环境风险诊断，通过对产业政策、环保手续、环境污染治理设施及无组织排放管理、清洁生产审核、环境管理等方面展开全方位的诊断，排查环境风险，进行合规性分析，提出整改意见和建议。

环保管家为保证企业的合规，以获得排污许可证后的管理为主线，为企业提供日常技术服务，指导企业编制环境管理台账，协助企业完成排污许可执行报告，承担自行监测及在线监测设备数据比对，通过监测数据对污染治理设施的运行维护提出意见和建议，形成诊断、整改、监测、优化的管理闭环。

3. 技术层面

法规政策是企业开展环保工作的依据，技术是支撑环保持续达标的根本。环保管家根据不同规模、不同技术水平企业的实际需要，分类指导、提供污染防治技术服务。学会依托一站式环境保护创新服务共享平台，组织先进技术征集，组建产业技术联盟，优选先进、可行的技术，为企业提供污染治理服务。

伴随深度治理的推进，环保项目投资巨大，能实现深度治理要求的技术存在持续达标排放的不确定性，如何防控环保投资风险和确定技术路线成为环保投资决策的重点。环保管家在市场调研的基础上，组织专家对适用技术进行评估，为企业提供技术选型、方案论证、环境监理、验收把关的服务，保障了环保设施建设的质量。

4. 管理层面

随着环保工作的深入，围绕行业的管理规范和技术标准陆续出台，对企业的环保管理已趋于精细化，在新的环境形势下，企业的环保管理工作应做出相应的调整以适应环保管理要求。

环保管家将组织企业环保管理现状的调研，围绕环境发展规划、组织架构、环保跨部门工作机制（环保相关工作职责的分配、信息传递、环保决策、奖惩机制）、环保部门管理与运行（岗位设置、职责分工、工作流程、标准）、环保制度建设与落实等方面进行诊断，提出环境管理的优化方案，确保环保工作的有效性。

（三）基于协同平台的环保管家服务的优势

1. 全局入手、系统诊断，使企业摆脱顾此失彼的被动局面，避免单项咨询服务中常见的"头疼医头、脚疼医脚"的弊端。

2. 以一个主体对接客户，克服了单一咨询机构专业领域的局限性，各产业链条有机衔接，真正实现一站式服务。

3. 整合不同技术单位和不同行业专家，解决服务范围和行业跨度影响咨询质量和服务深度的问题。

四 以行业为切入点的企业环保管家服务实践

环保管家的意义在于发挥环境服务机构的专业优势，提高环境治理设施投资建设、运行质量，对于提升环境管理水平，改善环境质量具有积极意义。河北省环境科学学会自2017年开始在环保管家服务方面积极探索，以行业为切入点开展环保管家工作。

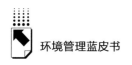
（一）背景及需求

2018 年，河北省在全国率先推进钢铁等行业的超低排放改造，全面推进有组织排放、无组织排放、原辅料和产品运输超低排放改造，特别对颗粒物、二氧化硫、氮氧化物的排放设定了排放限值。升级改造项目投资大，政策规定的建设期短，如何在短时间内选到可靠的技术并达到排放标准对企业是一个严峻的挑战。因此，河北省环境科学学会围绕钢铁行业超低排放改造这一主线开展了管家服务工作，为近 20 家钢铁企业提供服务，对企业超低排放改造升级起到了技术支撑作用。

（二）主要服务实践

1. 围绕产能结构调整和产业升级，组织政策解读，帮助企业了解产业走向和管理要求，做好政策引领。

2. 结合最新管理要求，对企业开展全方位的环境问题诊断，通过对标和符合性分析，提出问题清单及整改要求。

3. 为企业开展环境管理咨询，围绕环保工作机制、组织结构设计、工作流程、制度等层面开展诊断和咨询，从深层次解决制约环保管理的问题。

4. 搭建行业技术服务平台，组织行业专家和相关的科研单位、设计院、工程技术单位交流、研讨、评估，结合生产工艺和产排污节点，制定可行技术路线，优化解决方案（特别是无组织排放），保证技术的可靠性、适用性和先进性。选取标杆企业，组织行业企业观摩、交流，促进技术成果、先进管理手段的推广应用。

5. 采用"互联网＋"手段，搭建一站式环境保护创新服务共享平台和开设生态环境圈公众号，传递资讯，开展在线咨询，通过直播、视频课程等形式促进技术交流和知识共享。

（三）创新点

1. 以行业为切入点开展服务

企业环保工作具有明显的行业特点，精通行业工艺、污染治理水平、可行技术及政策要求是保证服务质量的基础。以行业为切入点，围绕行业共性问题和关键技术进行资源整合，充分发挥行业专家作用，便于在细分领域实现差异化发展，形成专业化服务能力，提升治理效能，起到环保促供给侧改革及产业升级的作用。

2. 建立一站式环境保护创新服务共享平台，通过产业链各环节高效协同真正实现一站式服务

依托平台整合不同技术单位和行业专家，打通服务与治理，以一个主体对接客户，既克服了单一咨询机构专业领域的局限性，又解决了单一机构因服务范围和行业跨度影响咨询质量和服务深度问题，从根本上杜绝了各服务环节脱节、无法保证最终服务效果的现象。

3. 将管理咨询模式用于企业环保管理诊断，打造了政策、技术、管理三位一体的服务模式

环保工作已上升到决定企业生死的高度，环保设施既要建设好、运行好，更要管理好。新的环保态势下，企业需要重新定位环保部门在企业中的角色，建立跨部门沟通机制、考核机制、奖惩机制，使环保思维贯穿企业经营全过程是保证环保工作有序、有效开展的根本。把管理咨询模式引入环保管家服务，通过诊断提出优化环保管理的措施，使环保工作得以有效开展。

五　国内环保管家发展现状

近年来以环保管家服务为代表的第三方环境综合服务得到了较好的发展。目前环保管家的服务对象主要有政府、工业园区、企业。山东临沂奉贤区在杭州湾经济开发区、上海市工业综合开发区开展环保管家工作试点，由第三方公司对拟入驻园区的项目从源头进行把关；对建设项目的建设过程实施环境监理；对企业进行环保设施正常稳定运行和环保措施的落实情况等进行常态化巡查，过程留痕、闭环管理；开展日常环保问题咨询服务及环境风险形势判断，督促整改隐患，助力行业发展和环境保护。赛飞特工程技术有限公司以青岛西海岸新区化工生产企业"四评级一评价"工作为调查基础，

围绕企业开展环保管家服务，主要服务内容有环保管理服务、工程技术服务、环境监测服务、培训服务等。

为进一步促进环境咨询服务机构服务质量，中国环保产业协会认证中心于 2020 年 7 月 20 日启动环境咨询（环保管家）服务认证试点工作。截至 2020 年 9 月底，中国环保产业协会（北京）认证中心已完成了对北京、天津、河北、山东、江苏、浙江的 10 家环境咨询服务企业首批环境咨询（环保管家）服务认证。

为促进第三方环保服务市场的健康有序发展，由上海市生态环境局组织编制的上海市地方标准《第三方环保服务规范》（DB31/T 1179 - 2019）于 2019 年 8 月 15 日发布，成为全国首部第三方环保服务领域的地方标准。2020 年 8 月 14 日，浙江省环保产业协会发布《环保管家服务规范》（T/ZA-EPI 01 - 2020）。经安徽省环境检测行业协会批准，《工业园区环保管家服务规范》（T/AHEMA 3 - 2020）于 2020 年 12 月 1 日发布实施。由山东省环境保护产业协会制定的《山东省环保管家服务规范》（TSDEPI 010 - 2020）团体标准于 2020 年 12 月 30 日正式发布实施。这些标准规定了环保管家的基本要求、工作程序、服务内容、服务保障、服务成果等内容，为环保管家服务工作提供了支撑和依据。

六　结语

为推动生态环境质量根本好转，中共中央办公厅、国务院办公厅印发了《关于构建现代环境治理体系的指导意见》，明确"以强化政府主导作用为关键，以深化企业主体作用为根本"[①]。

推动治理体系现代化，构建治理体系是抓手，提升治理效能是核心。企业作为环境治理的责任主体，必须以结果为导向，不断提升治理水平和管理

---

① 《中共中央办公厅 国务院办公厅印发〈关于构建现代环境治理体系的指导意见〉》，中华人民共和国中央人民政府网，http://www.gov.cn/zhengce/2020 - 03/03/content_5486380.htm。

能力，这为以环保管家为代表的环境综合服务业提供了广阔的发展空间。环保管家服务将成为环境产业实现服务业转型的标志，并最终成为促进环境产业向更高层次发展的突破口。

参考文献

［1］孙忠成：《围绕工程总承包重构企业的商业模式——施工企业深层次发展问题与建议之二十二》，《施工企业管理》2019年第10期。

［2］田景霞、孙媛芳：《开展企业环保管家服务的实践探讨》，《区域治理》2019年第4期。

［3］《国家发展改革委、住房城乡建设部关于推进全过程工程咨询服务发展的指导意见》（发改投资规〔2019〕515号），中华人民共和国国家发展和改革委员会网，http://news.sina.com.cn/o/2019 - 03 - 22/doc-ihsxncvh4610496.shtml。

［4］中国环保产业协会：《首批环境咨询（环保管家）服务认证证书出炉》，知乎，https://zhuanlan.zhihu.com/p/268154080。

［5］《全国首个针对工业园区的〈工业园区环保管家服务规范〉标准发布》，北极星大气网，https://huanbao.bjx.com.cn/news/20201207/1120244.shtml。

［6］环保之家：《又有省发布〈环保管家服务规范〉》，搜狐网，https://www.sohu.com/a/442697538_367809。

［7］《"环保管家"很火，如何规范？全国首部〈第三方环保服务规范〉标准已发布》，搜狐网，https://www.sohu.com/a/392320390_656429。

［8］《环保管家服务规范》（T/APEP1013—2021），http://dustertech.com/upload/files/2021/8/81395d07a0c68e4a.pdf。

B.16
以垃圾分类为载体的高校"三全育人"
管理模式创新

耿世刚 韩宝军 王 璐 何 鑫 霍保全 宋 瑜 李忠君*

摘　要： 本文以生态文明建设和高校强化立德树人根本任务为研究背
　　　　　景，将垃圾分类工作、习近平生态文明思想、高校立德树人
　　　　　以及大学基本功能有机融合，构建以垃圾分类为载体的"三
　　　　　全育人"管理模式，成效显著，产生了良好的社会反响。

关键词： 垃圾分类　习近平生态文明思想　"三全育人"模式

一　引言

　　党的十八大召开以来，以习近平总书记为核心的党中央深入推进生态文明建设，提出了一系列新理念、新思想、新战略、新要求，形成习近平生态文明思想。当前，学习并贯彻落实习近平生态文明思想是重要政治任务。如何践行习近平生态文明思想关乎党的初心和使命，关乎中华民族伟大复兴中国梦的实现。[①]

　　高等教育的根本任务和时代使命是立德树人，高校肩负着为党育人、为

---

　　* 耿世刚，博士，河北环境工程学院，教授，研究方向为生态文明教育；韩宝军、王璐、何
　　　鑫、霍保全、宋瑜，河北环境工程学院，副教授，研究方向为生态文明教育；李忠君，河
　　　北环境工程学院，讲师。
　　① 朱立杰、耿世刚：《垃圾分类：习近平生态文明思想在高校立德树人中的"打开方式"》，
　　　《河北环境工程学院学报》2020 年第 1 期。

国育才的崇高使命。习近平总书记指出，要坚持把立德树人作为中心环节，实现"全员育人、全过程育人、全方位育人"。① 那么，在新时代背景下，如何实现以"三全育人"培养生态文明建设新人，是高校面临的重大课题。

河北环境工程学院是我国唯一一所生态环保本科院校。建校40年来，始终以培养环境保护人才、传播环境保护文化、提高全民环境素质为使命，环境素质教育贯穿人才培养全过程，始终是环境教育的践行者和引领者，被誉为环保系统的"黄埔军校"。② 在习近平总书记倡导垃圾分类的背景下，学校以垃圾分类工作为载体，带动和促进人才培养、科学研究、教学工作和管理水平全面提升，构建了"学生自主、德育引领、多元协同"的"三全育人"新模式，实现了习近平生态文明思想和立德树人根本任务的有机衔接。

二 垃圾分类是开启高校生态文明教育的全新载体

1. 生态文明教育是高校立德树人根本任务的重要内容

生态文明教育是一个系统性工程，它不仅涵盖生态文明理论、知识、技能的普及，更是涵盖受教育者觉醒生态意识、树立生态价值观、坚守生态道德、践行生态行为的实践活动。进入新时代，追求生态文明、讲究生态保护已成为新的价值取向，生态素养已成为衡量这一代青年道德素养的标准之一。生态文明素养关系到我国生态文明建设新的伟大工程，使大学生成为生态文明建设的践行者、推动者、示范者，是响应时代之变、发展之需，提升大学生生态文明素养是新时代下教育发展的重要目标。

---

① 朱立杰、耿世刚：《垃圾分类：习近平生态文明思想在高校立德树人中的"打开方式"》，《河北环境工程学院学报》2020年第1期。
② 朱立杰、耿世刚：《垃圾分类：习近平生态文明思想在高校立德树人中的"打开方式"》，《河北环境工程学院学报》2020年第1期。

教育的根本任务是立德树人。生态文明教育就是要教育和引导人们在生产、生活、价值取向上发生转变。生态文明教育要使"生态文明主流价值观在全社会得到推行，生态文明建设水平与全面建成小康社会目标相适应"①"增强全民节约意识、环保意识、生态意识，形成合理消费的社会风尚，营造爱护生态环境的良好风气"②。生态文明教育就是要教化和引导人提升生态文明素养，使人们在学习生态文明相关知识后深入思想认识、加深情感认同、提升道德认知、转变行为方式。

2. 垃圾分类是生态文明教育的重要载体和抓手

众所周知，教育的实质在于培养行为习惯。大学生作为中国特色社会主义的接班人，其生态文明素养发展水平直接关系到我国生态文明建设的方向和进程。在生态文明教育过程中，要摒弃枯燥乏味的理论宣传，开展创新有趣的实践活动，使得生态文明教育能够在潜移默化的过程中达到育人目的，从而产生深远持久的影响。

习近平总书记明确指出，养成文明健康的生活方式、搞好垃圾分类和环境卫生不仅是基本的民生问题，也是生态文明建设的题中之义。生态文明建设已从普及宣传生态理念的阶段过渡到亲力亲为保护生态的阶段，而垃圾分类恰是进入这一阶段的入口。大学生作为最新知识的掌握者和传播者，肩负着时代赋予的历史使命——生态文明建设。因此，将垃圾分类这一具有大众性的实践活动作为生态文明教育的重要抓手，在垃圾分类行动中担负生态文明建设主体责任，提高生态文明意识，形成生态文明行为，寻求可持续健康发展之路径，从而达到生态文明教育的目标。高校作为教育的实施者，在垃圾分类中应该发挥其教育教学的主导作用，对承担着为党育人、为国育才重任的高校推进垃圾分类工作具有重要意义。

---

① 《中共中央国务院关于加快推进生态文明建设的意见》，《人民日报》2015年5月6日，第1版。

② 胡锦涛：《坚定不移沿着中国特色社会主义道路前进为全面建成小康社会而奋斗——在中国共产党第十八次全国代表大会上的报告》，《求是》2012年第22期。

　　垃圾分类是生态文明教育的重要载体，可以与立德树人这一根本任务相融合。一方面，垃圾分类蕴含着生态文明思想，开展垃圾分类实质就是学习和践行习近平生态文明思想的过程。另一方面，垃圾分类可以在短时间内实现内化与外化的交互转换，使理论知识迅速外化于实践中，实现"课上——课下""校内——校外""家庭——社会"的转化、带动与影响，即达到"教育一个学生，带动一个家庭，影响整个社会"的效果。

　　因此，垃圾分类不仅是践行生态文明教育的重要抓手，更承载着育人育才的历史使命。在"全员育人、全过程育人、全方位育人"方针的引领下，学生通过垃圾分类实践，真切体会习近平生态文明思想内涵，积极践行生态文明实践，不断提高生态文明素质，切实增强节约资源、保护环境、与自然和谐共处的能力。

三　以垃圾分类为载体的"三全育人"管理模式构建

1. 以垃圾分类为载体的"三全育人"管理模式

　　以习近平生态文明思想为切入点，以垃圾分类工作为抓手和管理载体，学校构建了"学生自主、德育引领、多元协同"的"三全育人"管理模式，如下图所示。

　　该模式中，垃圾分类作为一个管理载体，承载着习近平生态文明思想和立德树人的根本要求，学生自主垃圾分类提高生态文明素质，同时又将贯穿"全员育人、全过程育人、全方位育人"。其一是在垃圾分类实施过程中，全体教职员工既是参与者，也是引领者、示范者，很好地体现了"全员育人"；其二是垃圾分类贯穿学生学习生活全时段、课程教学全过程，是"全过程育人"；其三是垃圾分类融入人才培养、科学研究、创新创业、社会服务、大学文化等各方面，是"全方位育人"。通过"三全育人"，最终实现培养德智体美劳全面发展的社会主义建设者和接班人的目标。

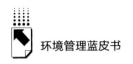

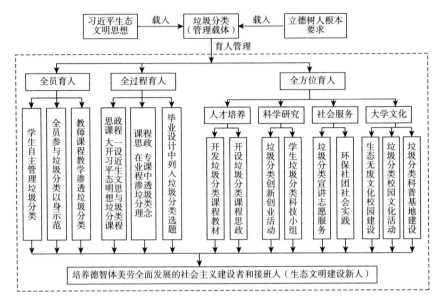

图1 以垃圾分类为载体的"三全育人"管理模式

2. 管理科学的应用与创新

2.1 创新管理载体，贯通管理育人的"最后一公里"

"三全育人"的核心在育人，目前高校存在育人与管理脱节的问题，表现为学生处于被动教育的状态。要破解这一问题，不仅要转变管理理念，还需要不断创新管理载体来推动学生自觉教育。习近平总书记高度重视垃圾分类这一"关键小事"，学校以垃圾分类作为载体，促进了管理与育人有机融合，有效解决了"三全育人"管理模式的载体问题，贯通了管理育人的"最后一公里"。

2.2 创新管理制度，构建"育人为本"的管理制度体系

育人是管理的价值追求，按照"育人为本"管理思想，建立了"学生自主、德育引领、多元协同"的"三全育人"管理制度体系。一是以育人为本，建立以学生为主体的、学生垃圾分类自主管理的"全员育人"制度体系。二是以德育为引领，在纵向上建立了以习近平生态文明思想为引领的"思政课程""课程思政"的"全过程育人"教育教学制度。三是以育人为要，在横向上建立了将垃圾分类融入大学使命的机制，即人才培养、科学研

究、社会服务、文化传承与创新的"全方位育人"机制。

2.3 创新成果推广形式，放大管理育人的社会效应

垃圾分类既是校园的更是社会的。在全社会深入学习和践行习近平生态文明思想的当下，提高全民生态文明素质和垃圾分类意识是当务之急，而高校理应肩负起这一使命。为此，学校确定了"教育一个学生，带动一个家庭，文明整个社会"的指导思想，采取各种方式，鼓励学生走出校园，以垃圾分类为载体，宣传习近平生态文明思想，放大管理育人的社会效应。

四 以垃圾分类为载体的"三全育人"
管理模式实施与成效

1."全员育人"

"全员育人"作为垃圾分类育人管理的首要环节，强调垃圾分类育人管理的主体效度。"全员育人"是指学校全体教职工都要参与到育人工作中，强化育人意识和育人责任，自觉将育人要求落实到各群体、各岗位，通过多种途径和方式方法对大学生进行思想政治教育。本环节坚持"以人为本，德育为先"的原则，把立德树人作为中心环节，从教育对象自觉践行、教育方式以身作则、教育内容潜移渗透三个角度出发，达到"全员育人"的目的。

一是学生自主管理垃圾分类，这是教育对象从理念认知转化为自觉践行的实践行为。学生是垃圾分类工作的实施主体，既是垃圾分类的践行者，又是监督者和管理者，在实践中体悟生态文明思想内涵。通过垃圾分类实践，学生生态文明意识明显提高。问卷调查显示，所有学生都认为生态文明意识对社会作用非常大，95%的学生选择"经常"向身边的人宣传生态环境保护知识。学生生态文明意识的提高带来生活方式的转变。据调查，学生叫外卖的数量平均下降80%左右；认同节约消费的学生人数在总人数中的占比近100%；平时有95%以上的学生做到节水、节电。

二是全员参与垃圾分类，以身作则，这是教育者的教育理念从"教"

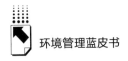
到"育"转化的实践行为。学校开展垃圾分类,不仅是要求学生,也要求全体教职工参与其中。通过垃圾分类实践,教职工实现从管理者到育人者的转变,打通管理与育人的"最后一公里"。一方面,后勤管理及服务人员是垃圾分类的直接参与者,他们经历了从传统后勤管理和服务者到育人者的转变。另一方面,垃圾分类涉及学生的日常生活、行为规范等方面,学生管理人员在设计垃圾分类实施方案时,就是以学生自主管理为原则,将自身从管理者转变为引导者、指导者、服务者。同时,教师主动参与垃圾分类,课程教学中也不忘垃圾分类和生态文明思想,带领学生开展以垃圾分类为主题的科技创新活动,教师的教书育人观念发生明显改变。

2. "全过程育人"

"全过程育人"作为垃圾分类育人管理的第二个重要环节,强调的是垃圾分类育人管理的时间跨度问题。"全过程育人"是指将立德树人的要求和垃圾分类的理念融入学校教育教学、学生成长成才的全过程,建立大学生从入学到毕业、就业的全过程、可持续、贯穿式的育人链条。"全过程育人"要从持续性育人和阶段性育人两个角度来思考,即垃圾分类育人工作要贯穿学生学习生活的全过程,还要关注学生身心成长过程中不同阶段的不同特点。本环节包括开设习近平生态文明思想与垃圾分类课程、在专业课程中融入垃圾分类理念和在毕业设计中增加垃圾分类选题等三方面内容。

首先从思政课程入手,在大一阶段开设"习近平生态文明思想与垃圾分类"课程。目前,为了全面贯彻党的教育方针,落实立德树人根本任务,培养德智体美劳全面发展的社会主义建设者和接班人,高校全面加强思想政治教育,"习近平新时代中国特色社会主义思想"是其中一门重要思政课程。思政课程是学校推进生态文明教育、开展垃圾分类宣讲活动的主渠道,是落实立德树人根本任务的关键课程。通过开设"习近平生态文明思想与垃圾分类课程",将生态文明理念融入课堂教学的各个环节中,系统阐释习近平生态文明思想,讲清楚"人与自然和谐共生""绿水青山就是金山银山""良好生态环境是最普惠的民生福祉""山水林田湖草是生命共同体""用最严格制度保护生态环境""共谋全球生态文明建设之路"等深刻内涵。该课程作为全校公共必选课，纳入统一教学计划，每学年有 3000 多名学生学习这门课。通过学习，学生不仅掌握了垃圾分类专业知识，还提高了对习近平生态文明思想内涵的理解，增强了建设美丽中国、担当民族复兴大任的责任意识。

其次是关注课程思政，即在专业课程中融入垃圾分类理念。河北环境工程学院是以生态环保为特色的高等学校，开设的专业课程大多以生态环保为主，开展垃圾分类教育具有学科优势和现实意义。垃圾分类是关系到人民生活环境和节约型社会建设的实践活动，是社会文明发展水平的重要体现，更是全体公民必备的基本生态素养。在专业课程中融入垃圾分类理念要根据不同学科的专业特点和专业内容，按照系统讲述与分领域分专题阐释相结合的方式，把握总论与分论、理论与现实、宏观与微观、显性与隐性的关系，做到科学编排、有机融入、系统展开。以知识掌握、能力培养和价值观树立为育人目标，将垃圾分类理念与专业知识教学相结合，形成以垃圾分类理念引领为主线的课程思政教学模式。

最后，在毕业设计中增加垃圾分类选题。毕业设计是实践性教学的最后一个环节，旨在检验学生综合运用所学理论知识和技能解决实际问题的能力。生态文明教育具有长期性、复杂性、经常性等特点，因此，建立一个从知识引入、自觉践行到成效检验的完整的生态文明教育体系非常必要。在大学阶段充分纳入生态文明教育理念、推进垃圾分类活动势必会激发学生对这一领域的兴趣，引导部分学生在这一领域内展开研究。因此，在学生毕业设计中增加垃圾分类相关选题，一是对学生全过程生态文明教育成果的检验，二是为生态环保人才提供了有效的学术成果展示平台，最终完善生态文明与垃圾分类教育的"三全育人"模式，促进系统化、理论化、实践化的"全过程育人"扎实推进。

3. "全方位育人"

"全方位育人"作为垃圾分类育人管理的第三个环节，强调的是垃圾分类育人管理的空间广度问题。"全方位育人"是指以学生为中心，打通校内校外、课内课外、线上线下等通道，充分利用各种教育资源和载体开展育人

工作，将垃圾分类理念与生态文明思想渗透到人才培养、科学研究、社会服务、大学文化等各个方面，结合校园文化开展社会实践活动，培养学生的理想信念和家国情怀，形成线上和线下平台相结合、共性引导和个性关注相结合、显性引领和隐性引领相结合的育人模式，实现育人工作的协同效应。

一、在人才培养维度，开发垃圾分类课程教材和开设垃圾分类课程。我校为开展垃圾分类和生态文明教育匹配了专业教学团队，在全国高校中率先开设"垃圾分类与习近平生态文明思想"课程，牵头编写全国首套垃圾分类系列教材，并探索以垃圾分类为主题的课程思政模式与路径，通过采取参与式、体验式和翻转课堂等多种教学方式，有效保障教学质量和育人效果，扩展和升华垃圾分类的育人功能。

二、在科学研究维度，学生积极开展以垃圾分类为主题的科技创新活动，创新创业能力显著提升。实施垃圾分类工作以来，学生自发组建了9个创新创业小分队，开展多种形式的垃圾分类科研与创新创业活动。以学生环保社团为主组织申报的垃圾分类科研项目成功入选"宝洁·中国先锋计划"，申报的"垃圾分类新时尚——垃圾分类中小学及社区宣讲"项目成功入选2019年河北省社会科学普及月活动；学生自主开展垃圾分类科技活动，[1] 仅2019年，申报的垃圾分类相关创新创业项目达200余项，占总申报项目的60%以上；累积获奖50余项，其中由学生科研团队主持的项目《养分循环"转化器"—沃土一号秸秆腐熟剂》获得第五届河北省"互联网＋"大学生创新创业大赛金奖。[2]

三、在社会服务维度，学生社会责任意识明显增强，自觉宣传垃圾分类，产生巨大社会效应。在校园内，每个学生既是垃圾分类的实践者，又是宣传者。学生不仅亲手践行垃圾分类，还采取各种形式宣传垃圾分类。其中学生自主开发的垃圾分类指导程序在全校1万多名学生中推广使用，发挥了很好的宣传教育作用。走出校园，学生像绿色的种子进机关、进企业、进学

---

① 韩宝军、周莹、刘思涵等：《以垃圾分类为切入点构建大学全方位育人模式——以河北环境工程学院为例》，《中国环境管理干部学院学报》2019年第5期。

② 同上。

校、进社区、进农村，积极宣传垃圾分类知识。仅 2019 年，学校垃圾分类宣讲团为地方政府、企事业单位进行 100 多场垃圾分类宣讲，累计受众 1.5 万多人。①

四、在大学文化维度，开展垃圾分类使校园生态环境焕然一新，校园生态文化日益浓厚，学生精神面貌发生根本转变。一是资源节约效果明显，人均碳足迹大幅降低，生态校园建设颇有成效。2019 年，阿里巴巴菜鸟网络在河北环境工程学院设立了北方高校第一个菜鸟绿色驿站，解决了全年大约 31 万件快递包装盒的回收与利用问题；据计算，2019 年学校人均碳足迹下降 15.09 千克/人年，共减少碳足迹 153.4 吨，相当于植树 8300 棵（按每棵树每年吸收 18.3 千克计）。二是开展了一系列以垃圾分类为主题的校园文化活动，生态环境文化特色日益浓厚。比如环保社团组织开展各类垃圾分类科技竞赛活动；在全校开展了垃圾分类主人翁形象设计征集活动；教师创作的"垃圾宝贝"歌曲在校园广播、校园网广为传播等等。三是垃圾分类工作开展以来，"河北省生活垃圾分类处理和资源化利用科普教育基地""中华环境保护基金会环境教育基地""秦皇岛市中小学垃圾分类教育基地""秦皇岛市人民政府垃圾分类示范单位"先后在河北环境工程学院挂牌，这些特色文化品牌建设，进一步促进了校园文化育人氛围的提升。②

---

① 《"垃圾分类"的高光时刻｜省政协委员热议生活垃圾分类》，百家号，https://baijiahao.baidu.com/s？id=1655350735942475202&wfr=spider&for=pc。
② 朱立杰、耿世刚：《垃圾分类：习近平生态文明思想在高校立德树人中的"打开方式"》，《河北环境工程学院学报》2020 年第 1 期。

B.17
环境影响评价中健康影响评价的方法及实践进展

陈奕霖　吴　婧　张一心*

摘　要：　健康影响评价（Health Impact Assessment, HIA）制度是推动"将健康纳入所有政策"的重要抓手。本文介绍了健康影响评价制度的相关概念，梳理了健康影响评价的基本流程及一些定性、定量评估的方法，回顾了健康影响评价的试点情况，从现状调查、评估方法、预防与保护措施以及公众参与等方面对21份环境影响评价报告中的健康影响部分进行了分析，并在此基础上对我国未来开展健康影响评价的实践工作提出建议。

关键词：　健康影响评价　健康中国战略　环境影响评价

人民健康是民族昌盛和国家富强的标志。2016年中共中央、国务院颁布了《"健康中国2030"规划纲要》①要求以提高人民健康水平为核心，以体制机制改革创新为动力，以普及健康生活、优化健康服务、完善健康保障、建设健康环境、发展健康产业为重点，将健康融入所有政策，为实现

---

* 陈奕霖，硕士，南开大学环境科学与工程学院，研究方向为环境健康；吴婧，博士，南开大学环境科学与工程学院教授，研究方向为环境评价与规划、环境健康等；张一心，博士，内蒙古大学生态与环境学院教授，研究方向为资源环境规划与管理、环境影响评价等。
① 《中共中央 国务院印发〈"健康中国2030"规划纲要〉》，中华人民共和国中央人民政府网，http://www.gov.cn/xinwen/2016-10/25/content_5124174.htm。

"两个一百年"奋斗目标和中华民族伟大复兴的中国梦提供坚实的健康基础。2019 年发布的《国务院关于实施健康中国行动的意见》①，细化落实了《"健康中国 2030"规划纲要》的相关部署，加快推动从以治病为中心转变为以人民健康为中心，以动员全社会落实预防为主方针，实施健康中国行动，强调预防是对经济最有效的健康策略。

健康影响评价是一个获得国际认可的过程，它提供了一个系统的方法来识别建设项目、规划或政策的潜在健康成本和收益，从源头识别和管控潜在健康影响，是将健康影响纳入综合决策的有效工具。本文将对健康影响评价制度的相关理论方法与实践进行探讨，以期促进健康影响评价制度的理论创新与实践发展，为实施健康中国行动提供支持。

一 健康影响评价的概念

良好的健康和福祉被普遍认为是社会最重要的资产之一，是可持续发展的基本指标，也是一项重要的人权。保护和促进健康是健康影响评价的核心，因此，充分理解健康和健康决定因素的定义是一个关键起点。根据世界卫生组织的定义，"健康"不仅仅是指身体没有疾病或不虚弱，还指完整的生理、心理和社会福祉的状态。使我们保持健康的因素往往不受卫生部门直接管理，健康由一系列影响因素决定，这些影响因素通常被称为健康决定因素，如住房条件、城市设计、土壤、交通、生态系统、生物多样性、历史遗产、环境空气和水质。② 虽然可以对健康决定因素进行分类，但必须注意避免基于单独类别的管理。只有从一系列健康决定因素中综合分析健康与开发活动之间的联系，才有可能更好地掌握情况，更有效地管理开发活动。

健康影响评价是指对开发活动（包括政策、规划、建设项目等）所影响人群的分布范围及其潜在健康风险进行分析、预测和评估，提出预防和减

---

① 《国务院关于实施健康中国行动的意见》（国发〔2019〕13 号），中华人民共和国中央人民政府网，http://www.gov.cn/zhengce/content/2019－07/15/content_5409492.htm。

② 周雷、李枫、詹永红等：《人群健康与健康决定因素》，《中国健康教育》2004 年第 2 期。

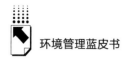
轻健康风险的对策和措施，并且进行跟踪监测和管理的程序、方法和工具。[①] 健康影响评价是一种预测工具，它考虑了对新开发项目或现有开发项目升级后会对人群健康状况产生的积极和消极影响，主要用于评估交通运输、环境、采矿和能源、农业、规划等方面的开发活动。[②] 人类健康是健康影响评价的任务核心，但许多对人类健康起决定性作用的影响因素并不受卫生部门的直接管控，因此高效的健康影响评价实施必须由相关部门合作进行，实现协同管理。将健康影响评价纳入环境影响评价，最大限度地增加了从改善健康的角度对开发活动进行评估和提出有效修改建议的可能性，这些修改可能会通过增加改善健康的措施和减轻开发活动的负面影响等管理手段，改善受影响人群的健康结果。

健康影响评价的核心目标之一是促进健康公平。健康影响评价要求预防和减轻开发活动造成的健康风险，这就包括识别更容易有健康风险、更可能遭受健康不平等的人群，以及改善这类人群的健康水平。[③] 从长远来看，健

---

① Mirko S. Winkler, Francesca Viliani, Astrid M. Knoblauc, et al., "Health Impact Assessment: International Best Practice Principles", *Special Publication Series* 5, 2021: 1 – 4.

② Faiza Waheed, Glenn M. Ferguson, Christopher A. Ollson, et al., "Health Impact Assessment of transportation projects, plans and policies: A scoping review", *Environmental Impact Assessment Review* 71, 2018: 17 – 25; Marko Tainio, Dorota Olkowicz, Grzegorz Teresiński, et al., "Severity of injuries in different modes of transport, expressed with disability-adjusted life years (DALYs)", *BMC Public Health* 14, 1 (2014): 765; Aale Ali, Vladimir Strezov, Peter J. Davies, et al., "Environmental impact of coal mining and coal seam gas production on surface water quality in the Sydney basin, Australia", *Environmental Monitoring and Assessment* 189, 8 (2017): 408; Jared M. Ulmer, James E. Chapman, Suzanne E. Kershaw, et al., "Application of an evidence-based tool to evaluate health impacts of changes to the built environment", *Canadian Journal of Public Health* 106, 1 (2015): 26 – 34; Natalie Mueller, David Rojas-Rueda, Haneen Khreis, et al., "Socioeconomic inequalities in urban and transport planning related exposures and mortality: a health impact assessmentstudy for Bradford, UK", *Environment International* 121, 12 (2018): 931 – 941.

③ Andrea Leuenberger, Andrea Farnham, Sophie Azevedo, et al., "Health impact assessment and health equity in sub-Saharan Africa: A scoping review", *Environmental Impact Assessment Review* 79, 2019, Article 106288; Jean Marie Buregeya, Christine Loignon, Astrid Brousselle, "Contribution to healthy places: Risks of equity free health impact assessment", *Evaluation and Program Planning* 73, 2018: 138 – 145.

康影响评价可以预防和改善当前甚至未来几代人的健康问题，有利于代际公平及可持续发展。值得注意的是，由于健康影响评价关注的是受到开发活动影响的群体，因此，健康影响评价更关注健康的环境、社会、文化和经济决定因素，而不是个人特征和行为。

二 健康影响评价的基本程序

2012 年进行的一项针对欧盟、英国、芬兰、荷兰、加拿大、瑞士、澳大利亚、新西兰、美国、泰国等国家和国际组织出台的健康影响评价技术导则的比较研究表明，不同地区的导则描述的程序和内容大致相同，只在程序名称以及部分程序划分上有所区别。① 健康影响评价基本包括以下几个步骤②：筛选、范围界定、现状调查、评价、风险管理、跟踪监测与审查，公众参与贯穿全过程，如下图。

图 1　健康影响评价流程

筛选是判断一项提议实施后是否可能影响社区的健康以及健康影响评价的结果是否会增加决策价值的过程。筛选确保资源（资金、工作人员和组织时间）有针对性地发挥最大作用，确保健康影响评价只在开发活动对健

---

① Katherine A. Hebert, Arthur M. Wendel, Sarah K. Kennedy, et al., "Health impact assessment: A comparison of 45 local, national, and international guidelines", *Environmental Impact Assessment Review* 34, 2012: 74 – 82.

② The enHealth, *Health Impact Assessment Guidelines*, Canberra: Commonwealth of Australia, 2017, 8; International Fiance Corporation, *Introduction to Health Impact Assessment*, Washington D. C.: World Bank Group, 2009, 16 – 25; National Research Council, *Improving Health in the United States: The Role of Health Impact Assessment*, Washington D. C.: The National Academies Press, 2011, 33 – 62.

康、福祉和健康不平等产生较大影响时进行。① 所有需要进行环境影响评价的开发活动都应进行筛选,以确定其可能对健康造成的影响。

范围界定建立了实施健康影响评价的基础,确定哪些问题应该作为健康影响评价的一部分进行处理,确定这项开发活动可能对环境、社会、文化和经济产生哪些潜在变化,并需要从这些潜在变化中确定和理解开发活动对健康的影响,初步评估问题的优先级。同时,在这期间需要咨询利益相关者和社区群众,以补充、了解公众对提案的关注点。值得注意的是,范围界定过程中要充分考虑处于不利环境的弱势群体的情况,以确保健康公平性问题。

现状调查重点关注范围界定过程中一些明确问题的相关方面。它应充分准确地提供有关人口结构、社会经济、健康状况、建筑和自然环境等相关方面的代表性数据,并指出可能需要特别考虑的群体。现状调查还可以提供一个基线,据此可以比较和评估工程施工期和完成后的影响,可以与卫健委和其他相关单位沟通所需数据来源及详细程度。如果健康影响评价是作为环境影响评价的一部分进行的,则可能已经获得了一些相关数据。

进行健康影响评价需要评估健康影响的方向(正面或负面)、影响的程度(包括受影响的人口比例和严重性)、影响发生的可能性及频率;确定可能受影响最大的人群以及是否会产生累积影响、明确数据的质量及可信程度,从而分析不确定性以及如何解决这些问题。除此之外,还应考虑正面和负面影响的分布情况,特别是在早期阶段查明的脆弱群体,查明现有的不平等现象是否加剧以及造成新的不平等现象的可能性。

风险管理是评价替代方案、选择替代方案并根据健康影响评价结果采取措施的过程,目的是最大限度地增加潜在的健康利益,最大限度地减少或预防潜在的健康风险。一旦确定了可能产生健康影响,就可以评估其健康风

---

① Jeff Spickett, Yang Goh, Dianne Katscherian, et al. , *Health Risk Assessment* (*Scoping*) *Guidelines*, Perth: Department of Health Western Australia, 2010, 7 – 9.

险，并根据风险水平采取适当的管理措施。最后需要对风险进行重新评估，以确保健康风险已经降低到可接受的水平。

跟踪监测提供关于评估活动进展情况以及目标完成情况的信息，分析之前进行的健康影响评价是否适合实际状况，并酌情考虑是否在开发活动进行中和完成后进行健康影响的跟踪监测。审查主要包括两个部分，第一部分是对健康影响评价过程的有效性进行审查，包括确认在评估过程中不同人群的健康问题是否被充分考虑，评估中采纳的健康促进举措是否被有效落实；第二种是对健康影响评价结果的有效性进行审查，在确保开发活动中健康问题被充分考虑、健康促进举措被充分落实的基础上，根据实际监测结果判断进行健康影响评价是否产生了积极的健康影响。

三 健康影响评价方法综述

健康影响评价的不同步骤通常对应着不同的工具清单。[①] 筛选时一般有筛选清单对项目产生的健康影响进行简单分析，如项目产生的影响（积极或消极影响）、消极影响的波及范围（包括对未来的累计影响）、消极影响的程度（判断死亡、伤残或入院风险）以及大众对风险的关注度和以上健康影响分析的不确定性。范围界定有范围界定清单，考虑项目的规模、对健康的影响程度、可投入的时间、人力、资金等。在对健康决定因素进行评估时，定性的工具有健康透镜（the Health Lens）分析[②]和健康综合评价工具等，如表1、表2所示。进行健康综合评价还需要对健康不平等情况进行评估，识别政策对贫困和低收入人群、年龄、性别、残障、区域等是否造成健康不平等的现象。

---

① 〔荷兰〕马丁·伯利：《健康影响评价理论与实践研究》，徐鹤、李天威、王嘉炜译，中国环境出版社，2017，第86页。

② Health Impact Assessment Advisory Group, *A Guide to Health Impact Assessment: A Policy Tool for New Zealand* (2nd edition), Wellington: Public Health Advisory Committee, 2005, 28–76.

表1　健康透镜分析清单

1. 政策建议对已确定的健康决定因素有哪些潜在影响？	
• 社会和文化因素 • 经济因素 • 环境因素	• 基于人群的服务 • 个人和生物学因素
2. 政策建议对健康结果的潜在影响有哪些？	
• 身体健康 • 心理健康	• 家庭和社区健康 • 精神（信仰）健康
3. 政策建议对健康不平等的潜在影响有哪些？	
4. 政策建议对残障人群产生怎样的影响？	
5. 政策建议会产生哪些计划外的健康后果？如何处理？	

表2　健康决定因素矩阵

相关的健康决定因素	政策对健康决定因素的影响	确定对影响的定量衡量指标或定性信息来源	对影响的可衡量程度（定性、可估测、可衡量）	对特定群体的不同影响	可能有交互作用的外部因素

不同定性工具的流程和范围可能各不相同，但本质都是首先确定开发活动对人群健康的影响，然后评估这些影响的重要性及程度。确定健康影响的途径主要是明确与开发活动相关的健康决定因素，其中包括筛选、范围界定、现状调查等步骤，而评估影响的重要性及程度本身属于评价的过程，也是风险管理的重要基础和后续进行跟踪监测审查的重要依据。相对定量评估来说，定性分析消耗的人力物力有限，需要进行分析研究的时间也可以根据项目大小来灵活调整，对于数据要求较低，主要通过大量实地调查、社区居民及专家意见进行分析，适合评估对健康影响较小的开发活动。

同时，在健康影响评价中有一些常用的定量评估工具，如在土地利用健康影响评价案例中，比较典型的评估工具是步行评分（Walk Score，WS）。步行评分是一个可步行性的评分地图，对某地到周围生活设施的距离进行可步行性评分，用来表示当地建筑环境与居民健康的关联性。在交通领域的健康影响评价，常用工具为世界卫生组织发布的健康经济评估工具，该工具可以预测当步行和自行车出行增加时随之降低的交通事故死亡率。做决策时，可用于进一步估算生命价值来评估提高交通水平带来的经济收益。① 在住房和基础设施领域，典型的评估工具是交通噪声模型，分析不同车辆在不同路面产生的噪声情况。② 社会经济方面，经常使用的评价工具为最低工资计算器，方法是在某地区基于典型开支估算最低生活成本，从而确定当地最低工资水平可满足当地人的最低生活标准。③

除此之外，很多文献中也开发了针对不同健康决定因素的定量评估工具。比如 ExternE（Externalities of Energy）方法提供了一个分析框架，能够将不同污染物排放的相关信息转换成一个共同的单位：货币单位。该分析会在所有阶段跟踪污染物，从它们的排放过程到抵达受体造成损害。④ 有研究运用该方法对西班牙潘普洛纳市（Pamplona City）空气质量进行了健康影响评估，结果表明约有 7% 的市民在 2016 年受到超标氮氧化物的影响，导致了 1.37 万欧元至 54.85 万欧元的健康损害。⑤ 还有研究对交通量和健康之间的关系进行了研究，采用了 ARIMA 模型和对数线性泊松回归模型。⑥ 结果表明，每增加一千辆车，每天就会增加 0.40% 的呼吸系统疾病患者，增加 1.19% 因心血管疾病住院的患者。也有学者研究绿色空间与人类健康的关系，研究表明 500 米以下缓冲区中每增加 0.1 的 NDVI 环境绿化率与全因死

---

① Justicia Rhodus, Florence Fulk, Bradley Autrey, et al., *A Review of Health Impact Assessments in the U. S.: Current State-of-Science, Best Practices, and Area for Improvement*, Washington, D. C.: U. S. Environmental Protection Agency, 2013, 49 – 78.

② T. M. Barry, J. A. Reagan, *FHWA highway traffic noise prediction model*, Washington D. C.: Department of Transportation, 1978, 4 – 11.

③ David H. Autor, Alan Manning, Christopher L. Smith, "The Contribution of the Minimum Wage to US Wage Inequality over Three Decades: A Reassessment", *American Economic Journal: Applied Economics* 8, 1 (2016): 58 – 99.

④ Directorate-General for Research and Innovation (European Commission), *ExternE-externalities of Energy: Methodology 2005 Update*, Luxemburg: Universitat Stuttgart, 2005, 133 – 169.

⑤ Esther Rivas, Jose Luis Santiago, Yolanda Lechón, et al., "CFD modelling of air quality in Pamplona City (Spain): Assessment, stations spatial representativeness and health impacts valuation", *Science of The Total Environment* 649, 2019: 1362 – 1380.

⑥ Ricardo Navares, Julio Diaz, Jose L. Aznarte, et al., "Direct assessment of health impacts on hospital admission from traffic intensity in Madrid", *Environmental Research* 184, 2020, Article 109254.

亡风险之间存在显著的负相关关系。① 针对该研究结果，有学者对费城 2025年树冠覆盖目标进行了健康影响评估。结果表明，如果费城能够实现将树冠覆盖率提高到 30% 的目标，每年可避免 403 例过早死亡，包括 244 例在社会经济地位较低地区的过早死亡。②

总体来讲，健康影响评价的基本程序以及定性分析的方法已经发展得较为成熟；定量评估工具方面，已有的定量评估工具功能较为单一，针对的健康决定因素也较为集中，健康影响评价需要综合地评估周围环境对人的影响，因此要增强对健康影响评价综合评估工具的研究，同时针对更多健康决定因素开发定量评估工具，拓宽已开发工具的适用范围，从而更加科学有效地进行健康影响评价。

四　中国健康影响评价制度的实践

在公共政策健康影响评价方面，从 2014 年起国家卫生计生委在全国组织开展三批健康促进县（区）试点建设，目前全国已有 399 个健康促进县（区）。健康促进县（区）概括讲就是通过县（区）这一平台，推动"将健康融入所有政策"，而健康影响评价也是其中一项重要工作。③ 部分试点城市已颁布相关实施方案，如《杭州市公共政策健康影响评价试点实施方案（试行）》④、《宜昌市公共政策健康影响评价实施方案（试行）》。⑤ 已发布的

---

① David Rojas-Rueda, Mark J. Nieuwenhuijsen, Mireia Gascon, et al., "Green spaces and mortality: a systematic review and meta-analysis of cohort studies", *The Lancet Planetary Health* 3, 11 (2019): e469 - e477.

② Michelle C. Kondo, Natalie Mueller, Dexter H. Lock, "Health impact assessment of Philadelphia's 2025 tree canopy cover goals", *The Lancet Planetary Health* 4, 4 (2020): e149 - e157.

③ 石琦，姜玉冰：《"将健康融入所有政策"在健康促进县（区）建设中的应用》，《中国健康教育》2019 年第 6 期。

④ 《杭州市人民政府办公厅关于印发杭州市公共政策健康影响评价试点实施方案（试行）的通知》，浙江政务服务网，http://www.hangzhou.gov.cn/art/2019/12/4/art_1256295_40752791.html。

⑤ 宜昌市人民政府：《宜昌市公共政策健康影响评价实施方案（试行）》，http://xxgk.yichang.gov.cn/show.html? aid = 1&id = 13414&t = 4。

实施方案规定了实施健康影响评价的范围，包括经济社会发展规划、经济社会发展政策、以及一些重大的工程项目如水利工程、环保工程、环卫工程等。《杭州市公共政策健康影响评价试点实施方案（试行）》系统制定了健康影响评价的保障机制：建立了以政府负责，政策制定相关部门协作实施，全社会共同参与为原则的工作机制，并要求设立联席会议办公室共同审议和推动健康影响评价工作；通过相关部门开展信息共享活动，形成工作网络，推动健康影响评价制度的落实；建立评价激励机制，把健康影响评价工作纳入健康杭州建设考核工作创新指标。试点城市也针对一些案例进行了健康影响评价的实践与探索，如湖北省宜昌市西陵区学生"小饭桌"管理的健康影响评价、上海轨道交通15号线闵行区段健康影响评价等，为我国后续健康影响评价的开展提供了参考依据和借鉴经验。

在建设项目的健康影响评价方面，根据环保部2013年11月14日颁布的《建设项目环境影响评价政府信息公开指南（试行）》，[①] 环境保护主管部门在受理建设项目环境影响报告书、表时，应对说明报告进行审核，依法公开环境影响报告书、表全本信息。本研究从生态环境部的官方网站检索，对从2020年1月到8月发布的21篇环境影响评价（可简称为环评）报告书进行了分析。

在这21份环评报告书中，11份包含了与人类健康相关的信息，其中7份对人群健康影响进行了单独的分析，剩下4份在环境风险评价中评估了项目对健康的危害及健康防范措施。7份含有人群健康影响评估的报告中，5份对于社会环境现状进行了说明，主要内容包括当地人口、经济、健康状况和土地利用现状等。健康的社会决定因素在健康影响评价中尤为重要，因此对于现状的调研可以作为后续评估的基线，是重要的一环。只有一份环评报告对人群健康进行了现状调查，内容包括对当地卫生医疗机构的统计以及通过卫生部门获取的传染病、地方病数据资料。对人群健康现状进行调查可以

---

① 《关于印发〈建设项目环境影响评价政府信息公开指南（试行）〉的通知》，中华人民共和国生态环境部网，http://www.mee.gov.cn/gkml/hbb/bgt/201311/t20131118_263486.htm。

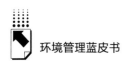

了解当地流行病史，确定项目影响的健康敏感点甚至敏感人群，对后续健康影响评价及管理风险都极为重要，但大部分项目的环境影响评价没有很好地执行这一环节。

在具体评估健康影响时，大部分环评报告选择定性的方法，根据当地调查的情况、卫生部门的统计数据以及以往工程建设的情况，确定工程区域内主要涉及的传染病、地方病等，分析建设开发活动的外来施工人员可能带来的传染病传播途径增多、种类趋于复杂等问题，以及评估施工过程对施工人群产生的消极健康影响。在4项环境风险评价中，对健康影响的评价主要采用定量方法，查找国内外已有的文献和数据统计，根据模型分析发生事故时对人群健康的损害情况。7份含有人群健康影响评价的报告中有一份考虑到了人群的心理健康，关注工程实施导致的移民安置对少数民族宗教、文化以及心理的影响。总体而言，在11份含有健康影响评价的报告中，健康影响的评价过程都比较简略，由于缺乏具体的健康影响评价指标体系和评估方法，项目大多都只对项目可能带来的传染病、地方病进行了定性分析，只聚焦于项目对人群带来的直接影响，没有评价项目的间接或累积健康影响，也没有针对健康的社会决定因素进行分析与评价。

此外，包含健康影响评价的环评报告都针对人类健康提出了预防和保护措施，以减轻拟建项目对健康的影响，预防和保护措施主要要求施工区保持干净卫生、定期进行病媒生物消杀、对于施工人员安排卫生防疫措施、合规设置施工区卫生设施、确保生活饮用水、食品的安全与卫生管理以及确保施工人员接受卫生科普、宣传等。因为评估的建设项目均没有重大健康影响，所以后续跟踪监测与审查环节没有专门针对健康影响评价实施进展的报告和说明。

通过对环评文件进行研究可以发现，我国环评中的健康影响评价依旧是一个比较薄弱的环节，首先，环评报告中涉及健康影响评价的报告有限，没有较大健康影响所以不需要进行健康影响评价的项目建议补充筛选这一步骤，即通过书面材料证明该项目确实无明显健康影响；其次，在很多涉及健康影响评价的环评报告中只采取了简单描述的方式，没有按照定性分析的程序进行翔实分析，考虑的健康决定因素及健康影响也较为固化，对于健康容易受到影响的敏感人群缺乏重点关注；最后，虽然有一些项目针对健康影响进行了详细的定量分析，但依旧存在定量分析内容单一、无法很好地概括开发活动影响的所有健康决定因素等问题。

进行人群健康影响评价的环评项目大多数为水利水电项目，主要原因是在《环境影响评价技术导则 水利水电工程》（HJ/T 88 - 2003）① 中明确要求对工程进行人群健康影响分析。除此之外，天然气类工程项目注重对环境风险的评估，其中也涉及人群健康影响评价。不是所有项目都需要进行健康影响评价，但应该在项目进行环评工作的前期分析进行健康影响评价的必要性，即对项目进行筛选，并在报告书中有所体现。在已经进行了健康影响评价的项目中，对于公众参与部分不够重视。公众参与在健康影响评价中起着重要作用，它可以确定当地重要的环境、社会、经济和文化问题以及当前人民关注的健康问题，在产生问题之前充分理解和解决，并且可以与利益相关者、当地居民积极沟通，在公众关注的问题上达成一致，合作共赢。

五　未来展望

加强法律法规保障，依法对建设项目、规划、政策开展健康影响评价。《环境影响评价技术导则 人体健康》（征求意见稿）于 2008 年发布，② 但至今仍未定稿和正式出版。从以上对环评文件的分析可看出，在有指导性环评导则时，可以更好地落实健康影响评价。目前部分健康促进县（区）已经开始制定有关健康影响评价的试行实施方案，但大多是针对工作机制与保障机制的笼统概述，对于具体如何进行健康影响评价未有明确的文件说明。因

---

① 《环境影响评价技术导则 水利水电工程》（HJ/T 88 - 2003），中华人民共和国生态环境部网，http://www.mee.gov.cn/ywgz/fgbz/bz/bzwb/other/pjjsdz/200307/t20030701_63289.htm。

② 《关于征求〈环境影响评价技术导则 人体健康〉（征求意见稿）国家环境保护标准意见的函》，中华人民共和国生态环境部网，http://www.mee.gov.cn/gkml/hbb/bgth/200910/t20091022_174821.htm。

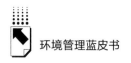

此应该明确健康影响评价制度的法律地位，加快健康影响评价相关行政法规细则和技术规范的立法工作，落实"将健康融入所有政策"的战略思想。

推动健康影响评价制度体系建设，理顺健康影响评价实施机制体制，加强各个部门的有效沟通。在环评体系中落实健康影响评价可以增加其影响力，从源头改善健康条件，但同时需要卫生部门和各个部门加强合作，为其提供部分数据支撑及技术指导，使得健康影响评价可以在更多种类的环评项目中实施，更多的健康决定因素可以被考虑。

加强对健康公平的关注，推动有效的公众参与。健康影响评价不仅要关注如何减少项目对健康的不良影响，还应注意不良影响的分布情况，应该重点关注容易暴露于危害中的人群、对不良健康影响更敏感的人群（如老人、小孩）以及对面对危害时适应能力更弱的人群（如低收入群体），并酌情采取管理措施以促进健康公平。在健康影响评价过程中应该通知利益相关者并给予他们充分的输入机会。与当地政府或社区团体等主要利益相关者合作，确定可能补充或改进现有项目的管理方案。充分考虑公众关注的健康影响，确保信息的公开透明，与公众进行良好的沟通以方便更有效地进行健康影响评价。

附 录

Appendix

B.18
中国环境管理大事记（2019~2021年）

2019年10月16日，生态环境部发布《关于提升危险废物环境监管能力、利用处置能力和环境风险防范能力的指导意见》。

2019年10月18日，国家市场监督管理总局、国家标准化管理委员会发布《生活垃圾分类标志》，该标准自2019年12月1日起实施。

2019年10月19日，住房和城乡建设部发布了《关于建立健全农村生活垃圾收集、转运和处置体系的指导意见》。

2019年10月22日，住房和城乡建设部发布关于成立部科学技术委员会城市环境卫生专业委员会的通知。

2019年10月31日，中国共产党第十九届中央委员会第四次全体会议通过《中共中央关于坚持和完善中国特色社会主义制度 推进国家治理体系和治理能力现代化若干重大问题的决定》。

2019年11月7日，生态环境部发布《危险废物鉴别标准 通则》（GB 5085.7—2019），标准自2020年1月1日起实施。

2019年11月12日，生态环境部发布《危险废物鉴别技术规范》（HJ 298-2019），本标准自2020年1月1日起实施。

2019 年 11 月 15 日，国家发展改革委制定《生态综合补偿试点方案》。

2019 年 11 月 21 日，生态环境部发布《生活垃圾焚烧发电厂自动监测数据应用管理规定》。

2019 年 11 月 26 日，生态环境部发布《生活垃圾焚烧发电厂自动监测数据标记规则》。

2019 年 11 月 25～30 日，《关于汞的水俣公约》第三次缔约方大会（COP3）在瑞士日内瓦举行，共有 700 多名来自缔约方、非缔约方、国际机构、非政府组织等的代表参加，会议讨论了 COP3 公约成效评估方法、指标、报告、程序和时间表、全球监测安排和监测专家组的职权范围、成效评估委员会职权范围等事项，形成决议十余项。

2019 年 12 月 5 日，自然资源部发布关于《矿产资源节约和综合利用先进适用技术目录（2019 版）》的公示。

2019 年 12 月 20 日，生态环境部公布《固定污染源排污许可分类管理名录（2019 年版）》。

2019 年 12 月 26 日，应急管理部发布《危险化学品企业生产安全事故应急准备指南》。

2019 年 12 月 30 日，生态环境部发布《中国严格限制的有毒化学品名录》（2020 年）。

2020 年 1 月 2 日，中央一号文件《中共中央 国务院关于抓好"三农"领域重点工作确保如期实现全面小康的意见》发布，文件指出要扎实搞好农村人居环境整治。

2020 年 1 月 10 日，生态环境部发布国家环境保护标准《生态环境档案管理规范 生态环境监测》（HJ 8.2－2020）。

2020 年 1 月 6 日，生态环境部印发《固定污染源排污登记工作指南（试行）》的通知。

2020 年 1 月 14 日，生态环境部发布《固体废物再生利用污染防治技术导则》（HJ 1091－2020）。

2020 年 1 月 16 日，国家发展改革委、生态环境部印发了《关于进一步加强塑料污染治理的意见》。

2020年1月16日，农业农村部印发《关于肥料包装废弃物回收处理的指导意见》。

2020年1月16日，国家发展改革委、生态环境部联合发布《关于进一步加强塑料污染治理的意见》。

2020年1月28日，生态环境部印发《新型冠状病毒感染的肺炎疫情医疗废物应急处置管理与技术指南（试行）》，指导各地及时、有序、高效、无害化处置肺炎疫情医疗废物，规范肺炎疫情医疗废物应急处置的管理与技术要求。

2020年1月28日，国家卫生健康委办公厅发布《关于做好新型冠状病毒感染的肺炎疫情期间医疗机构医疗废物管理工作的通知》。

2020年2月1日，生态环境部党组发布《关于贯彻落实习近平总书记重要指示批示精神 确保生态环境系统各级党组织和党员、干部为打赢疫情防控阻击战提供全力支撑保障的通知》。

2020年2月24日，国家卫生健康委、生态环境部、国家发展改革委、工业和信息化部、公安部、财政部、住房和城乡建设部、商务部、国家市场监管总局、国家医保局等10部门联合印发《医疗机构废弃物综合治理工作方案》。

2020年2月26日，中共中央办公厅、国务院办公厅印发《关于全面加强危险化学品安全生产工作的意见》。

2020年2月27日，生态环境部发布《环境影响评价技术导则 广播电视》（HJ 1112－2020）、《输变电建设项目环境保护技术要求》（HJ 1113－2020）两项国家环境保护标准。

2020年2月28日，国务院办公厅发布《关于生态环境保护综合行政执法有关事项的通知》。

2020年3月3日，中共中央办公厅、国务院办公厅印发《关于构建现代环境治理体系的指导意见》。

2020年3月11日，生态环境部印发《生态环境保护综合行政执法事项

指导目录（2020年版）》。

2020年3月17日，农业农村部、国家发展改革委、财政部、生态环境部、住房和城乡建设部和国家卫生健康委6部委发布《关于抓好大检查发现问题整改扎实推进农村人居环境整治的通知》。

2020年3月18日，生态环境部发布国家环境保护标准《生态环境健康风险评估技术指南 总纲》（HJ 1111—2020）。

2020年3月19日，生态环境部发布《关于推荐先进固体废物和土壤污染防治技术的通知》。

2020年3月20日，住房和城乡建设部办公厅发布《关于进一步做好城市环境卫生工作的通知》。

2020年3月25日，生态环境部印发《2020年环保设施和城市污水垃圾处理设施向公众开放工作实施方案》。

2020年3月26日，生态环境部发布国家环境保护标准《废铅蓄电池处理污染控制技术规范》（HJ 519‑2020）的公告。

2020年3月31日，生态环境部办公厅印发《关于进一步做好环境安全保障工作的通知》。

2020年4月22日，生态环境部、水利部联合发布关于《生态环境保护综合行政执法事项指导目录（2020年版）》有关事项说明的通知。

2020年4月29日，习近平总书记发布中华人民共和国主席令（第四十三号），公布由中华人民共和国第十三届全国人民代表大会常务委员会第十七次会议修订通过的《中华人民共和国固体废物污染环境防治法》，自2020年9月1日起施行。

2020年4月29日，生态环境部发布《新化学物质环境管理登记办法》。

2020年4月30日，中共中央办公厅、国务院办公厅印发《省（自治区、直辖市）污染防治攻坚战成效考核措施》。

2020年4月30日，国家发展改革委、国家卫生健康委、生态环境部联合印发《医疗废物集中处置设施能力建设实施方案》。

2020年5月8日，住房和城乡建设部发布《关于推进建筑垃圾减量化的指导意见》。

2020年5月14日，国家发展改革委、工业和信息化部、财政部、生态环境部、住房和城乡建设部、商务部、国家市场监管总局发布《关于完善废旧家电回收处理体系推动家电更新消费的实施方案》。

2020年5月17日，生态环境部发布关于宣传贯彻《中华人民共和国固体废物污染环境防治法》的通知。

2020年5月20日，生态环境部发布《废铅蓄电池危险废物经营单位审查和许可指南（试行）》。

2020年5月21日，生态环境部印发关于发布国家环境保护标准《流域水污染物排放标准制订技术导则》的公告。

2020年6月20日，农业农村部办公厅、生态环境部办公厅发布《关于进一步明确畜禽粪污还田利用要求强化养殖污染监管的通知》。

2020年6月22日~7月5日，巴塞尔公约不限成员名额工作组第十二次会议（OEWG12）在线举行。

2020年7月3日，农业农村部、财政部印发《关于做好2020年畜禽粪污资源化利用工作的通知》。

2020年7月10日，国家发展改革委、生态环境部、工业和信息化部、住房和城乡建设部、农业农村部、商务部、文化和旅游部、国家市场监管总局、中华全国供销合作总社等九部门发布《关于扎实推进塑料污染治理工作的通知》。

2020年7月28日，国家市场监管总局、国家发展改革委、科技部、工业和信息化部、生态环境部、住房和城乡建设部、商务部、国家邮政局联合印发《关于加强快递绿色包装标准化工作的指导意见》，对未来三年我国快递绿色包装标准化工作做出全面部署。

2020年7月31日，国家发展改革委、住房和城乡建设部、生态环境部等三部门联合印发《城镇生活垃圾分类和处理设施补短板强弱项实施方案》。

2020年8月24日，生态环境部发布《生态环境部约谈办法》。

2020年8月27日，农村农业部和生态环境部联合发布《农药包装废弃

物回收处理管理办法》，自 10 月 1 日起施行。

2020 年 8 月 27 日，生态环境部发布国家环境保护标准《生活垃圾焚烧飞灰污染控制技术规范（试行）》（HJ 1134—2020）。

2020 年 8 月 31 日，生态环境部、司法部、财政部、自然资源部、住房和城乡建设部、水利部、农业农村部、国家卫生健康委员会、国家林业和草原局、最高人民法院、最高人民检察院联合发布关于印发《关于推进生态环境损害赔偿制度改革若干具体问题的意见》的通知。

2020 年 10 月 15 日，生态环境部印发关于增补《中国现有化学物质名录》的公告。

2020 年 10 月 16 日，工业和信息化部发布第五批绿色制造名单。

2020 年 10 月 16 日，生态环境部、海关总署、商务部以及工业和信息化部联合发布《关于规范再生黄铜原料、再生铜原料和再生铸造铝合金原料进口管理有关事项的公告》。

2020 年 10 月 24 日，应急管理部发布关于印发《淘汰落后危险化学品安全生产工艺技术设备目录（第一批)》的通知。

2020 年 10 月 30 日，生态环境部会同工业和信息化部、国家卫生健康委发布《优先控制化学品名录（第二批）》。

2020 年 10 月 31 日，应急管理部发布关于印发《危险化学品企业安全分类整治目录（2020 年)》的通知。

2020 年 11 月 9 日，国家市场监督管理总局和国家标准化管理委员会联合发布《关于批准发布〈一次性可降解餐饮具通用技术要求〉等 2 项国家标准的公告》。

2020 年 11 月 10 日，生态环境部发布《排污单位自行监测技术指南 无机化学工业》《排污单位自行监测技术指南 化学纤维制造业》两项国家环境保护标准。

2020 年 11 月 27 日，生态环境部、国家发展改革委、公安部、交通运输部、国家卫生健康委员会联合公布《国家危险废物名录（2021 年版）》，自 2021 年 1 月 1 日起施行。

2020年11月25日，生态环境部、商务部、国家发展和改革委员会、海关总署联合发布《关于全面禁止进口固体废物有关事项的公告》。

2020年11月30日，商务部发布《商务领域一次性塑料制品使用、回收报告办法（试行）》。

2020年11月30日，国务院办公厅转发国家发展改革委等部门《关于加快推进快递包装绿色转型意见的通知》

2020年12月8日，生态环境部发布《一般工业固体废物贮存和填埋污染控制标准》（GB 18599－2020）、《危险废物焚烧污染控制标准》（GB 18484－2020）、《医疗废物处理处置污染控制标准》（GB 39707－2020）。

2020年12月25日，生态环境部公布《碳排放权交易管理办法（试行）》。

2020年12月28日，生态环境部发布关于废止《进口可用作原料的固体废物环境保护控制标准—冶炼渣》等11项国家固体废物污染防治标准的公告。

2020年12月29日，生态环境部发布关于推进危险废物环境管理信息化有关工作的通知。

2020年12月30日，生态环境部发布规范再生钢铁原料进口管理有关事项的公告。

2020年12月11日，交通运输部发布关于开展危险化学品道路运输安全集中整治工作的通知。

2021年1月14日，生态环境部发布《关于废止固体废物进口相关规章和规范性文件的决定》。

2021年1月16日，国家发展改革委和生态环境部印发《关于进一步加强塑料污染治理的意见》。

2021年1月25日，生态环境部发布2020年《国家先进污染防治技术目录（固体废物和土壤污染防治领域)》。

2021年2月22～23日，第五届联合国环境大会（UNEA－5）在线召开，会议主题为"加强自然保护行动，实现可持续发展目标"，153个联合国会员国的1500多名代表及60多位环境部长在线参会，通过了信托基金和

指定用途捐款管理、2022～2025 年中期战略和 2022～2023 两年期工作方案和预算、第五届联合国大会休会与复会三项决议。

2021 年 2 月 26 日，商务部发布《再生资源绿色分拣中心建设管理规范》（SB/T10720—2021），该规范自 2021 年 5 月 1 日起实施。

2021 年 3 月 18 日，国家发展改革委、科技部、工业和信息化部、财政部、自然资源部、生态环境部、住房和城乡建设部、农业农村部、国家市场监管总局和国管局十部门联合发布《关于"十四五"大宗固体废弃物综合利用的指导意见》。

2021 年 4 月 9 日，住房和城乡建设部发布《农村生活垃圾收运和处理技术标准》。

2021 年 4 月 21 日，生态环境部固管中心发布《固体废物信息化管理通则》。

2021 年 5 月 11 日，国务院办公厅发布《强化危险废物监管和利用处置能力改革实施方案》。

2021 年 5 月 21 日，国家市场监督管理总局、中国国家标准化管理委员会发布 GB/T 40133 - 2021《餐厨废油资源回收和深加工技术要求》，自 2021 年 12 月 1 日起实施。

2021 年 5 月 25 日，住房和城乡建设部、科技部、工业和信息化部、民政部、生态环境部、交通运输部、水利部、文化和旅游部、应急管理部、国家市场监管总局、国家体育总局、国家能源局、国家林业和草原局、国家文物局和国家乡村振兴局 15 个部门印发《关于加强县城绿色低碳建设的意见》。

2021 年 5 月 30 日，国家发展改革委办公厅发布关于开展大宗固体废弃物综合利用示范的通知。

2021 年 6 月 4 日，住房和城乡建设部发布《废弃电器电子产品处理工程项目规范（征求意见稿）》。

2021 年 6 月 24 日，生态环境部公开征求对国家生态环境标准《排污许可证申请与核发技术规范 工业固体废物（试行）》的意见。

2021 年 7 月 1 日，国家发展改革委印发《"十四五"循环经济发展规划》。

2021 年 7 月 26~30 日，巴塞尔公约缔约方大会第十五次会议、鹿特丹公约缔约方大会第十次会议和斯德哥尔摩公约缔约方大会第十次会议线上会议部分举行，会议主题为"健康地球的全球协定：化学品和废物健全管理"，共有 160 多个缔约方、1300 多人在线参会。线上会议讨论通过了三公约 2022 年的临时预算，并决定于 2022 年 6 月 6~17 日在日内瓦举行面对面会议，具体审议与执行公约有关的事项。

2021 年 7 月 28 日，工业和信息化部发布《废纸加工行业规范条件》征求意见稿。

2021 年 7 月 30 日，工业和信息化部公开征求对《限期淘汰产生严重污染环境的工业固体废物的落后生产工艺设备名录（征求意见稿）》的意见。

2021 年 8 月 9 日，生态环境部发布国家生态环境标准《废锂离子动力蓄电池处理污染控制技术规范（试行）》。

2021 年 8 月 16 日，商务部发布《中国再生资源回收行业发展报告（2020）》。

2021 年 8 月 19 日，工业和信息化部、科技部、生态环境部、商务部和国家市场监管总局印发《新能源汽车动力蓄电池梯次利用管理办法》。

2021 年 9 月 1 日，生态环境部印发《"十四五"全国危险废物规范化环境管理评估工作方案》。

2021 年 9 月 7 日，生态环境部发布关于加强危险废物鉴别工作的通知。

2021 年 9 月 8 日，国家发展改革委、生态环境部联合印发《"十四五"塑料污染治理行动方案》。

2021 年 9 月 18 日，生态环境部召开部务会议，审议并原则通过《危险废物转移管理办法》。

2021 年 9 月 20 日，第 76 届联合国大会高级别会议周期间气候变化高级别会议以线上、线下结合的形式举办，会议由联合国秘书长安东尼奥·古特雷斯和 COP26 主席国英国首相鲍里斯·约翰逊共同发起，来自气候多边进程主要国家的高级别代表出席会议，中国气候变化事务特使解振华视频出席会议。

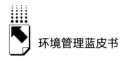
2021年9月26日，国家市场监管总局发布国家标准《车用动力电池回收利用 梯次利用》。

2021年9月27～28日，联合国《生物多样性公约》缔约方大会第十五次会议（CBD COP15）非政府组织平行论坛在云南昆明召开。论坛由《生物多样性公约》秘书处、生态环境部、中国民间组织国际交流促进会联合主办，生态环境部部长黄润秋、生物多样性公约秘书处执行秘书伊丽莎白·穆雷玛、中共中央对外联络部副部长陈洲分别致开幕词，来自五大洲30余个国家的非政府组织及利益相关方代表400余人与会。

2021年9月28日，生态环境部发布《危险废物排除管理清单（2021年版）》（征求意见稿）。

2021年9月29日，生态环境部发布关于公开征求《危险废物贮存污染控制标准（二次征求意见稿）》《危险废物识别标志设置技术规范（征求意见稿）》《危险废物产生单位环境管理计划和台账制定技术规范（征求意见稿）》《废脱硝催化剂再生污染控制技术规范（征求意见稿）》四项标准意见的通知。

2021年10月8日，国务院新闻办公室发表《中国的生物多样性保护》白皮书。白皮书介绍，作为最早签署和批准《生物多样性公约》的缔约方之一，中国一贯高度重视生物多样性保护，不断推进生物多样性保护与时俱进、创新发展，取得显著成效，走出了一条中国特色生物多样性保护之路。

Abstract

The Annual Report of China's Environment Management (2020 – 2021), which is an authoritative report in the field of environment management, is compiled by Environmental Management Professional Committee, Society of Management Science of China. In terms of topic selection, this report combines the needs of China's ecological civilization construction, under the background of accelerating the construction of ecological civilization system, comprehensively promoting green development and improving the level of environmental governance, based on China's environmental management problems and practices, is committed to sharing advanced environmental management concepts and experience, and provides environmental management examples for environmental protection professionals from all walks of life in China.

The book includes six parts: General Report, Pollution Prevention and Control, Resource Recycling, Case Studies, and Explorations, and Appendix. The first part is the General Report, which summarizes the current environmental management situation in China, reviews the development of China's environmental management policies in 2020 – 2021, and focuses on the policy progress and important actions of China's environmental management. The second part is the chapter of Pollution Prevention and Control, which is focusing on China rural living environment improvement assessment, takeaway packaging waste management, marine plastic, water environment health risk analysis, Environmental Pollution and Pro-

tection of Phosphogypsum Tailings Pond, and so on. According to the practical disposal cases, it analyzes the problems and countermeasures in the process of environmental management, and explores the ideas of pollution control in China. The third part is the chapter of Resource Recycling. According to the existing policies and regulations in China, it puts forward new ideas of solid waste recycling, studying on optimization of urban resource metabolism and construction of "zero-waste city", typical Biomass and biomass energy utilization, comprehensive utilization of construction waste, urban environmental spatial fine management, etc., so as to constantly explore a new way out of resource recycling and promote green development. The fourth part is the chapter of Case Studies, combined with the practical cases of classified treatment of rural domestic waste, the transformation and upgrading of resource-based areas, ecological damage compensation, and soil environmental quality monitoring, the typical models of resource utilization and pollution prevention are studied. The fifth part is the chapter of Innovation and Explorations, focusing on environmental protection stewards, management mode of "Three-All Education" in colleges and universities with garbage classification as the carrier, environmental impact assessment, exploring new models to promote the construction of ecological civilization in China.

Keywords: Environmental Management; Pollution Prevention; Waste Sorting; "Zero-waste City"

Contents

Ⅰ General Report

Abstract：During the period from 2020 to 2021, China's environmental governance has become more stringent. During this period, China's environmental governance has also made many phased achievements. The data in this report mainly come from the Ministry of Ecology and Environment, which describes in detail China's governance in the fields of water, air, soil, solid waste, chemicals, heavy metal, noise, ocean, climate change and biological diversity from 2020 to 2021. In addition, the report also elaborated on carbon peaking and carbon neutrality, extended producer responsibility, "Three Lines and One List", environmental protection supervision, and pollution permits, and environmental protection technology projects. Finally, the report also summarizes China's important actions of environmental management from 2020 to 2021.

Keywords：Environmental Management; Climate Change; Plastic Waste; "Zero-waste City"

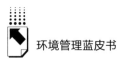
Ⅱ Pollution Prevention and Control

B . 2 Construction of Assessment Index for Rural Living Environment Improvement Assessment Controlling and Living Standard Improvement Analyzing

Wei Liangliang, *Chen Yan*, *Zhu Fengyi*, *Jiang Ying*,
Yang Haizhou, *Xia Xinhui* / 045

Abstract: Continuous living environment improvement, core topic of rural ecological civilization, is one of the most important objectives for rural regions development and revitalization. To effective guide the practical works of the environment improvement of rural area in China, the rural residential environment improvement action plan of Qitaihe city (Heilongjiang province) was selected as an example and the assessment index systems of different villages was constructed according to their varied developing objects (such as beautiful livable village, improved village, basic living village, relocation village). And abilities of comprehensive pollution controlling and green development index system were selected. The assessment index system was meaningful for the effective guiding of the garbage revolution, the sewage revolution, the toilet reform and the village appearance work. Qitaihe city has realized the classification of the existing 220 administrative villages.

Keywords: Rural Living Environment; Pollution Control; Environment Improvement

B . 3 Research on China Takeaway Packaging Waste Management
—Using the Extended Producer Responsibility System as a Tool

Zhang Xiuli, *Tan Quanyin* / 060

Abstract: In recent years, with economic development and the improvement of living standards, takeaway has gradually become one of the main ways of consumption such as food, and abandoned takeaway packaging has become a focus of social concern. At the same time, traditional waste plastic processing methods are being challenged to a certain extent. In order to improve the effectiveness of environmental protection to a greater extent, during the period of "garbage classification" in full swing, the transformation of functions between the government and enterprises has also become a necessary development trend. This article starts from the three links of production, use and recycling of lunch boxes, and summarizes foreign experience, and proposes that extending producer responsibility can effectively alleviate the environmental hazards caused by discarded meal boxes. Producers can control the logistics system and form a virtuous circle of the production, use and recycling of Eco-friendly meal boxes by fully grasping the information on the original materials of the products, and in turn respond to the national policy of building a "zero-waste society".

Keywords: Takeaway Packaging Waste; Extended Producer Responsibility System; Waste Management

B.4　Review of International Public Opinion and Domestic Research
　　on Chinese Marine Plastic

Liu Sifan, Chen Yuan, Tan Quanyin / 075

Abstract: Marine plastic pollution has become an environmental issue of global concern. As the major producer and exporter of plastic products, China has attracted heavy attention on plastic issue. In recent years, international scholars have made evaluation and thereby argued that the amount of plastic waste entering the sea from China rank first in the world. The claim has been reported by foreign media and incurred huge pressure of public opinion to China. However, Chinese researchers have likewise carried out research on marine plastic waste and concluded with considerably different results from those in foreign media coverage. Scientifically sound identification of sources of marine plastic waste could robustly support China

in international negotiation on environmentally sound management of marine plastic waste, enhance China's capacity of solving marine plastic waste, and improve the strategic plan for plastic waste monitoring and reduction.

Keywords: Marine Plastic Debris; Microplastics; Pollution Control

B.5 Legal Regulation of Water Environment Health Risk

Liu Ping / 083

Abstract: The prevention and control of environmental health risks is a normalized issue in the era of ecological civilization. The unique fluidity and circulation of water resources determine the interconnection and influence of the water environment in the upper, middle and lower reaches of the space, and on the left and right banks. In the context of the increasingly prominent water environment health risk crisis, in order to further implement the green principles and maintain the ecological safety of the water environment, the prevention and control of water environment health risks at the legal and regulatory level should be carried out based on the existing research foundation, and always adhere to the emphasis. Monitoring, rigorous evaluation, and steady prevention, using the water environment health risk management system to control environmental health risks to within the safety line, to resolve the crises and hidden dangers of water environment health risks, and strive to improve the water environment health index.

Keywords: Water Environment Health Risk; Ecological Safety; Legal Regulation; Risk Assessment

B.6 Study on Environmental Pollution and Protection of Phosphogypsum Tailings Pond in the Typical Area of the Middle Yangtze River

Wu Hui, Dai Xianpu / 095

Abstract: The storage of phosphogypsum is increasing, the safe disposal and comprehensive utilization of phosphogypsum has become a research hotspot and difficulty in the field of environmental protection. Jingmen City is located in the central part of Hubei, where is a typical phosphorous chemical industry gathering area in the Yangtze River Basin. This paper analyzes the main environmental problems and causes of phosphogypsum in Jingmen City. At the same time, This paper summarizes the urgent problems in the management of phosphogypsum and puts forward the corresponding solutions, in typical areas of the Yangtze River Basin.

Keywords: Phosphogypsum Tailings Pond; Environmental Pollution Control Measures; Yangtze River Basin

Ⅲ Resource Recycling

B. 7   Strategies on Urban Environmental Spatial Fine Management

Xu Linyu, Zheng Hanzhong, Wu Wenhao / 101

Abstract: In the process of rapid urbanization in China, extensive spatial management and deterioration of environment emerged. Environmental spatial fine management is an effective way to tackle with the regional contradictions between urban development and environment protection, as well as setting the environmental spatial planning and management in the front-end of urban environmental governance. By comparing the advanced urban environmental spatial management experience domestically and abroad, this paper explores environmental fine management strategy with spatial planning tools utilization and management system construction. The theory of urban environmental brain was raised to implement the urban spatial fine management scheme from multiple environmental factors. The results can provide the theoretical basis for systematic and scientific management of urban environmental spatial management.

Keywords: Environmental Space; Fine Management; Urban Environmental Brain

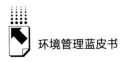
B.8　Optimization of Urban Resource Metabolism and Construction

of "Zero-waste City"　　*Wen Zonggou*, *Chen Chen* / 115

Abstract: The construction of "zero-waste city" in China proposed the targets of urban solid waste management, which contains minimizing waste generation amounts, realizing sufficient resource utilization, and safe disposal of waste. To achieve these goals, it is necessary to integrate the effective treatment, disposal, and resource recovery of multiple types of urban solid waste, and build optimal cyclic metabolic pathways for urban resources. However, currently many types of urban solid waste in China are treated by their respective technologies isolatedly, lacking effective combination of material and energy flows among different technology chains. This situation has remarkably restricted the potential of resource recycling in urban solid waste management. Therefore, the optimization of urban resource metabolism should plan the effective co-processing of multiple types of solid waste as a whole, to promote the transformation from traditional linear metabolic mode of "resource-waste" to circular metabolic mode of "resource-waste-renewable resource". It is recommended to enhance the park-building strategy of solid waste management, which contains the management processes from source classification and reduction to final treatment and disposal. The symbiosis among solid waste treatment facilities can realize orderly material cycling and cascaded utilization of energy, which is beneficial for establishing the green and circular development mode for cities, and can provide scientific support for the overall planning of "zero-waste city" and reform of sustainable management of urban solid waste.

Keywords: Resource Metabolism; "Zero-waste City"; Co-processing of Solid Waste; Systematic Solutions

B.9　Development Status and Prospect of Typical Biomass and Biomass

Energy Utilization in China　　*Wang Nannan*, *Zeng Xianlai* / 127

Abstract: Biomass energy plays an important role in national biosafety strategy, energy security strategy, economic stability strategy and technology developing strategy. With the environmental pollution caused by fossil energy attracting worldwide attention, it is increasingly urgent to adjust energy structure and develop biomass energy. This paper mainly analyzes the development status of biomass production and biomass-energy utilization in China, and brings forward the prospect of biomass energy under the current background, so as to guide the attention on the research of biomass energy and help sustainable development to upgrade strategically in human development.

Keywords: Energy; Biomass; Chinese Science and Technology

B.10 Life Cycle Assessment of Integrated Resourceization Mode of Construction Waste Utilization in China

Yuan Jian, Huang Wenbo, Zeng Xianlai / 141

Abstract: As urbanization continues to speed up, China's construction waste generation is estimated at 2.4 −3 billion t in 2020. Nevertheless, the resource recovery ratio is less than 5%. Direct landfill disposes the most of construction waste, which brings many environmental problems. Additionally, the majority of landfills can no longer meet the needs of construction waste disposal. To solve the problem of construction waste disposal scientifically, this study constructed a comprehensive resource utilization model of construction waste in line with the current situation of China, using the life cycle evaluation theory to compare with the direct landfill model and the centralized resource utilization model. Taking the construction waste in Jinan as an example, the study selected five types of environmental impact aspects: acidification potential, eutrophication potential, global warming potential, human toxicity potential, and photochemical ozone creation potential to compare the three construction waste treatment and disposal models. The results show that the environmental effects of the three modes in terms of acidification potential, eutrophication potential, global warming potential, and photochemical ozone crea-

tion potential ranks from high to low: direct landfill mode, centralized resourceiza-tion mode, integrated resourceization mode. While, the human toxicity of central-ized resourceization mode is slightly lower than that of integrated resourceization mode. In addition, integrated resourceization can effectively reduce the emission of greenhouse gas, acidifying substances, and photochemical toxic substances to mini-mize the environmental impact. However, the inventory analysis shows that cement use is the main reason for the emission of acidifying substances and photochemical toxic substances in the integrated resource recovery model. Hence, it should opti-mize the recycling resourceization process by reducing the amount of cement used to further reduce the environmental impact. This study verifies that the integrated resource recovery model is better than the other two models with respect to envi-ronmental impact and has the basis for nationwide replication.

Keywords: Construction Waste; Life Cycle Assessment; Environmental Management; Resource Utilization; model

Ⅳ   Case Studies

B.11   Problems and Countermeasures of Rural Household Garbage Classification Treatment

—*Qingshan Town of Yizheng City as an Example*

Sun Hua / 166

Abstract: The research on the classification and treatment of rural domestic waste started late in China, and there are not many deep research results. Along with the deepening of reform and rapid economic development, the problems caused by the non-standardized treatment of rural domestic waste are frequent, and even some areas have caused different degrees of environmental degradation, affect-ing the production and life of farmers and the normal development of agriculture, so it is also more worthy of attention and research. This paper points out the prob-lems and causes in the process of promoting rural household waste classification and treatment in Qingshan Town of Yizheng City at the present stage by collecting relevant information, field visits and questionnaire surveys, and in response to its actual situation , puts forward corresponding countermeasures and suggestions in four aspects, such as laws and regulations, responsibility mechanism, financial support and publicity and education, these countermeasures are of certain guiding significance to the government of Qingshan Town in promoting the process of rural household waste classification and treatment. At the same time, it can provide some reference help for the rural domestic waste classification and treatment work in other areas in the central section area of Jiangsu Province.

Keywords: Rural Area; Domestic Waste; Garbage Classification

B.12　Typical case of IDZSD

—the Transformation and Upgrading of Resource-based Areas in Taiyuan

Wang Tao, Zhang Jiaming, Liu Bingsheng, Chen Peizhong / 180

Abstract: The implementation of 2030 agenda for sustainable development has become a global consensus, and cities have become the most important frontier for sustainable development. The resource-based cities have provided a strong guarantee of resources and energy for the national and regional economic construction. However, resource-based cities are faced with a series of problems in the industry, innovation, environment and ecosystem. It is of great practical significance to solve these development bottlenecks and find the sustainable development pathway for resource-based cities. So, this paper established a framework of sustainable development of resource-based cities based on the analysis of their current situation and bottleneck problems, then the framework was applied to Innovation Demonstration Zone for Implementing the 2030 Agenda of Sustainable Development (IDZSD) of Taiyuan to verify the validation and effectiveness. This paper proposed that the basic pathway of sustainable development for resource-based cities is the innovation-driven transformation and upgrading, which makes innovations in

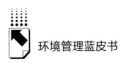
development concepts, key technologies, policy system, services system and co-operation platforms to promoting the overall transformation in economy, society and environment. With the development themes of "growth, ecology, low carbon, livability and happiness", the pathway framework attached great importance to the industrial support, ecological protection, energy utilization, comprehensive urban function enhancement and well-being security, meanwhile, the pathway framework emphasized the multilateral cooperation and openness to the outside world.

Keywords: Resource-based Cities; Sustainable Development; Transformation and Upgrading; IDZSD

B.13 Study on the Perfection of Consultation System of Ecological Environment Damage Compensation

Chen Haisong, Li Rongguang / 195

Abstract: Since the implementation of the eco-environmental damage compensation system in China, the compensation consultation system has made great progress. There are also a series of typical cases in the current practice of ecological environment management in China. The handling of these cases has largely promoted the development of the consultation system for compensation for ecological and environmental damage. At the same time, it also exposed that the starting conditions, contents and duration of the consultation procedures in the consultation system are not perfect, the implementation method of the participation of third-party subjects in the consultation is not specific, and the information disclosure and public participation in the consultation procedures are fully implemented, The lack of coordination between consultation procedure and judicial relief. In order to improve the consultation system of ecological environment damage compensation, we should standardize the scope of consultation, improve the consultation procedures, improve the institutional norms of the third party as the main body of consultation, improve the information disclosure and public participation system, and implement the connection between consultation procedures and judicial relief.

Keywords: Ecological Environment Damage; Damages Compensation; Consultation System; Case Analysis

B. 14　Practice of Improving Soil Fertility and Environmental Quality in Oasis Area of Yanqi Basin, Xinjiang

Jia Haixia, Wang Xia, Li Jia, Zhao Yunfei, Shi Changming / 212

Abstract: At present, with the rapid development of population and economy, the contradiction between human and ecological environment is growing. Among them, soil fertility has also been greatly affected, green economy has become a new lifestyle of contemporary people, and the implementation of sustainable development strategy has become the key. With the acceleration of China's urbanization process, China's cultivated land has also been used in other aspects. Multiple pollution has greatly reduced soil fertility, which has brought great adverse effects on China's agricultural production. In order to make agricultural production adapt to and slow down climate change, realize agricultural emission reduction and promote the process of agricultural modernization. Taking Yanqi County as the research object, this paper evaluated the status of soil fertility, the existing problems of soil fertilizer and the ways to improve soil fertility in Yanqi County, and implemented different farmland management measures to adapt to and mitigate climate change in Yanqi county from 2013 to 2019, and continuously monitored, and used DNDC model to simulate the effect of 50% straw returning and soil testing formula fertilizer combined application on soil fertility in the next 30 years The SOC density and storage of $0-20cm$ soil layer in the study area will increase significantly in the next 30 years, the increment of carbon per unit area will be -7% -29%, and the new carbon sequestration will be 3. 708 $\times 10^8 t -1. 978 \times$

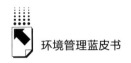
10^9 t. The increase rate is -5% -48% , showing a trend of "carbon sink", which is very important for the restoration of SOC balance in farmland and the sustainable development of oasis agriculture.

Keywords: Yanqi Farmland; Soil Organic Carbon; Straw Returning; Farmland Management

V Explorations

B. 15　Exploration and Practice of Environmental Protection House-
keeper Service Mode　　　　　　　　　　　*Liu Guoyun* / 228

Abstract: In recent years, strong environmental protection has pushed enterprises to comply with environmental protection, but the foundation of enterprise environmental management is weak, and the problems exposed after several rounds of inspections are still abounded. The country is actively promoting the establishment of a market mechanism for environmental services and encouraging the introduction of "environmental stewards" to provide integrated environmental protection services and solutions. The development of comprehensive environmental services represented by environmental stewardship is an effective way to professionalise and industrialise the construction and operation of environmental protection facilities, and is also a booster for the development of environmental services. This paper describes the environmental steward service model based on the synergy model, analyses the current situation and problems, and shares the practice and exploration of the Hebei Society of Environmental Sciences.

Keywords: Environmental Protection Stewards; Comprehensive Environmental Services; Integrated Environmental Protection Services and Solutions

Abstract: This article is in the background of construction about ecological civilization and the fundamental task of strengthening the moral education in colleges and universities, connects the garbage classification, Xi Jinping's ecological civilization thought, moral education and the function of the university with garbage classification as the management carrier. We construct the mode of "Three-All Education" with garbage classification as the management carrier, made a remarkable achievement, has a broad social influence.

Keywords: Garbage Classification; Xi Jinping's Ecological Civilization Thought; Mode of "Three-All Education"

Abstract: The health impact assessment is an important channel in promoting "Integrate health into all policies". This paper introduces the related concepts of health impact assessment, and sorts out the basic process of it as well as its qualitative and quantitative assessment methods. Based on the review of the health impact assessment, this paper analyzes the health impacts of 21 environmental impact assessment reports from the aspects of current situation investigation, assessment methods, prevention and protection measures and public participation, etc. On this basis, some suggestions are put forward for the future practice of health impact assessment in China.

Keywords: Health Impact Assessment; Health China Strategy; Environmental Impact Assessment

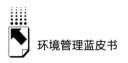
Ⅵ   Appendix

中国皮书网

（网址：www.pishu.cn）

发布皮书研创资讯，传播皮书精彩内容
引领皮书出版潮流，打造皮书服务平台

栏目设置

◆ **关于皮书**

何谓皮书、皮书分类、皮书大事记、
皮书荣誉、皮书出版第一人、皮书编辑部

◆ **最新资讯**

通知公告、新闻动态、媒体聚焦、
网站专题、视频直播、下载专区

◆ **皮书研创**

皮书规范、皮书选题、皮书出版、
皮书研究、研创团队

◆ **皮书评奖评价**

指标体系、皮书评价、皮书评奖

◆ **皮书研究院理事会**

理事会章程、理事单位、个人理事、高级
研究员、理事会秘书处、入会指南

◆ **互动专区**

皮书说、社科数托邦、皮书微博、留言板

所获荣誉

◆ 2008 年、2011 年、2014 年，中国皮书
网均在全国新闻出版业网站荣誉评选中
获得"最具商业价值网站"称号；
◆ 2012 年,获得"出版业网站百强"称号。

网库合一

2014年，中国皮书网与皮书数据库端口
合一，实现资源共享。

中国皮书网

权威报告·一手数据·特色资源

皮书数据库
ANNUAL REPORT(YEARBOOK)
DATABASE

分析解读当下中国发展变迁的高端智库平台

所获荣誉

- 2019年，入围国家新闻出版署数字出版精品遴选推荐计划项目
- 2016年，入选"'十三五'国家重点电子出版物出版规划骨干工程"
- 2015年，荣获"搜索中国正能量 点赞2015""创新中国科技创新奖"
- 2013年，荣获"中国出版政府奖·网络出版物奖"提名奖
- 连续多年荣获中国数字出版博览会"数字出版·优秀品牌"奖

成为会员

通过网址www.pishu.com.cn访问皮书数据库网站或下载皮书数据库APP，进行手机号码验证或邮箱验证即可成为皮书数据库会员。

会员福利

- 已注册用户购书后可免费获赠100元皮书数据库充值卡。刮开充值卡涂层获取充值密码，登录并进入"会员中心"—"在线充值"—"充值卡充值"，充值成功即可购买和查看数据库内容。
- 会员福利最终解释权归社会科学文献出版社所有。

社会科学文献出版社 皮书系列
SOCIAL SCIENCES ACADEMIC PRESS (CHINA)
卡号：272288938882
密码：

数据库服务热线：400-008-6695
数据库服务QQ：2475522410
数据库服务邮箱：database@ssap.cn
图书销售热线：010-59367070/7028
图书服务QQ：1265056568
图书服务邮箱：duzhe@ssap.cn

基本子库
SUB DATABASE

中国社会发展数据库（下设 12 个子库）

整合国内外中国社会发展研究成果，汇聚独家统计数据、深度分析报告，涉及社会、人口、政治、教育、法律等 12 个领域，为了解中国社会发展动态、跟踪社会核心热点、分析社会发展趋势提供一站式资源搜索和数据服务。

中国经济发展数据库（下设 12 个子库）

围绕国内外中国经济发展主题研究报告、学术资讯、基础数据等资料构建，内容涵盖宏观经济、农业经济、工业经济、产业经济等 12 个重点经济领域，为实时掌控经济运行态势、把握经济发展规律、洞察经济形势、进行经济决策提供参考和依据。

中国行业发展数据库（下设 17 个子库）

以中国国民经济行业分类为依据，覆盖金融业、旅游、医疗卫生、交通运输、能源矿产等 100 多个行业，跟踪分析国民经济相关行业市场运行状况和政策导向，汇集行业发展前沿资讯，为投资、从业及各种经济决策提供理论基础和实践指导。

中国区域发展数据库（下设 6 个子库）

对中国特定区域内的经济、社会、文化等领域现状与发展情况进行深度分析和预测，研究层级至县及县以下行政区，涉及省份、区域经济体、城市、农村等不同维度，为地方经济社会宏观态势研究、发展经验研究、案例分析提供数据服务。

中国文化传媒数据库（下设 18 个子库）

汇聚文化传媒领域专家观点、热点资讯，梳理国内外中国文化发展相关学术研究成果、一手统计数据，涵盖文化产业、新闻传播、电影娱乐、文学艺术、群众文化等 18 个重点研究领域。为文化传媒研究提供相关数据、研究报告和综合分析服务。

世界经济与国际关系数据库（下设 6 个子库）

立足"皮书系列"世界经济、国际关系相关学术资源，整合世界经济、国际政治、世界文化与科技、全球性问题、国际组织与国际法、区域研究 6 大领域研究成果，为世界经济与国际关系研究提供全方位数据分析，为决策和形势研判提供参考。

法律声明